新型职业农民培育教材

现代养猪关键技术

丛书编委会成员名单

本书编写成员名单

主　　编　丁能水　吴登飞　吴加发
副 主 编　吴志勇　邓舜洲　游金明　赖卫华
编写人员（按照拼音顺序排序）
陈从英　戴益民　邓舜洲　丁能水　高雪萍　胡小勇
蒋腾飞　赖卫华　刘继明　刘仁鑫　潘容洲　任　军
舒邓群　唐建红　王荣民　吴登飞　吴加发　吴志坚
吴志勇　肖石军　幸宇云　徐晓云　杨圣文　游金明
张　佳　张　磊　张文波　邹志恒

江西科学技术出版社

图书在版编目(CIP)数据

现代养猪关键技术 / 丁能水, 吴登飞, 吴加发主编.
—南昌：江西科学技术出版社, 2015.2
ISBN 978-7-5390-5243-4
Ⅰ.①现… Ⅱ.①丁… ②吴… ③吴… Ⅲ.①养猪学 Ⅳ.①S828
中国版本图书馆CIP数据核字（2015）第033503号

国际互联网（Internet）地址：
http://www.jxkjcbs.com
选题序号：**ZK2015006**
图书代码：**B15003-101**

现代养猪关键技术 丁能水, 吴登飞, 吴加发 主编

出版发行 江西科学技术出版社
社址 南昌市蓼洲街2号附1号
邮编：330009 电话：(0791)86623491 86639342(传真)
印刷 江西千叶彩印有限公司
经销 各地新华书店
开本 787 mm × 1092 mm 1/16
字数 300千字
黑白印张 15 **彩色印张** 1.75
版次 2015年2月第1版 2016年4月第2次印刷
书号 ISBN 978-7-5390-5243-4
定价 38.00元

赣版权登字-03-2015-9

序

中国是世界第一养猪生产大国,2014 年生猪出栏 7.35 亿头,占全球总量的一半;猪肉产量 5671 万吨,占肉类总产量比重达 62.0%;生猪产业产值达 14000 亿元,占我国畜牧业总产值的 48.4%。中国养猪业的健康有序发展有力地支撑我国社会的和谐进步与国民经济的快速增长。"粮猪安天下"自古以来均是我国各级政府的共识。

近年来,我国养猪业的发展也面临诸多新问题,面对许多新挑战,包括饲料、人工等成本上涨,环保压力加大,土地审批困难,疫病防控复杂,人力资源缺乏等,从以数量增长为主逐步向以提高质量、优化结构和增加效益为主转变是我国养猪业的未来发展必由之路。在哪里养猪、谁来养猪、养多少猪、养什么猪是我国养猪业必须思考和回答好的问题,为了应对这些问题和挑战,科技人员和生产管理者在生产良种化、装备设施化、管理规范化、防疫制度化等方面不断推陈出新,推动我国养猪产业的升级发展。

猪遗传改良与养殖技术省部共建国家重点实验室丁能水研究员组建了江西生猪产业技术体系并担任首席科学家。一年来,他与省内外同行开展了许多有益的工作;与此同时,他组织相关专家,编写了《现代养猪关键技术》一书。该书按照养猪生产整体流程,从种猪育种改良与繁殖、饲养管理、饲料配制、猪病防控、猪场建设与工艺、猪场环境控制与治理、生猪质量与安全控制、猪场经营与管理等各环节，将关键技术的具体操作技术，用简明扼要的文字，并以图文并茂的方式进行表述，尤其对目前国家和养猪业者重点关注的病死猪、粪污水综合处理和资源化利用，提供了多套简便有效的技术方案。本书的出版将给规模化养猪和家庭生态农场建设提供有益参考，并以此推动江西养猪产业发展，加快现代农业建设，服务广大百姓生活。

中国科学院院士
江西农业大学猪遗传改良与养殖技术
省部共建国家重点实验室主任

2015 年 1 月 28 日

前言

江西是全国十大生猪主产省，是我国沿海发达地区重要的猪肉供应基地。2014 年，江西生猪出栏 3326 万头，外销达 1300 余万头，呈逆势增长态势，其中供沪生猪 180 万头，位列全国首位；供港生猪 30 余万头，位列全国第二位，中部省份第一。江西生猪生产对满足全国猪肉产品供应、稳定市场价格发挥了重要作用。

近年来，江西生猪产业的良种化、区域化、规模化、产业化发展水平得到了不断提升，形成了“一片两线”（赣中片，浙赣、京九线）的生猪产业优势区域布局。全省“宝塔型”生猪良种繁育推广体系进一步完善，生猪良种覆盖率达 90% 以上，位居全国生猪主产省前列。涌现出正邦集团、温氏集团、绿环牧业、天邦股份等在内的一大批生猪养殖集团，通过发展“公司 + 农户”模式，促进了规模养猪的快速发展。2014 年全省年出栏 500 头以上的生猪养殖场（户）1.36 万个，年出栏生猪占全省出栏总量的 63%，居全国前列。近年来，江西把构建完善现代生猪产业体系作为主攻方向，产业链条向纵深拓展。在生猪养殖快速发展的有力拉动下，江西省饲料工业发展迅速。全省饲料生产企业有上市公司 2 家、全国饲料企业 50 强 3 家、中国制造业 500 强 2 家。畜产品加工业也取得突破性进展，随着双汇、雨润、宝迪先后在南昌市建厂，生猪屠宰加工能力大幅提升，仅南昌的生猪屠宰加工能力达 800 万头，位居全国省会城市首位。据不完全统计，江西养猪直接带动长期从业人员达 50000 人，人均创造产值 100 万元以上。

本书作为新型职业农民教材，由江西省生猪产业技术体系牵头组织编写，围绕养猪生产过程中的“种、料、舍、病、管、污”等元素，力求将复杂技术简单化，并注重图文结合，主要内容包括猪的品种选育技术、人工授精技术、饲料配制技术、各阶段猪饲喂技术、猪场免疫技术、疫病诊断和净化技术、生物安全技术、粪污和病死猪处理技术、栏舍建设和养猪设备技术等，以期给规模化养猪和家庭生态农场建设提供参考。

丁能水研究员、肖石军教授、唐建红博士负责本书第一、二、四章的编写，陈从英研究员、幸宇云副研究员负责第三章的编写，游金明教授、邹志恒研究员负责第五章的编写，邓舜洲教授、张文波副教授、戴益民博士负责第六章的编写，舒邓群教授、刘仁鑫教授、丁能水研究员负责第七章的编写，吴志勇研究员负责第八章的编写，赖卫华教授负责第九章的编写，蒋腾飞经理、张佳总经理、高雪萍副教授负责第十章的编写。

本书的付梓得到了江西农业大学猪遗传改良与养殖技术省部共建国家重点实验室博士研究生邓政、龙毅，硕士研究生王小鹏、周礼渝、洪渊、辛文水、王成斌、杨强、罗波文、贺琴、平伟强、赵元章、李卓君、严国荣、朱亚玲、黄敏、郑敏，以及南昌大学食品学院硕士研究生章钢刚、吴成辉、吴松松等在参考资料、图片收集以及文字校正等方面的大力支持，在此一并致谢。鉴于本书编著者能力水平有限，一些观点、数据和提法不一定合理，文字和内容也有疏漏之处，敬请同行、读者批评指正，以求进一步修订完善。

编　者

2015 年 1 月 28 日

目录

Contents

第一章 种猪育种改良关键技术

第一节 种猪育种与繁育体系建立

根据联合国粮农组织和发达国家对养殖业的科学评估,50 年来畜牧生产各种科学技术所起的作用中,品种改良的贡献率达 40%,居各项技术之首。种猪质量的好坏和生产水平的高低决定着生猪生产的效率、质量和效益。因此,生猪良种是养猪产业升级改造的关键。

目前我国种猪业与西方发达国家相比仍存在较大差距,缺乏核心竞争力,主要综合体现为:一是生猪的出栏率较低,目前国内商品猪出栏率徘徊在 150% 左右,而发达国家达 180% 以上。二是母猪年生产力较低,每头母猪年提供商品肉猪为 16 ~ 18 头,而发达国家达 24 ~ 30 头。这种差距使得我国高水平的商业生产核心群种猪 95% 以上依赖进口。三是我国的种猪资源尽管占全球的 1/3,但所占市场份额较小,资源优势没有得到充分体现。

生猪种业是产业发展的源头和先导产业,养猪业要实现质的突破和跨越须以优秀的品种和先进的繁育技术为先导,加强生猪育种和繁育体系的建设,才能从源头上提高生猪综合生产水平,增强我国生猪产品的市场竞争力。

一、种猪育种与繁育体系建设

随着我国生猪产业发展方式不断转变和产业优化升级进程加快,产业专业分工和行业上下游整合趋势越加明显。我国种猪育种开始呈现国家层面的联合育种和专业化、公司化育种相结合的模式,形成了以公司专业化育种为主体、贯穿“育种、扩繁、商品猪生产”全产业链的生猪金字塔形的繁育体系。生猪专业育种与肉猪养殖业相对独立地发展,又形成有机统一。依赖于以育种为核心的繁育体系的发展,优良的遗传基因从金字塔顶端的育种核心群传递至底端的商品猪群,生产效率和经济效益得到极大的提高。

(一)繁育体系的规划

繁育体系规划的核心要点是以生产效率(母猪年生产力 PSY)和经济效率(种猪更新成本和产出效益之比)为出发点,确定繁育体系不同层次群体中合适的种群更新率。以丹麦为例,丹麦通过种猪繁育计划(DanAvl),以 1.5 万头的杜洛克、长白和大白育种核心群即可以满足年 2900 万头商品肉猪生产的种猪需求(图 1-1)。我国种猪繁育体系构建方面,以每头母猪年提供商品肉猪(PSY)20 头和基础群母猪更新率为 40% 估算,在现有多杜、长、大肉猪生产体系下,完成年出栏 100 万头商品肉猪出栏要求,需要父母代(PS)母猪 5 万头,为父母代母猪更新需要的大白纯种扩繁群(祖代 GP)母猪群 4000 头,为纯种大白扩繁群母猪更新需要大白育种核心群(GN 或曾祖代 GGP)400 头;而对于终端父系,200 头杜洛克母猪群体即可满足 100 万头商品肉猪的需求。

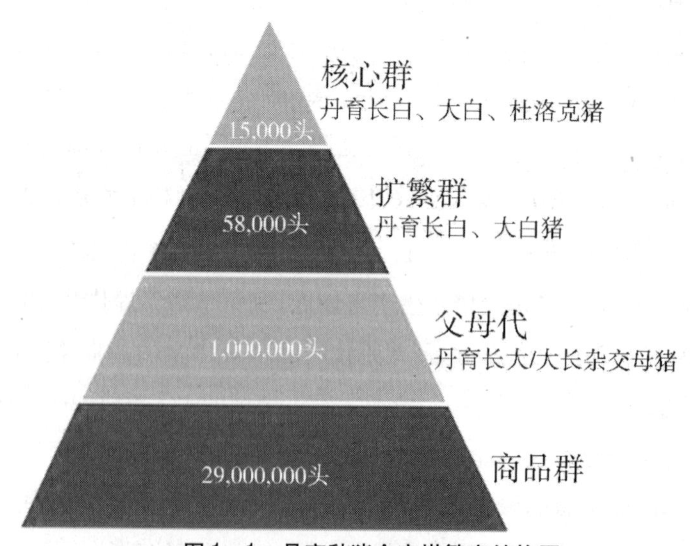

图 1-1 丹育种猪金字塔繁育结构图

(引自丹育中国公司网站:http://www.danyu.asia/danyu03.php)

(二)育种体系的建设

未来种猪市场竞争将会更加激烈,种猪育种专业化、集团化、国际化、合作化是大势所趋。养猪发达的欧美国家,亦即所谓的美、加、法、丹、英系种猪,6～8家知名种猪育种企业市场份额即可高达70%以上。因此,国内种猪企业如何通过育种体系的构建和运行打造核心竞争力?笔者以为,种猪育种核心竞争力的打造需要注意如下问题:①要突出内涵,也就是性能指标要优越,每头母猪年提供的猪肉要多;②产品特色鲜明、重视卖相,也就是种猪在繁殖性能、生长速度、瘦肉率、料肉比、肉质和种猪体型等方面体现特色和差异化;③产品需能持续升级,依赖育种技术建立品牌深度;④能引导市场、洞见未来生猪产业对种猪的需求方向。我国种猪产业发展,目前大多仍停留在重心放在生产的生产导向阶段或重心放在销售的销售导向阶段,可以预见今后将进入以性能水平为中心的价值导向阶段和以消费者需求为中心的价值链阶段。

一个良好的种猪育种体系,具体表现为:第一,育种核心群规模大、群体基础性能水平高,通过引进方式快速承接国际上最新育种成果、提高基础群水平依然十分重要。第二,能正确考量育种企业短期利益和长远利益的艺术平衡,设定合理的育种目标并适时根据市场需求调整,育种方案适应猪业发展变化的需求。第三,切实开展育种基础工作,大规模地开展规范细致的性能测定,能坚持长期积累大量数据。第四,规范育种组织和科学管理体系,建立高效的种猪育种架构和扩繁体系,优化育种测定的流程,提高育种效率,建立合理的育种工作考评机制,完善支持育种的切实措施。第五,构建育种组织者、一线测定人员和数据分析人员等在内的人才支撑体系。第六,进一步完善包括测定舍、自动饲喂系统、电子秤、背膘测定仪、育种软件和大规模数据存储处理平台等设备保障。第七,先进育种技术研发和应用同步跟进,如基因育种和基因组选择技术等。第八,加强育种企业各业务部门的协同,育种不仅仅是育种部门的工作,生产、兽医、营养甚至销售等部门应和育种部门紧密沟通和协作。例如疫病爆发会使得育种工作前功尽弃,营养水平与种猪生产水平不能适时匹配则育种效果会受到影响,故需能有效实现生产管理、经营管理、技术管理等与育种管理有机结合。第九,完善育种价值链条传递,育种产品能为商品猪生产带来效益和效率的提高。据此,种猪育种体系建设的主要内容包括:育种方案制订(核心是育种目标确定、育种群组建、育种技术和途径、选种选配方法、育种进展评估),育种基地(种猪场、测定站、公猪站、数据评估及分析中心)完善,育种设备配置,育种组织构建,育种规范及制度建立等。

育种技术体系方面,目前国际上种猪育种技术主要有两大类:一是常规育种技术,二是基因育种技术。常规育种技术是基于性能测定的数量遗传评估技术(常用动物模型最佳线性无偏预测(BLUP))和体型外貌评分技术。过去相当长的时间里,依赖常规育种技术,种猪主要性能如达100千克体重日龄(生长速度)、100千克体重活体背膘厚(瘦肉率)和产仔数等均得到极大的提高。但新时期下,全世界种猪常规育种也面临着诸多问题:一是选育改良性状有限,常规育种技术重点改良生长和繁殖等易测定性状,忽略了许多难以活体测定或测定成本高昂的重要经济性状,如饲料利用率、肉质、抗病力、公猪繁殖性状等;二是改良瓶颈凸现,常规育种对目前一些已经取得较大进展的性状进一步选育改良的难度加大、速度放缓;三是改良时间偏长,常规育种技术的世代间隔较长,难以实现早期选种;四是选育改良成本偏高,肉质和抗病等性状需要大量而复杂的测定,选育难度大且效果难以准确评估。

相较于常规育种技术,基因育种技术透过现象看本质,立足于鉴别影响生产性状的主效基因,在提高育种效率、加快遗传进展、突破选择瓶颈、改良常规育种技术难于选育的性状等方面具有诸多明显的优势。

二、育种核心群组建

种猪育种核心群组建需要考虑三个重要问题:一是群体性能基础水平,二是群体规模,三是群体健康水平(国外通常为无特定病原菌(SPF)猪群)。

核心群种猪的性能表型在组建时,通常需要处于同时期行业内较好的水平,也就是起点要高。我国杜洛克、长白和大白种猪顶端育种核心群,一般组建时均是直接从国外优秀种猪公司直接引种。核心群种猪选择的基本标准是:种公猪选留要求品种特征明显,肢蹄结构优秀,背臀肌肉丰满,生殖系统发育正常,收腹良好,性欲好,根据生产性能测定评估数据和现场评分决定;种母猪选留要求品种特征明显,肢蹄结构优秀,生殖系统发育正常,奶头数量足够(通常7对以上)并排列整齐,发育良好,根据测定评估数据和现场观察来决定。核心群种猪的性能水平在猪群整体平均数一倍标准差以上的种猪才有机会进入核心群。无论种公猪或者种母猪,都要在同一血缘内比较后,选择最优秀者留种。

育种核心群规模理论上越大越好,例如当核心群母猪数从200头增加到400头时,遗传进展同比提高11%,而实际上育种核心群的规模受猪场规模、测定能力、种猪销售、经济等方面的制约,故而联合育种的核心就是通过扩大育种群规模来加速育种进展。根据国家生猪育种核心场的标准,一般父系(杜洛克)核心群规模要求大于300头基础母猪,母系(长白和大白)要求大于600头。对于核心群血缘的数量没有硬性标准,但一般在8个以上较好。目前国内大多数存栏母猪数量较大的育种场,通常是建立动态育种核心群,实行动态管理,即每经过一段时间,利用遗传评估软件对整个猪群进行一次系统的评估，按照选择的指数对种猪进行一次评估，再根据实际生产中的具体表现，决定哪些种猪应该进入核心群，哪些种猪应该离开核心群，使整个核心群的生产性能总保持较高的状态。

第二节　种猪性能测定

种猪生产性能测定是指系统地测定与记录猪只个体生产性能成绩。其主要目的在于：①为种猪个体遗传评定提供信息；②为评价猪群的生产水平提供信息；③为猪场的经营管理提供信息；④为评价不同的杂交组合模式提供信息。种猪生产性能测定是种猪育种中最基本而又最重要的工作，科学、系统、规范化地开展性能测定是取得育种进展的重要前提。

种猪测定的性状可依据属性不同分为质量性状和数量性状两大类。猪的耳形（可描述为立耳、半立、垂耳等）、毛色（可描述为白色、棕红色、黑色等）、疝气等遗传疾患大多属于质量性状。数量性状则主要包括繁殖性状、生长肥育性状、胴体性状与肉质性状等。

一、测定设备和流程

（一）种猪性能测定设备

种猪性能现场测定主要包括后备公猪性能测定、后备母猪生长发育测定及母猪繁殖性能测定等。

根据我国目前种猪选育现状和性能测定基础，在我国生猪遗传改良计划实施方案中要求的必测性状为：①生长性能，主要有达 100 千克体重日龄、100 千克体重活体背膘厚和活体眼肌面积，这 3 个性状可根据猪只在 85 ~ 115 千克体重范围内时测定的实测值校正得到；②繁殖性能，包括总产仔数和 21 日龄窝重（根据实际断奶窝重校正得到）。除了这些必测性状，我国生猪遗传改良计划实施方案中还建议对以下性状进行测定或记录：①生长性能，包含 30 ~ 100 千克日增重、100 千克体重肌内脂肪含量；②饲料转化效率；③其他繁殖性能，如活产仔数、产仔间隔和初产日龄等。有条件的种猪场还可进行胴体和肉质性状的测定。

配套现场种猪性能测定的常用主要设备则包括：①电子识别自动饲喂测定系统：主要用于测定料肉比性状，如美国奥饲本全自动生产性能测定系统（FIRE®）；②

测膘仪:B型超声波测定仪,B超探头应为12厘米以上的线阵探头,保证横向扫描时眼肌一次成像,如ALOKA500型号等;③活体称重设备:一般同时采用精度在100克以上、称量范围为50千克和150~200千克的单体电子笼秤;④体尺测量设备:常用的有软皮尺和测杖(或活动标尺);⑤遗传评估软件:遗传评估软件可采用GPS或GBS等。

(二)种猪性能测定流程

种猪育种场现场性能测定工作量大而单调,但数据又要求准确可靠,因而如何合理安排种猪性能测定流程、提高现场测定效率十分重要。在开展现场性能测定时,一般设置一个专门的测定区域,待测定猪只进入待测区,然后逐个引导猪只进入测定通道,依次用专门的电子笼秤进行称重,在猪只站立相对稳定时开展背膘与眼肌面积的测定,记录乳头数并进行体型外貌评分等,测定结束后及时将现场表格记录数据录入育种软件中。

生猪核心育种群应保证其纯繁后代在测定结束(体重为85~115千克)时每窝至少有1公和2母用于生长性能测定,用于育种群更新的个体必须每头均有测定成绩(包括引进种猪也应完成性能测定),并鼓励进行全群测定。有条件的种猪场可对杂交后代进行性能测定。受测猪进入种猪测定舍后,按性别、体重分开饲养,观察、预试10~15天;当体重达30±3千克时开始进行始测,受测猪中途出现疾病应及时治疗,如生长受阻应淘汰并秤重;当体重达85~115千克时,秤重并用B超测定眼肌面积、膘厚等。有条件的育种场可通过自动饲喂测定系统准确记录测定期耗料,并计算测定期饲料转化效率。

二、主要性能测定技术

种猪现场测定性状的类型主要取决于该场种猪的选育目标、测定技术和测定设备情况等,其中总产仔数、100千克体重日龄、100千克体重活体背膘、眼肌面积这四个性状经济重要性大,通常为必测性状,其他性状为辅助测定性状。

(一)测定条件与要求

(1)受测猪个体编号清楚,品种特征明显,并具三代以上系谱记录。受测猪必须健康、生长发育正常、无外形损征和遗传疾患。

(2)核心育种场选育群的纯繁后代每窝至少测定1公2母,鼓励实施全群测定。若是作屠宰测定,受测公猪应在生后10天左右进行阉割,然后肥育到体重100千克时进行屠宰测定。

(3)受测猪的营养水平和饲料种类应相对稳定;受测猪的圈舍、运动场、光照、饮水和卫生等管理条件应基本一致。

(4)准备相应的测定设备和用具,并规定必须由接受过专业技术培训的性能测定技术人员进行使用。

(二)主要性状测定技术

1. 繁殖性状测定

繁殖性状主要是对分娩的母猪进行数据登记,包括分娩时间、胎次、总产仔数、活产仔数、死胎数、木乃伊数、初生重等,同时要登记初生仔猪的个体号。

总产仔数:指出生时同窝的仔猪总数,包括活仔、死胎、木乃伊和畸形猪在内。

产活仔数:指出生时存活的仔猪数,包括衰弱、即将死亡的仔猪在内。

初生重:指出生时存活仔猪的个体重量,最好与编号同时进行并做好个体记录,最迟不得超过出生后 12 小时称重。

21 日龄窝重:同窝存活仔猪到 21 日龄时的全窝重量,包括寄养进来的仔猪在内,但寄出仔猪的体重不计在内,应在上午补料前进行称重。

断奶窝重:全窝仔猪在断奶时个体体重的总和。断奶窝重除以断奶仔猪数,为个体断奶平均重,同时应注明断奶日龄。

产仔间隔:母猪前、后两胎产仔日期间隔的天数。

初产日龄:母猪头胎产仔时的日龄数。

2. 生长发育性状测定

生长发育性状包括达 100 千克体重日龄、100 千克体重活体背膘厚、体长、体高、胸围、腹围等。

达 100 千克体重日龄:待测定猪体重达 85 ~ 115 千克时进行空腹测定,将待测猪只驱赶到带有单栏的电子笼秤上称重,记录个体号、性别、测定日期、体重等信息,按实际体重和日龄可校正为达 100 千克体重日龄。

100 千克体重活体背膘厚:在测定 100 千克体重日龄时,同时测定 100 千克体重活体背膘厚。测定背膘应在猪只站立的状态下进行。首先要确定测定点,我国目前以倒数 3 ~4 肋之间,距背中线 4 ~5 厘米处作为测定点。若猪毛较厚,在测定前对测定点进行剪毛,之后在测定点上均匀涂上耦合剂,将探头与背中线平行置于测定位点处,注意用力不要太大,观察 B 超屏幕变化。不同的 B 超所使用的探头不同,所显示的图像也不一样,但是测定图像选择的基本原则为:图像清晰、背膘和眼肌分界明显、肋骨处出现一条亮线且图像清晰,当出现上述情况时即可冻结图像,使用操作面板上的标记(+ 或 ×)对背膘上缘和下缘进行标记,B 超会自动计算出背膘厚度,输出或打印该图像。将测定所得到的背膘厚度输入遗传评估软件,计算分析后会得出达到 100 千克体重的活体背膘厚度。

体尺性状测定：体高，用体高仗尺或硬尺测量，自鬐甲至地面的垂直距离；体长，自枕骨至尾根的距离，用软尺沿背中线紧贴体表量取；胸围，于肩胛后角的胸部垂直周径，用软尺紧贴体表量取；腹围，于体长的1/2处量取的腹部周径；腿臀围，自左侧膝关节前缘经肛门至右侧膝关节前缘的距离，用软尺紧贴体表量取。

饲料转化率：从30～100千克期间每单位增重所消耗的饲料量，即为饲料总消耗量除以总增重。

3. 胴体性状测定

有条件的种猪场可以有计划地开展胴体和肉质测定。胴体品质评定可测定猪产肉性能的重要经济性状。胴体是指猪屠宰后按规定方法去掉头、蹄、尾和内脏（除板油、肾脏）后的部分。胴体的价值是由很多性状来决定的，这些性状包括胴体重、屠宰率、背膘厚度、眼肌面积、胴体长、腿臀比例及皮、骨、肉、脂四大组织的重量和占胴体重的百分比。因此，胴体品质是反映猪产肉性能的一类重要经济性状，是衡量种猪性能水平的重要依据。

胴体性状的测定方法如下：

（1）胴体重：去掉头、蹄、尾和内脏（除板油、肾脏）后的两片胴体合重。又分为热胴体重和冷胴体重，前者是宰后45分钟的胴体重，后者是指宰后24小时的胴体重。

（2）屠宰率：胴体重占宰前活重的百分比。计算公式如下：

$$屠宰率(\%)=100\%\times胴体重/宰前活重$$

（3）眼肌面积：猪背最长肌的横断面积形似眼，故名为眼肌。将左侧胴体（以下需屠宰测定的都是指左侧胴体）倒数第3～4肋间处的眼肌垂直切断，用硫酸纸描绘出横断面的轮廓，用求积仪计算面积，或按宽度×高度×0.7以估计其面积，这里宽度和高度分别为用游标卡尺测量的背最长肌横断面的最宽及最高部位的长度。有条件的还可以利用眼肌扫描仪进行活体测定。

（4）胴体平均背膘厚：指胴体背中线肩部最厚处、最后肋骨处、腰荐椎结合处三点脂肪厚（不包括皮厚在内）的平均值。一般在倒挂的左边胴体上用游标卡尺进行测量，单位毫米，保留2位小数。

（5）皮厚：第6～7肋骨处用游标卡尺测皮肤厚度。

（6）胴体长：一般有两种量法。一是由枕寰关节底部前缘（第1颈椎凹陷处）至耻骨联合前缘中线的距离，称为胴体直长；二是由第1肋骨与胸骨结合处至耻骨联合前缘中线的距离，称为胴体斜长。

（7）腿臀比例：指腿臀部重量占胴体重量的百分数。臀和腿是胴体中产瘦肉最多的部位，因此，腿臀比例在评定胴体时有重要的意义，指沿腰椎与荐椎结合处的垂直切线切下的后腿重量占整个胴体重的比例。

(8)胴体瘦肉率:左侧胴体称重后,除去板油和肾脏,进行瘦肉、脂肪、皮和骨剥离。剥离时,肌间脂肪不另剔除算作瘦肉,皮肌(包括腹部和大腿部皮肌)不另剔除算作脂肪。瘦肉重与瘦肉、脂肪、皮和骨的总重之比为胴体瘦肉率。

4. 肉质测定

(1)肌肉颜色:肌肉的颜色主要取决于肌肉中的肌红蛋白含量及其铁原子的化学价态。正常肉呈鲜红色,蛋白质变性和受微生物污染的肉呈绿色。异常肉质常呈灰白(PSE 肉)或暗褐(DFD 肉)色。猪被宰杀后 2 小时之内,取左半胴体胸腰椎连接部背最长肌横断面,即眼肌处,采用比色板目测评分法,于白天室内正常光照下评定,按 5 级分制标准肉色评分图评分:1 分为灰白色(PSE 肉色),2 分为轻度灰白色(倾向 PSE 肉色),3 分为鲜红色(正常肉色),4 分为深红色(正常肉色),5 分为暗褐色(DFD)肉色。注意:评定时切取新鲜断面;不允许阳光直射试样,也不允许在黑暗处评定。

(2)肌肉 pH 值:肌肉 pH 值是反应猪屠宰后肌糖原酵解速率的重要指标,也是判定生理正常肉质或异常肉质(PSE 或 DFD 肉)的依据。宰杀后 45 ~60 分钟内测定的 pH 值,记录为 pH_1;宰杀后 24 小时测得的 pH 值,记录为 pH_{24}。

在左半胴体倒数第 3 ~4 根肋骨部距背中线约 6 厘米处切开皮肤与脂肪,切取背最长肌。试样宽度和厚度均应不少于 3 厘米。按 pH 计使用说明,将电极直接插入肉样,插入深度不小于 1 厘米,测定 pH_1 值后,将肉样保存在 4℃左右的冰箱中,以备测定 pH_{24}。

正常肉质的 pH_1 值变动在 6.0 ~6.7 之间。当 pH_1 小于 5.9,同时伴有肉色灰白、肌肉组织松软和大量渗水症候时,可判定为 PSE 肉。当 pH_{24}值大于 6.0,又伴有肉色暗褐、组织坚硬和表面干燥症候时,可判定为 DFD 肉。

(3)大理石纹:肌肉大理石纹指可见的肌肉脂肪,它的含量和分布状况与肌肉的多汁性、嫩度和滋味密切相关。取左半胴体最末胸椎与第 1 腰椎连接部的背最长肌横切面(眼肌),于冰箱冷藏层 4℃条件下存放 24 小时后,对照肌肉大理石纹评分标准图,用目测评分法评定。按 5 级分制评定:1 分指肌肉脂肪呈极微量分布,2 分指肌肉脂肪呈微量分布,3 分指肌肉脂肪呈适量分布,4 分指肌肉脂肪呈较多量分布,5 分指肌肉脂肪呈过多量分布。通常以 3 分为理想分布,2 分和 4 分为尚理想分布,1 分和 5 分为非理想分布。

(4)滴水损失法:在不施加其他任何外力而只受重力作用的条件下,肌肉蛋白质系统在测定时的液体损失量,称为滴水损失,它与肌肉的系水力呈负相关,可作为度量肌肉系水力的指标。滴水损失法所需仪器为冰箱、天平、聚乙烯薄膜袋。宰杀后2

小时取左半胴体第4~5腰椎背最长肌,将试样修整为长×宽×高为50(毫米)×30(毫米)×20(毫米)的肉片。将修整好的样式置于感应量为0.01克的天平上称重($W1$),用铁丝钩住肉样一端,使肌纤维垂直向下吊挂于充气的聚乙烯薄膜袋中,扎紧袋口避免肉样与袋壁接触,吊挂与冰箱中,2~4℃条件下贮存24小时,然后取出试样并称重($W2$)。计算公式为:

滴水损失(%)=(贮存前试样重 $W1$ - 贮存后试样重 $W2$)/贮存前试样重 $W1$ ×100%

每个肉样取两个平行样,用平均值表示之。滴水损失值越高,则系水力越差。

第三节 常规遗传评估技术

常规遗传评估技术是指不利用分子标记的信息,只通过系谱和表型对个体的种用价值(即育种值)进行评估。常规遗传评估技术能充分利用被评估个体所有亲属的测定信息,能考虑不同群体、不同世代的遗传差异,校正选配造成的偏差和环境方差,根据市场价值等对不同经济性状设定权重,再准确评估和综合计算出亲代和子代综合育种值。

一、基本原理

猪的大部分重要经济性状,如日增重、瘦肉率、饲料利用率、产仔数等,都是数量性状,同时受遗传效应和环境效应的影响。遗传效应又可分为加性效应、显性效应和上位效应。加性效应,即育种值,是所有效应基因的各个等位基因效应之和,它能够稳定地遗传给下一代。显性效应和上位效应则分别是由特定的基因型和基因型组合所产生的互作效应,即同一基因不等位基因间的互作和不同基因间的互作。在遗传给下一代时,由于等位基因的分离和重组,显性效应和上位效应是不能稳定地遗传给下一代的。虽然育种值能够稳定遗传,但是它不能够直接度量,只能通过系谱和表型对它进行估计。表型值的高低并不代表育种值的高低,因为表型除了受遗传效应的影响外,它还受到环境效应的影响。育种值估计就是利用适当的统计学方法,把育种值从表型中剖分出来。估计出来的育种值就称为估计育种值(EBV)。

二、方法和软件

(一)遗传评估遵循的原则

为了获得可靠而准确的遗传评定结果,遗传评估都必须遵循以下原则:

(1)尽可能地消除环境因素的影响:由于数量性状不可避免地要受到环境因素的影响,因此,要准确地估计出个体的育种值,首先必须尽可能地消除环境因素的影响。这通常可从以下两个方面考虑。第一,尽可能地保持个体间的环境一致性,在育种实践中,通过建立中心测定站,可将来源不同的种猪个体在最大程度上有效地消除环境因素的影响,使个体遗传评定结果更具可比性。但中心集中测定的规模有限,很难用于大规模的个体遗传评定。第二,允许个体间存在一定程度的环境差异,各个个体仍然可在其原来所在的场或圈舍中进行性能测定,然后用适当的统计学方法对个体间的环境差异进行校正。这种校正虽然难免存在一定的误差,但性能测定的成本很低,测定规模几乎不受限制,适合于大规模的遗传评定。

(2)尽可能地利用各种可利用的信息:在对任何一个个体进行育种值估计时,除了该个体本身的表型值可提供其育种值的信息外,所有与之有亲缘关系的亲属的表型值也能提供部分信息,因为它们共享了部分基因。亲属与被估个体的亲缘关系越近、可利用的信息越多,育种值估计就越准确。

(3)采用科学的育种值估计方法:遗传评估的目的是使估计育种值尽可能的接近真实育种值。这除了与可利用信息的数量和质量有关外,还与所采用的遗传估计的方法有关。遗传评估的方法应该能够:充分合理地利用所有可利用的信息;有效地校正各种环境因素的影响;使估计值与真值之间的相关达到最大。

(二)遗传评估的方法

由于最佳线性无偏预测(BLUP)具有其独特的优势,现已成为种猪遗传评估的主要方法。BLUP方法中表型可用下面的线性模型来表示:

$$y = Xb + Zu + e$$

其中,y 是所有个体的观察值(即表型)向量;b 是所有固定效应的向量;u 是所有随机效应(包含育种值)的向量;e 是所有剩余效应的向量;X 和 Z 分别是 b 和 u 的关联矩阵,它们指示了每一观测值分别受哪些固定效应和随机效应的影响。

要估计育种值,只需要求解上述线性模型。b 和 u 的最佳线性无偏估计和预测可通过对以下方程组(称为混合模型方程组)求解得到。

$$\begin{bmatrix} X'R^{-1}X & X'R^{-1}Z \\ Z'R^{-1}X & Z'R^{-1}Z + G^{-1} \end{bmatrix} \begin{bmatrix} \hat{b} \\ \hat{u} \end{bmatrix} = \begin{bmatrix} X'R^{-1}y \\ Z'R^{-1}y \end{bmatrix}$$

（三）遗传评估软件

世界各国的知名种猪育种公司大都根据各自的育种体系，以 BLUP 方法为基础开发出适合本国国情的遗传评估软件，且部分遗传评估软件可把生产数据管理等功能结合在一起，实现种群的动态管理和即时遗传评估。以下分别简单介绍国内外两个典型的遗传评估软件。

（1）GBS 种猪育种数据管理与分析系统：本系统是我国自行研发的、适合我国国情的种猪遗传评估系统。它是由中国农业大学、北京佑格科技发展有限公司以及多家国内知名种猪生产企业联合开发的生产管理与育种数据处理软件。在农业部畜牧兽医总站推荐下，已在大部分国家育种核心场和一千多家猪场内全面使用，是目前使用最广泛的遗传评估系统之一。

（2）Herdsman 育种软件：Herdsman 既可以作为一个猪场数据记录、管理系统，也可以作为一个遗传评估系统，现已成为美国种猪场进行遗传评估和遗传选育的最常用程序。为了适应我国的市场需求，Herdsman 已经完成了汉化。Herdsman 在我国也占有一定的市场份额，主要在一些中美合资的猪场使用，方便中美猪场进行数据共享和联合育种。

第四节 基因育种技术

相较于常规育种，基因育种透过现象看本质，立足于鉴别影响生产性状的主效基因或分子标记，在提高育种效率、加快遗传进展、突破选择瓶颈、改良常规育种难于选育的性状等方面具有诸多明显的优势（图 1－2）。

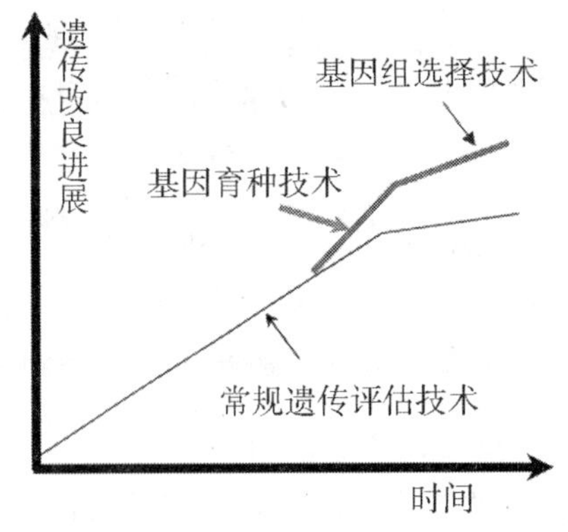

图 1－2 基因育种技术在加快遗传改良中的优势

基因育种技术的流程一般可简单描述为：确定需要基因测定的后备猪只，用耳号钳采集其耳组织或用一次性注射器采集血液样品，然后在实验室提取基因组DNA样品，根据基因检测的技术和方法，利用相应的试剂和仪器设备对每个基因或多个基因进行基因型判定，最后依据基因型、基因育种指数或基因组估计育种值(GEBV)并结合常规数量遗传评估指数开展种猪选育。

一、主效基因育种

主效基因是相对于微效多基因而言的，是指能对数量性状产生较大影响的单个基因，用特定的遗传学和统计学方法，可以对主效基因位点的基因型及其频率、效应的大小等进行测定和估计。通常当某一基因对某性状的影响效应在一个表型标准差以上，则可视为主效基因。

基因育种作为一类新型高效的育种新技术，其发展及在种猪育种上的应用已经有十多年的历程，系列因果基因育种技术已研发成功(表1-1)。国际种猪育种界利用基因育种技术对种猪选育改良也有诸多成功的案例。例如，利用控制恶性高温综合征和PSE肉的氟烷基因*RYR1*育成抗应激敏感品系，利用控制影响火腿加工产量下降13%的酸肉效应的*PRKAG3*成功改良父系种猪汉普夏或含有汉普夏血缘的合成系种猪，利用控制芬系大白公猪精子短尾不育症的*KPL2*基因成功剔除芬系大白猪此类缺陷的隐性携带者，利用显性白毛基因将大白猪的显性白毛基因快速导入到白色杜洛克品种中培育了稳定的白色杜洛克品系，瑞士利用大肠杆菌K99(F18)抗性/易感基因*FUT1*培育抗仔猪K99腹泻和水肿病的种猪等。欧美养猪发达国家对于基于因果基因的基因育种技术将有力推动种猪遗传改良进程的认识是非常清晰的，对于把具有重要育种价值的主效基因育种技术及时转化应用也正逐渐形成共识。

表1-1　已研发的部分猪主效基因育种技术

类别	性状	基因	经济价值
遗传缺陷	恶性高温综合征、PSE肉	*RYR1*	携带者比正常个体损失20元
	精子短尾不育症	*KPL2*	约37%芬系大白猪为携带者
	公猪生精障碍症	*Tex14*	芬系大白猪公猪不育
抗病	大肠杆菌K88ac腹泻易	*MUC13*	抗断奶前大肠杆菌F4ac腹泻选育
	大肠杆菌K99腹泻易	*FUT1*	抗断奶后大肠杆菌F18腹泻选育
生长速度	背膘厚和瘦肉产量	*IGF2*	提高3%瘦肉产量
	采食量和生长速度	*CCKAR*	提高3%日增重

续表

类别	性状	基因	经济价值
肉质	酸肉效应	*PRKAG3*	使汉普夏火腿产量下降13%
	酸肉效应	*PHKG1*	控制杜长大商品猪2%的酸肉发生率
	健康脂肪酸	*SCD*	影响健康脂肪酸总量5%

省(节粮)、好(好看、好吃、好营养、优质健康)、多(多生、多肉、少死、少损失)、快(快长)是种猪选育的四个主流方向,也符合生猪业发展的需求和未来趋势。我国常规育种虽然总体落后于发达国家,但在具有革新性的基因育种时代完全到来之际,可以说我们与发达国家站在同一起跑线上,甚至在一些技术领域已经抢占先机。例如,江西农业大学黄路生院士及其团队通过十几年的坚持攻关,已经在世界上率先开发了4项成熟并获得专利的因果基因育种新技术:①抗K88仔猪腹泻基因育种技术(已获2011年度国家发明二等奖):通过该项技术可以选育对大肠杆菌K88(F4ac)断奶前仔猪腹泻有抗性的种猪;②多肋骨数基因育种技术:该项技术可增加1根肋骨,使产肉量增加1千克左右,上市猪体长增加约1.5厘米;③酸肉改良基因育种技术:该基因为影响糖原酵解潜能进而影响pH和滴水损失的主效基因,通过该基因育种技术可减少宰后滴水损失,增加肉品产量;④健康脂肪酸基因育种技术:通过该项技术可优化猪肉脂肪酸组成,增加健康型脂肪酸C18:0/C18:1的含量,减少C16:0的含量,不仅有利于肉品的加工、增加货架期,还将更有益于人类健康。

单基因育种与常规遗传评估技术相结合选育改良种猪性能、培育种猪新品系已经获得成功。而多基因集成育种与数量遗传学技术相结合已成为目前国际大型育种公司改良种猪的常用手段,其对抗病、肉质、遗传疾患的改良效果尤为突出。世界最大种猪育种公司Genus/PIC已利用包含抗病、肉质、生长、产仔等多项基因育种技术开展种猪基因聚合育种。基因聚合育种实质是将多个基因的影响效应综合考虑,通过整合成基因育种指数后用于种猪选育,不断提高多基因的优势等位基因频率,在多个目标基因座上实现优势基因型的纯合,从而实现种猪性能的综合快速改良。江西农业大学已精选了16个经过严谨的遗传分析并经大群验证的、具有重要育种价值的基因位点(涉及抗病、肉质、生长等性状),开发成相应的高通量基因检测芯片应用于现场育种。

因此,创建基因育种新技术、选育优质猪种新品系(配套系)是目前以及今后相当长一段时间内种猪育种研究人员及生产者共同面临的机遇与挑战。当然，要实现基因育种技术在种猪育种中的高效利用，须注意以下几点：

首先，转化和应用的基因育种技术一定是要经过严格的遗传学分析，有确定的影响效应基因，具有重大的育种价值，且在目的应用种猪群体中存在分离（亦即没有纯合，具有选择空间）的基因。

其次，现阶段基因育种技术的应用仍需要夯实种猪性能测定的基础工作，目前已开发成熟的基因育种技术仍然有限，不能解决所有性状的选育改良，基因育种和常规育种相结合将形成今后一段时期内种猪育种的主要技术体系，极大地加快了目标性状育种改良效率和进展；同时，有了坚实的性能测定基础，不仅能在群体中直接验证基因育种的选育改良效果，向现阶段对新型基因育种技术了解还不深刻的部分育种和商品猪生产企业展示“眼见为实”的成果，而且可充分发挥我国种猪企业多、种群总体规模大的优势，促使更多的基因育种技术的研发。

最后，基因育种技术的独特优势将改变育种只有长期效应没有短期利益的格局。现阶段基因育种技术转化应用的范围和效率还有赖于：①政府的大力引导和扶持；②龙头企业对其内在价值的切实认识和系统布局；③研发团队对新型基因育种技术开发的速度；④推广专家在育种一线的协作。如果上述四方面条件同时具备，则将加速种猪育种开创新局面。

二、全基因组选择技术

相比常规育种和基因育种技术，全基因组选择技术（GS）以其高效、全面的优势必将成为下一代全新的种猪育种新技术。全基因组选择技术适宜改良的性状主要有难测量或测定成本高的性状（如饲料转化率、肉质、抗病性状、公猪繁殖性状等）、低遗传力的性状（如繁殖）、出生早期不能测定的性状（如日增重、背膘厚等）。世界最大的猪育种公司 Genus/PIC 评估了全基因组选择技术对总产仔数的应用效果，发现利用低密度、低成本的标记芯片能有效地提高总产仔数的遗传改良进程。全基因组选择技术已经在其他一些国际育种公司得到应用，丹麦使用全基因组选择技术进行纯种选育，效果相比常规育种技术提升 20%，海波尔、托佩克及加裕等公司也开始在猪群中应用全基因组选择技术。可以预见，不久的将来，全基因组选择技术将成为常规育种技术，广泛应用于优势种猪培育，以提高繁殖、肉质、饲料报酬及生长等性状的改良效率。当然,如何建立基于低成本、低密度标记的高效基因组育种技术仍需要业界不懈的努力,目前一些养猪发达国家及其大型种猪育种公司均已迅速投入并率先开展全基因组育种技术的研发,抢占技术高地,期望赢得市场先机。国内包括江西农业大学在内的多个科研院所联合国内有影响力的种猪企业,正在针对核心群种猪,共同研发低成本、个性化的节粮,高产全基因育种技术,预计不久的将来将运用于育种实践中。

第二章 种猪饲养管理关键技术

第一节 后备猪选择与培育

优秀稳定的母猪群是自繁自养猪场稳定生产、获得良好经济效益的根本所在。目前母猪群年更新率一般保持在20%～40%之间。因此,如何成功地选择并培育优秀的后备公猪和母猪对养猪生产具有重大意义。而后备猪的选择与培育应该充分结合猪场自身实际情况和市场需求,突出重点,全面兼顾,进而创造出最大化的市场经济价值。

一、后备猪的选择

(一)后备公猪的选择

俗话说:"母猪好一窝,公猪好一坡"。对于公猪的选择应该慎之又慎,优秀公猪的遗传潜能可遗传给猪场近半后代,能有效推动猪场生产性能的提升。

1. 无传染性疾病和遗传疾患

后备公猪一定要来自没有任何烈性传染性疾病的场区和明显遗传疾患的家系，选择生产长发育正常、精神活泼、健康无病、体重处于同窝平均重以上的个体。对于传染病需要通过专业兽医临床诊断和抗原抗体水平检测，主要需要注意蓝耳病、猪瘟和圆环病毒等常见烈性疫病。同时要注意具有疝气、隐睾、瞎乳头、闭肛等疾患的个体不要选留。

2. 生长育肥性能优良

后代的生长育肥性能受到父本的影响最大，因此选择生长育肥性能优良的公猪尤为关键。公猪的生长育肥性能主要通过生长测定记录和观察进行选择，选择群体中指数和体型排名靠前后备公猪。

3. 体型外貌健美

后备公猪的体型外貌要求考虑毛色、耳形、头形、四肢、体躯等等。其中，应当十分注意选择四腿健壮（尤其是后腿）、脚趾均匀、步伐平稳、背腰平直、腹部收缩、包皮不过长、颌部不下垂、前胸宽广、后腿肌肉发达、两侧睾丸匀称显露的小公猪。

4. 血缘丰富

在充分考虑了生长发育性能和体型后，需要结合猪场已有血缘对候选猪只血缘进行筛选，选择性能优越的家系，适当扩充血缘，丰富的血缘有利于猪群对近交系数和遗传疾患等的控制。对于需要长期稳定引种或者自家留种的猪场，更应当注意血缘数量的控制，在选种前务必对自己猪场中血缘情况进行摸底，防止出现过多重复血缘。

5. 系谱和测定等记录完善

选择小公猪时一定要选择具有完善系谱记录的猪只，以便血缘的判定等。同时在条件允许的情况下，尽可能多地选择具有可靠生长测定数据的猪只或者同胞及其后代，以便从选择指数角度选择优秀后备公猪。

（二）后备母猪的选择

母猪作为自繁自养猪场的必备环节，对猪场生产十分关键。优秀的母猪不仅将其遗传潜能传递给后代，更能在哺乳期影响到仔猪的生长发育和存活率等，有助于猪场提高经济效益。

1. 无明显遗传疾患和烈性传染病

与公猪类似，后备母猪选择时需要注意，不要引进和选留一些具有明显遗传疾患的猪只，最好也不选择具有家族患病史的猪只，其中尤其需要注意不要选择有瞎乳头数和生殖器不正常母猪等。对于疫病也需要仔细检查和检验，有蓝牙、细小、伪狂和乙脑的等任何可影响母猪繁殖性能的带毒猪只或感染猪只均要严禁引入。

2. 生长发育好

应当选择生长发育快的小母猪，选择生长水平至少优于群体平均水平的猪只，如果有生长测定数据和自身生长性状估计育种值的则更佳。

3. 体型外貌良好

后备母猪的体型外貌要求考虑毛色、耳形、头形、四肢、体躯等等，但是不需要过分要求体型健壮，体型姣好、适合繁殖和哺乳即可。

4. 繁殖性能高

繁殖性能是衡量母猪好坏的主要标准，繁殖性能较好的母猪能明显提升猪场生产效率。根据不同猪种选定的评价标准，一般要求总产仔数高、活产仔数高和健仔数较高的母猪，这些数据可通过其母本或同胞生产记录来判定。

5. 系谱和繁殖等记录完善

母猪的选择也应当尽可能注意选择系谱和繁殖记录等完善的猪只，以便对家系繁殖性能展开分析，调整生产中家系分布。

（三）后备猪的选择方式

如果是从外部引种，对引种猪场生产条件和疫病防控等情况应有所了解，以便参考。尽可能到正规或者比较受认可的种猪场去引种，最好不要从生产水平落后和疫病多发的猪场引种。在确定了引种猪场后，条件允许可以通过参考前述选种标准，采取多阶段选择的方式开展猪只选留，这样能够更加准确地选择出体型合乎要求、性能优良的猪只。

如果在自有猪场留种，则尽可能对疫病进行控制，在控制好血缘情况下，选择体型好、生产性能优的后备猪只，采取多阶段选留的方式开展筛选。如果猪场有烈性疫病发生或者刚发生过，建议不在自有猪场留种。

二、后备猪的培育

（一）合理饲养

1. 采用配比合理的饲料

后备猪在不同生长发育阶段具有不同的生长发育特点，对能量和蛋白等营养物质要求也有所不同，合理配比的饲料有助于保持猪只正常生长发育。因此，在后备公猪和后备母猪不同生长阶段应该饲喂不同能量、蛋白质、矿物质和维生素配比的饲料，满足猪只生长发育需求。

2. 采用高效的饲喂方式

科学合理的饲喂方式同样有助于保持猪只适当的膘情和提高生产性能。在前期可以开放饲喂,而在后期后备猪到达 85 千克左右开始需要限饲,保持猪只适当膘情,有利于发情和排卵。

(二)科学管理

1. 适时分群

在后备猪只初次发情之前可以混群饲养,在初次发情之后则务必要分性别饲养,母猪可继续群体饲养,而公猪需要单头分开饲养。

2. 及时调教

在后备公猪 7 月龄左右开始,对其进行调教采精,每次时间不超过 15 分钟。如果公猪不爬跨,就将其赶回栏内,第二天再进行调教。需要注意的是每头公猪每周调教时间为 2 ~3 次为宜,每次调教的工作人员最好是同一人。

3. 适当运动

适当运动有助于促进猪正常发情和增强其四肢强健。温度适宜的情况下,可在下午适当让猪群在泥巴地或草地等活动区自由活动,十分有必要,对公猪尤其重要。

4. 母猪发情记录

在母猪 7 月龄开始,观察母猪发情情况,以便确定适时配种或淘汰。

5. 环境管理

后备猪对饲养环境要求较高:平时注意通风,冬季保暖,夏季降温,卫生清洁消毒。公猪对环境要求更为严格,不卫生和温湿度不适宜的环境很可能导致公猪性欲低下和不爬跨等。

6. 科学驱虫和防疫

根据猪场自身疫病控制情况,制定好稳定可靠的疫病防疫程序和驱虫程序,在适当时间及时进行疫苗注射和季节性驱虫等。

第二节　种公猪饲养与管理

饲养种公猪的目的是获得高质量的精液供母猪配种,以获得大量优质仔猪。所以优秀的种公猪必须具备如下特点:一是要性欲旺盛,能胜任适时采精的任务;二是能提供高质量的公猪精液。公猪质量不佳、精液品质不好以及配种时机没把握好等因素,会减少母猪产仔数,影响后代仔猪质量,降低生产力。所以一头公猪的优秀程度关系到一个猪场的经济效益,必须给予重视。

一、种公猪的饲养管理目标

(1)公猪性欲旺盛,求偶欲望强烈。

(2)精液量大,每次射精量都能达到260毫升以上。

(3)精液品质好,精子密度在2.5亿个/毫升以上,活力在0.8以上,精子的畸形率低于18%,死精少,在电镜下观察呈现漩涡状。

(4)种公猪的使用年限达到两年以上(除核心群实行每年100%更新外)。

二、种公猪饲养

(一)营养需要

种公猪的营养水平和饲料喂量,与其品种类型、体重大小、配种利用率等因素相关。营养水平要防止种公猪的过肥与过瘦,两者都会影响种公猪的配种能力。所以,在为种公猪设计配方时,首要考虑的是其配种和繁殖能力。

猪精液中的大部分物质是蛋白质,所以,种公猪在配种期特别需要氨基酸平衡的动物性蛋白质。实行季节性产仔的地区或猪场,种公猪的饲养分为配种期和非配种期,配种期饲料的营养水平和饲料量均高于非配种期。在常年均衡产仔的猪场,种公猪常年有配种任务,则按配种期的营养水平和饲料量饲养。

(二)饲养方式

根据公猪全年配种任务频率和分散程度,分为两种饲养方式。

(1)全年加强的饲养方式:在全年均衡产仔的猪场,公猪负担常年的配种任务,因此要全年按照配种期的营养水平来饲养。营养标准为:配合饲料可含消化能12.97兆焦/千克,粗蛋白15%,日粮2.5~3.0千克。

(2)配种季节加强的方式:母猪是按季节分娩时,公猪配种期的营养水平和饲喂量均高于非配种期,饲养标准增加20%~25%。在配种季节来临之前1个月,在原日粮的基础上增加鱼粉、鸡蛋、多种维生素和青饲料。在寒冷季节,环境温度降低时,饲养标准也应该相应增加10%~20%。

(三)饲喂技术

(1)饲料的品种要多样化,品质好,适口性强,易消化。公猪的日粮体积应以小为好,不应该有太多的粗饲料,以防形成“草腹”,影响配种。

(2)根据公猪的体况,调整日粮,避免过肥或过瘦。

(3)日粮调制应以干粉料、颗粒料、湿拌料为主,配合青绿多汁饲料。

(4)定时饲喂,每天两次,每次饲喂不可过饱,八分饱即可。

(5)当公猪过少,或者在当地买不到专用的公猪料,自己又没有能力配制时,可采用哺乳母猪料代替,但是不可采用其他猪群饲料,如生长肥育猪料等。

(6)保证充足的饮水,经常检查饮水器情况。

三、种公猪的管理

(1)运动。运动能增强体质、保持性欲,防止公猪过肥,但运动也不宜过量,每天运动0.5~1千米,在运动场自由运动,也可人工驱赶运动。

(2)分群。种公猪可分为单圈和小群两种饲养方式。笔者推荐单圈饲养,单独运动,因单圈饲养可延长种公猪利用年限,防止相互爬跨,节省饲料。另外,圈应该建设在场内的上风向,否则公猪容易闻到母猪的气味,而兴奋不安、爬圈,过度地消耗公猪体力。

(3)早晚进行配种。即早饲前或晚饲前,高温季节更应如此。

(4)经常修蹄。防止蹄病和本交方式配种时对母猪的刮伤。

(5)避免高温及严寒对猪的影响。酷暑季节要注意通风或湿帘、喷雾降温,严寒时要注意提高猪舍温度防冻。

(6)经常给公猪刷拭。保持猪体清洁,减少寄生虫对公猪影响,保持皮肤清洁,促进血液循环,同时建立人与猪的亲和关系,使种公猪温驯听从管教,便于调教和采精。

(7)防止公猪自淫。单圈饲养防止相互爬跨,其公猪圈墙壁高度要增加或者安装围栏增加高度,防止公猪爬墙自淫。

(8)及时进行防疫注射。根据当地的疾病流行情况,可春秋两季2次选择性地进行猪瘟、猪丹毒、伪狂犬、猪呼吸与繁殖障碍综合征、猪链球菌、乙脑、细小等疫病的预防免疫注射工作。

(9)适宜的环境条件。公猪的最适温区为18~20℃,相对湿度为60%~80%,睾丸正常温度要比体温低2~3℃。在管理中,对于防寒保温来说,在夏天对公猪进行有效的防暑降温更为关键,因为温度高导致生殖上皮变性,雄性激素合成受阻,精子受损,生精机能下降,精液品质下降;30℃以上就会降低精液品质,在4~6周后降低繁殖配种性能,表现为返情高和产仔少。因此,将圈舍温度控制在30℃以内是必要的。

四、种公猪的利用

种公猪配种能力及精液品质优劣和使用年限的长短，不仅与饲养管理有关，而且取决于初配年龄和利用强度。

(1)初配年龄。地方早熟品种6~7月龄，体重60~70千克开始配种使用；晚熟的培育品种8~10月龄，体重110~130千克时开始配种使用。一般种公猪的利用年限为1~2.5年，老龄公猪应及时淘汰更新。

(2)配种强度。目前多采用人工授精，1头公猪可负担30~100头母猪的配种任务。1~2岁的青年公猪每周采精2~3次；2岁以上的公猪，在饲养管理水平较高的情况下，每天可采精1~2次。

(3)在配种季节内，应定期检查精液品质的好坏。根据精液的质量和精子的密度，确定是否使用和稀释倍数，以便发现问题并及时解决。

五、异常状况的处理

(1)防止公猪自淫。当发生公猪自淫时，解决方法是：公、母猪圈远离，相互听不见声音；公猪圈要严密，让其看不到外面的情景；单圈饲养，围墙要高，加强运动，让其有适度劳累感；建立正常的饲养管理制度。

(2)防止公猪尿血。解决方法：立即停止配种，休息1个月，期间饲喂较好的蛋白质饲料和青绿多汁饲料，恢复健康后严格控制配种次数。

(3)解决公猪性欲低下。过肥减料，减膘，加强运动，多喂青绿多汁饲料；过瘦加强营养，复膘；初配公猪，配种不要过晚；用发情好的母猪引诱公猪，增加其性欲；使用药物治疗、注射脑垂体前叶激素、维生素E，提高其性欲。

第三节　种母猪饲养与管理

种猪的饲养管理对于提高种猪利用率，降低养殖成本有着极其重要的作用。在养好优良种公猪的同时，选择并养好种母猪也是非常关键的环节。好的种母猪如果饲养管理不当，也达不到繁育优良仔猪的目的。所以，既要选好种母猪，又要养好和管理好种母猪，才能繁育更多更好的优良仔猪。

一、种母猪的选择

在育种中，要从外形鉴定、繁殖机能和主要经济性状等方面综合评价选留种母猪。选择种用小母猪应当首先挑选其母本繁殖成绩好，个体是同窝猪崽中初生重和断奶重中等以上，体质好、体躯长、背腰平直、后躯丰满，乳头数 7 对以上且排列对称整齐、奶头饱满、无瞎乳头、无副乳头等，外生殖器正常、下垂、大小适中。

二、空怀母猪的饲养管理

空怀母猪：指未配或配种未孕的母猪。

管理工作目标：促使青年母猪早发情、多排卵、早配种，达到多胎高产的目的；对断奶母猪或未孕母猪，积极采取措施组织配种，缩短空怀时间。

经产母猪常年处于紧张的生产状态，在配种准备期要供给营养全面的日粮，保持种用体况。母猪过肥会出现不发情、排卵少、卵子活力弱和空怀等现象；母猪太瘦也会造成产后发情推迟和难配上等不良后果。

（一）短期优饲

配种前为促进发情排卵，要求适时提高饲料喂量，对提高配种受胎率和产仔数大有好处，尤其是对头胎母猪更为重要。对产仔多、泌乳量高或哺乳后体况差的经产母猪，配种前采用“短期优饲”办法，即在维持需要的基础上提高 50% ~100%，喂量达 3 ~3.5 千克/天，可促进排卵；对后备母猪，在准备配种前 10 ~14 天加料，可促使发情，多排卵，喂量可达 2.5 ~3.0 千克/天。但具体应根据猪的体况增减，配种后应逐步减少喂量。

（二）饲养水平

断奶到再配种期间，给予适宜的日粮水平，促使母猪尽快发情，释放足够的卵子，受精并成功地着床。初产青年母猪产后不易再发情，主要是体况较弱造成的。因此，要为体况差的青年母猪提供充足的饲料，以缩短配种时间，提高受胎率。配种后，立即减少饲喂量到维持水平。对于正常体况的空怀母猪，每天的饲喂量为 1.8 ~2.5 千克。在炎热的季节，母猪的受胎率常常会下降。一些研究表明，在日粮中添加一些维生素，可以提高受胎率。

泌乳后期母猪膘情较差，过度消瘦的，特别是那些泌乳力高的个体失重更多。断奶前膘情较好，泌乳期间食欲好、带仔头数少或泌乳力差、泌乳期间掉膘少的这类母猪，断奶前后都要少喂配合饲料，多喂青粗饲料，加强运动，使其恢复到适度膘情，及时发情配种。"空怀母猪七八成膘,容易怀胎产仔高"。

(三)空怀母猪的管理

有单栏饲养和小群饲养两种方式。小群饲养的母猪可以自由活动,特别是设有舍外运动场的圈舍,可促进发情。每天早晚两次观察记录空怀母猪的发情状况。喂食时观察其健康状况,及时发现和治疗病猪。

三、妊娠母猪

搞好妊娠母猪的饲养管理,可以防止死胎和流产现象的发生,获得量多质优的仔猪,同时使母猪有适度的膘情和良好的泌乳性能,为哺乳期顺利泌乳打下基础,是提高母猪养殖效益的关键环节。由于此期胎儿的生长发育,子宫和其他器官的发育,以及为产后泌乳进行营养物质储备等等,所以此期需要营养更多。

(一)做好妊娠母猪早期妊娠诊断和预产期的推算

1. 妊娠诊断

为了缩短母猪的繁殖周期,增加年产仔窝数,需要对配种后的母猪进行早期妊娠诊断。主要常用方法有以下几种:

(1)外部观察法:一般来说,母猪配种后,经一个发情周期未表现发情,基本上认为母猪已妊娠,其外部表现为:"疲倦贪睡不想动,性情温驯动作稳,食欲增加上膘快,皮毛发亮紧贴身,尾巴下垂很自然,阴户缩成一条线"。但配种后不再发情的母猪并不绝对肯定已妊娠,同时要注意个别母猪的"假发情"现象,即表现为发情征状不明显,持续时间短,不愿接近公猪,不接受爬跨。

(2)超声波测定法:利用超声波感应效果测定动物胎儿心跳数,从而进行早期妊娠诊断。配种后20~29天的诊断准确率为80%,40天以后的准确率为100%。

(3)诱导发情检查法:在发情结束后第16~18天注射1毫克己烯雌酚,未孕母猪在2~3天内表现发情;孕猪无反应。

2. 预产期的推算

母猪配种时要详细记录配种日期和与配公猪的品种及耳号。一旦认定母猪妊娠就要推算出预产期,便于饲养管理,做好接产准备。母猪的妊娠期为110~120天,平均为114天。推算母猪预产期均按114天进行,常用以下两种方法推算。

(1)三、三、三法:为了便于记忆,可把母猪的妊娠期记为三个月三个星期零三天。

(2)配种月加3,配种日加20法:即在母猪配种月份上加3,在配种日子上加20,所得日期就是母猪的预产期。例如:2月1日配种,5月21日分娩;3月20日配种,7

月10日分娩。

(二)注意妊娠母猪的两个关键时期

注意妊娠母猪的两个关键时期:第一个关键时期是在母猪妊娠后的20天左右,要满足营养,防止刺激,预防疾病,这是安胎关键期。第二个关键期是在母猪妊娠后的90天左右,要加强营养,压缩饲料体积,即逐渐减少青粗饲料,增加精料,最好适当增加一部分动物性饲料,这是胎儿快速发育期。

(三)妊娠母猪的饲养方式

妊娠母猪的饲养方式主要有抓两头顾中间、前粗后精、分期提高三种方式。母猪日粮必须有一定的体积和全面的营养,既能使母猪有饱足感,又不会压迫胎儿,应该适当增加轻泻型饲料(如麸皮)以防便秘所导致的流产。日粮必须多样化,既要有良好的适应性又要有全面的营养。3个月后应限制青粗饲料给量,禁止喂劣质饲料,提倡喂稠料或者干料,但是必须供给充足饮水。

(四)妊娠母猪的管理要点

妊娠母猪的管理要点:妊娠中期适当运动,妊娠后期(产前1个月)要少运动多休息,可单圈或限位栏或大群饲养,保证空气新鲜和良好的舍内卫生。

1. 小群饲养和单栏饲养

小群饲养就是将配种期相近、体重大小和性情强弱相近的3~5头母猪在一圈饲养。到妊娠后期每圈饲养2~3头。小群饲养的优点是妊娠母猪可以自由运动,食欲旺盛;缺点是如果分群不当,胆小的母猪吃食少,影响胎儿的生长发育。单栏饲养也称限位饲养,优点是采食量均匀,缺点是不能自由运动,肢蹄病较多。现今欧美国家由于动物福利原因,也开始提倡大栏群养。

2. 保证质量,合理饲喂

保证饲料新鲜、营养平衡,不喂发霉变质和有毒的饲料,供给清洁饮水。饲料种类也不宜经常变换,但可在妊娠阶段细分配制专门饲料。配种后1个月内母猪应适当减料(仅供正常量的80%),防止采食过量,体内产热引起胚胎死亡。怀孕后期(85天起)应加料30%~50%,促进胎儿生长。

3. 细心的管理

对妊娠母猪态度要温和,不要鞭打惊吓,经常触摸腹部,可便于将来接产管理。每天都要观察母猪吃料、饮水、粪尿和精神状态,做到防病治病,定期驱虫。注意巡查母猪是否返情(尤其是配种后18~24天和40~44天),若有应及时再配,防止空养;对屡配不孕且药物处理无效者及时淘汰。

4. 良好的环境条件

保持栏舍的清洁卫生和干燥,注意防寒防暑,有良好的通风换气设备。保持猪舍安静，除喂料及清理卫生外，不应过多骚扰母猪休息。

四、哺乳母猪的饲养管理

管理目标是为仔猪提供质优量多的乳汁，保证仔猪正常生长发育；同时要维持母猪良好的体况，保证断奶后能正常发情配种。

1. 猪乳的成分

猪乳可分为初乳与常乳，分娩后 3 天以内的乳为初乳，初乳为初生仔猪提供抗体，还能提供其他因子而促进仔猪肠道的生长发育。初乳的干物质和蛋白质较常乳高，而乳脂、乳糖、灰分等较常乳低。

2. 影响泌乳量的因素

(1)品种：一般规律是大型瘦肉型猪种的泌乳力高，小型或产仔较少的猪种的泌乳力较低。

(2)胎次：一般情况，初产母猪的泌乳力低于经产母猪，2 ~4 胎泌乳量上升，以后保持一定水平，6 ~7 胎之后呈下降趋势。故 4 ~6 胎泌乳力最好。

(3)带仔数：带仔数越多，泌乳量也越多，但实际分到每头仔猪的奶量少。

(4)饲养管理：妊娠期间给予过高的营养水平，反而会降低哺乳母猪的泌乳量；若给予较低的营养水平，母猪的失重较多。

(5)乳头位置：前排比后排高。

(6)环境因素：管理工作的好坏，对泌乳也有较大的影响，安静舒适的环境有利于母猪的泌乳，故夜间的泌乳量高于白天。粗暴地对待母猪，轻易变动工作日程以及气候条件的变化等，均会影响泌乳量。

3. 哺乳母猪的饲养

一头哺乳母猪的日泌乳量大约为 7 千克。一般靠消耗背膘来泌乳，哺乳期在一定程度上会减轻一些体重，因此，要通过适宜饲养来控制体重的减轻程度，以防止断奶后繁殖上发生问题。如果母猪在分娩后 7 天不能很好地哺乳，就要检测日粮，特别注意钙和磷的水平。

(1)合理投料：饲喂哺乳料，并根据阶段、仔猪数量及母猪膘情合理安排饲喂量。原则是前后少，中间多。

产仔当天停料，喂麸皮汤，产后 1 ~4 天喂 1 ~2.5 千克；5 ~6 天喂(2 +0.2)千克/头仔猪，7 天后喂(2 +0.4)千克/头仔猪；断奶前 3 天开始减料，喂(2 +0.3)千克/头仔猪，断奶当天停料。

(2)少喂多餐：每天 3 ~4 次，有条件的场可加喂一些优质青绿饲料。

(3)饮水和投青料:给予母猪充足干净的饮水,绝不能断水。最好喂生湿料(料:水=1∶0.5~0.7),如有条件可以喂豆饼浆汁。

4.哺乳母猪的管理

(1)保持良好的环境:粪便要随时清扫,保持清洁干燥和良好的通风,如果栏圈肮脏潮湿会影响仔猪的生长发育,严重的会患病死亡。冬季应注意防寒保温,哺乳母猪产房应有取暖设备,防止贼风侵袭。在夏季应注意防暑,增设防暑降温设施,防止母猪中暑。

(2)保护母猪的乳房:母猪乳房乳腺的发育与仔猪的吸吮有很大关系,特别是头胎母猪,一定要使所有的乳头都能均匀利用,以免未被吸吮利用的乳房发育不好,影响泌乳量。圈栏应平坦,特别是产床要去掉突出的尖物,防止刚伤乳头。

(3)保证充足的饮水:哺乳母猪的需水量大,每天达32升。只有保证充足清洁的饮水,才能有正常的泌乳量。产房内要设置乳头式或碗式自动饮水器(流速每分钟1升)或储水设备,保证母猪随时都能饮水。

(4)饲料结构:要相对稳定,不要频变、骤变饲料品种,不喂发霉变质和有毒饲料,以免造成母猪乳质改变而引起仔猪腹泻。

(5)注意观察:要及时观察母猪吃料、粪便、精神状态及仔猪的生长发育,以便判断母猪的健康状况。

5.泌乳母猪异常情况的处理

(1)乳房炎:一种是乳房肿胀,体温上升,乳汁停止分泌,多出现于分娩之后;由于精料过多,缺乏青绿饲料造成便秘、难产、发高烧等,引起乳房炎。另一种是部分乳房肿胀。由于哺乳期仔猪中途死亡,个别乳房没有仔猪吮乳,或母猪断奶过急,使个别乳房肿胀,乳头损伤,细菌侵入便可引起乳房炎。治疗时可用手或湿布按摩乳房,将残存乳汁挤出,每天挤4~5次,2~3天后乳房出现皱褶,逐渐上缩。如乳房已变硬,挤出的乳汁呈脓状,可注射抗生素或磺胺类药物进行治疗。

(2)产褥热:母猪产后感染,体温上升到41℃,全身痉挛,停止泌乳。该病多发生在炎热季节。为预防此病的发生,产前要减少饲料喂量,分娩前几天喂轻泻性饲料以减轻母猪消化道负担,若发生则应及时治疗。

(3)产后少奶或无奶:最常见的有四种情况:①母猪妊娠期间饲养管理不善,特别是妊娠后期饲养水平太低,母猪消瘦,乳腺发育不良;②母猪年老体弱,食欲不振,消化不良,营养不足;③母猪妊娠期间喂给大量碳水化合物饲料,而蛋白质、维生素和矿物质供给不足,母猪过胖,内分泌失调;④母猪体质差,产圈未消毒,分娩时容易发生产道和子宫感染。故必须搞好母猪的饲养管理,及时淘汰老龄母猪,做好产圈消毒和接产护理。

第四节 提高母猪年生产力技术

母猪年生产力作为反映规模化猪场生产效率的最重要综合指标，是影响猪场赢利的核心关键所在。因此，掌握一些行之有效的生产技术措施来提高母猪年生产力，对广大猪场生存和发展具有重大经济意义，是猪场立足现在和把握未来的重要着力点。母猪年生产力通常指平均每头母猪年提供断奶仔猪数。母猪年生产力涉及种猪的繁殖性能、哺乳仔猪的培育以及整个繁殖猪群的饲养管理，几乎囊括了养猪生产的全部内容。度量母猪年生产力公式如下：

$$母猪年生产力=\frac{365\times 窝产活仔数\times(1-哺乳期死亡率)}{(妊娠期+哺乳期+断奶至受胎间隔)}=窝断奶仔猪数\times 母猪年产窝数$$

目前，我国大部分猪场1头母猪年生产断奶仔猪低于20头；而养猪发达国家顶级猪场的母猪，每年每头可得30头断奶仔猪。如何提高母猪年生产力成为养猪业发展和提升的核心问题。

一、影响母猪年生产力的因素分析

根据母猪年生产力计算公式可见，影响母猪年生产力的一级重要因素有两个：平均窝断奶仔猪数和平均年产仔窝数；二级基本因素四个：影响平均窝断奶仔猪数的窝产活仔数和断奶前仔猪死亡率，影响平均年产仔窝数的哺乳期长、断奶至受胎间隔，这四个二级基本因素也是母猪年生产力性状的组分性状（图2－1）。

（1）窝产活仔数直接由总产仔数、死胎数决定；总产仔数又与排卵数、胚胎成活率、胎盘效率和子宫容积相关。

（2）断奶前仔猪、保育猪及肥育猪的死亡率主要受饲养、管理与疾病的影响。断奶前死亡率能反映母猪母性能力或分娩管理水平或环境控制能力，挤压致死和饥饿致死是断奶前死亡的主要原因。

（3）哺乳期长取决于是否早期断奶和是否实施超早期断奶，以及母猪的泌乳力、哺育力等。

（4）断奶至受胎间隔又与断奶至发情间隔及情期受胎率、分娩率、公猪因素、配种方式方法有关。如果把母猪处在妊娠期和哺乳期称为母猪“工作日”，则空怀期为“非工作日”，把母猪返情、流产、怀孕期死亡淘汰造成的时间称为“损失日”，“非工

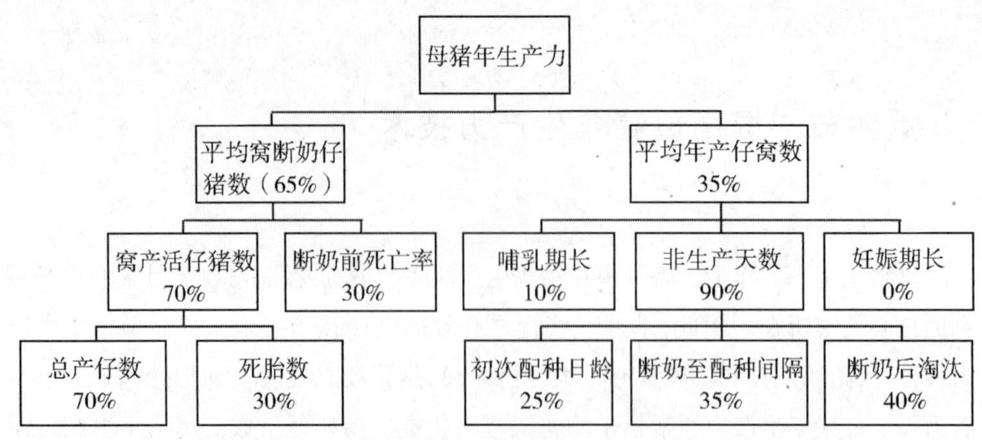

图 2－1　影响母猪年生产力因素分析

作日"和"损失日"统称为"非生产天数"，"非生产天数"是造成母猪年分娩胎次低的最重要因素，增加每年每头母猪分娩胎数的核心问题就是减少母猪的"非生产天数"。

猪场平均非生产天数的度量公式为：

$$非生产天数=365-(泌乳天数+妊娠天数)\times 年均产胎次$$

$$=365-(泌乳天数+妊娠天数)\times \frac{年产总胎数}{年总生产母猪数}$$

故计算猪场真实的全群母猪平均年生产力的公式应为：

$$母猪年生产力=\frac{365\times 窝产活仔数\times (1-哺乳期死亡率)}{妊娠期+哺乳期+非生产天数}$$

二、提高母猪年生产力的饲养管理措施

依据母猪年生产力的概念可以得出，要提高母猪年生产力的主要途径就是：提高母猪利用强度（增加年产胎数乃至使用年限），提高窝产仔数，降低哺乳仔猪死亡率。在生产实践中，应重视并剖析影响本场母猪年生产力的各项因素，找出关键影响因素，加以改进提高。

（一）组建优质高效的繁育猪群

猪群的健康与所处环境（如疫病防控与猪群保健、猪舍条件与设备、营养水平、饲养管理、繁殖技术、管理水平）的改善对提高母猪年生产力至关重要。但遗传因素和有效的选育改良措施的运用对于提高母猪年生产力也必不可少，因为从根本上解决问题毕竟还得从遗传途径着手。

1. 利用高繁殖性能的母猪群

毋庸置疑，由于母猪的繁殖性能对于猪场的生产效率和效益都至关重要，要想取得高水平的母猪年生产力，首先母猪群需拥有高产仔的遗传潜能。

2. 建立合理的母猪群体年龄和胎次结构

大量现场生产数据表明，母猪不同胎次的产仔数不同。因此母猪每胎的表现对猪群生产力有重要意义，母猪年（胎）龄影响的因素如表 2－1 所示。

表 2－1　母猪年（胎）龄影响的因素

因素	参考值
每胎产活仔数	3～6 胎高峰
每胎产死胎数	随着胎数增加，5～6 胎后增长迅速
产仔重	2～5 胎稳定，此后下降
抚育能力	2～4 胎高峰，此后下降
母猪死亡	青年母猪最高
生产失败	青年母猪最高
非生产日	青年母猪最高
分娩量	2～6 胎高峰，此后下降

为使母猪群保持稳产高产状态，有必要及时淘汰繁殖性能差的母猪，同时也使大量母猪在处于最高生产力的 3～6 胎时，保障全群产活仔数达到最大量。因此，一个合理的母猪群年龄结构应接近如表 2－2 所示的母猪循环分配。

表 2－2　不同胎次母猪占猪群比例

胎次	猪群中比例
1	18%～20%
2	16%～18%
3	15%～17%
4	14%～16%
5	13%～15%
6	14%～24%

3. 采用适宜的杂交繁育方式

在商品猪生产中，采用“杜×长×大”三元杂交组合产生的仔猪抗病力强，成活率显著高于其他形式杂交组合产生的仔猪。

适宜的杂交繁育方式有利于母猪年生产力的提高，其理论基础主要是充分利用了母本甚至是父本的杂种优势。杂种优势有个体杂种优势（又称后代杂种优势、直接杂种优势,如杜长大商品猪)、母本杂种优势(如长大母猪)与父本杂种优势(如皮杜公猪)之分。杂交对猪繁殖与生长性状的效应如表2-3所示。

表2-3 杂交对猪繁殖与生长性状的效应(平均估值) 单位:%

项目	个体杂种优势	母本杂种优势	父本杂种优势
平均日增重	5		
饲料转化率	5		
初生窝仔数		7~10	
断奶仔猪数		20	
初生窝重		8	
断奶窝重		20	
睾丸重			20
精子数			30
受胎率			10~14

(二)缩短母猪繁殖周期,增加母猪年产窝数

1. 养好种公猪,提高公猪精液质量

母猪繁殖性能的发挥不仅与母猪本身密切相关,也与公猪的配种能力有关。具有良好配种能力和精液品质优良的公猪是实现高配种受胎率、高产仔数的基础。

2. 做好发情检查和配种工作,提高母猪情期受胎率和分娩率

母猪在情期内是否能正常配上种,直接影响着母猪的非生产天数。母猪的发情是由来自卵巢的雌激素和黄体酮直接控制,以及由垂体前叶的促卵泡素、促黄体素和催乳素间接控制的。母猪繁殖周期和发情周期如图2-4所示。

配种注意事项:配种时间应在采食后2小时较好,夏季炎热天气应在早晚凉爽时进行,配种环境应安静,不宜大声驱赶或鞭打公猪;交配后用手轻轻按压母猪腰部,防止母猪弓腰引起精液倒流;公猪交配后不要立即冲洗凉水、喂冷水或在阴冷潮湿的地方躺卧,以免受凉得病。

3. 实现适宜早期断奶,缩短母猪哺乳期

目前集约化养猪场多采用早期断奶,通常是21日龄或28日龄断奶。部分猪场正在采用超早期断奶,即17日龄或14日龄断奶。

(三)做好断奶前仔猪的饲养管理,提高断奶成活率和个体重

重点见第四章。

(四)重视保育阶段成活率的提高

保育阶段的成活率虽然不属于狭义母猪年生产力范畴,但对母猪年提供商品猪数量具有直接影响,对猪场的生产效率和经济效益具有至关重要的作用。

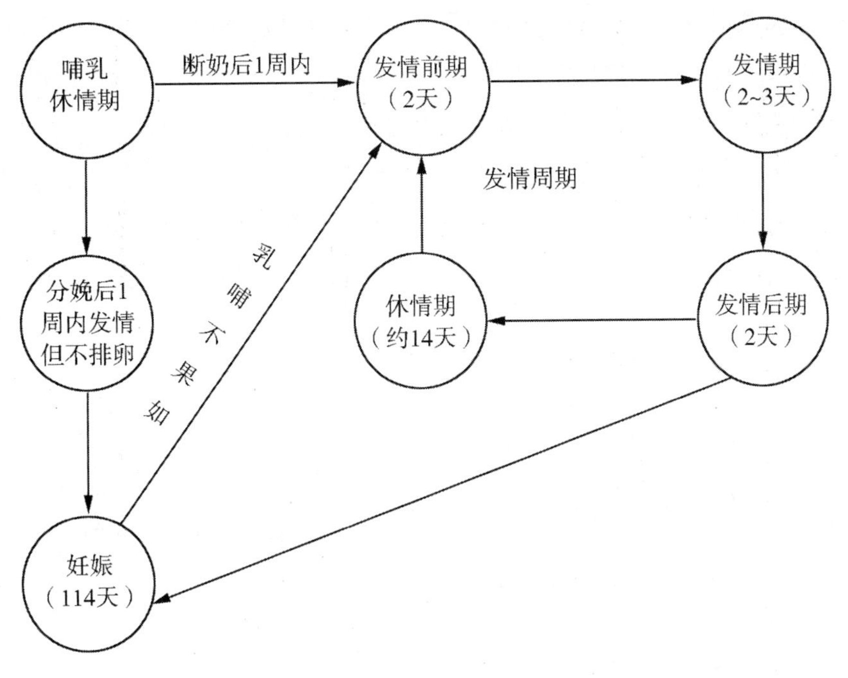

图 2－4　母猪繁殖周期和发情周期

保育仔猪易发生腹泻，6～9 周易出现渐进性消瘦，保育期其他传染病也容易发作，这是养猪界公认的现象。而保育仔猪疾病的发生，不只是保育仔猪本身的问题，而是系统性的疾病，只是到了保育期才爆发而已。因此，要提高保育仔猪的成活率，必须做好以下几点：

1. 加强母猪的免疫和药物保健

由于仔猪免疫器官的发育要到 6 周龄才能完善，通过主动免疫来产生足够抗体保护的可能性小，必须加强母猪的免疫，保证初乳中含有较高水平的抗体，使母源抗体的保护时间最好是能够延续到 6 周龄之后。母猪的免疫重点是伪狂犬、猪瘟、口蹄疫和细小病毒，另外根据本场的疾病流行情况，可加强萎缩性鼻炎、气喘病等疾苗的免疫。注射疫苗时，每种疫苗必须间隔 7 天以上。

2. 重视仔猪免疫空白期的药物保健

在母源抗体的被动免疫和仔猪接种疫苗的主动免疫之间存在着免疫空白期，而这种情况多发生在 3～9 周龄，给断奶仔猪的生存带来极大的威胁。必须要采取补救措施去降低免疫空白期的风险，而药物保健可能是最好的选择。尽管药物无法对付病毒性疾病，但是它们可以把细菌继发感染的风险降低到最小，而大多数的病毒性疾病往往通过细菌继发感染而造成生产损失。

3. 加强保育猪的饲养管理

饲养管理措施涉及环境卫生、通风、保温、分群饲养、饲喂方式等各个方面。良好的卫生环境来自于细致的工作，这些工作包括仔猪的调教（即吃喝、睡觉、排泄三点到位），猪粪的及时清理，定期带猪喷雾消毒，保持栏舍清洁卫生等。保持猪舍的通风是减少呼吸道疾病的关键，正常情况下保育舍不要封闭得太严，刮南风开北窗，刮北风开南窗，不刮风时不关窗；如果气温过低，就要进行保温工作。

断奶本身会造成重大应激，导致仔猪免疫机能下降，加上采食量低，无法满足能量需要，因此仍需要加强保温措施，使断奶1周内的仔猪处于25～30℃的环境中。

仔猪断奶后3～5天内要适当控料，以免引起过食性消化不良。应少喂多餐，然后逐步增加喂料量，断奶后继续饲喂7～10天的高档教槽料，以提高断奶仔猪的采食量、消化率，更重要的是日增重会明显的增加。

4. 定期驱虫，及时治疗病仔猪

对转入保育舍的仔猪在第3周进行一次驱虫，减少疾病的危害，促进生长发育。要加强各种疾病的诊治工作。保育猪个体小、生长发育快，易感染各种疾病，为了减少疾病的发生，在饲料中添加一些药物进行预防的同时，饲养人员要加强观察，及时发现疾病。做到早发现、早诊断、早治疗，减少死亡，提高成活率。

（五）做好生物安全和疾病预防

生物安全措施的主要目的就是设法将外缘性病原体传入生产区的途径进行有效阻断，也即切断疾病传播的传染途径。猪场传染病传入的途径有猪场引进的猪，造访者，运输工具，野生动物，昆虫，污染的水和空气等。针对这些问题，要进行有的放矢的设计和采用有效的生物安全措施。

1. 进入生产区前的消毒

为保证猪群的健康生产，按照生物安全的角度，生产区一般认为是净区，办公生活区是灰区，而场区外则认为是污区。因此，从污区进入办公生活区必须经过洗手、消毒、更换衣鞋；而从办公生活区进入生产区更需经过淋浴，更换全部衣服、鞋帽。所有人员都必须充分淋洗，特别是头发，注意呼吸道清洁，以减少潜在的病原菌。

2. 各栋猪舍入口处的足部和手的消毒

生物安全不只是要阻断外缘疾病的传入，同时还应使病原体在同一猪场的猪体内循环往复的可能性降到最低。因此，每栋猪舍入口均应设置消毒盆和消毒池，保证猪场工作人员在必须从一栋猪舍走进另一栋猪舍时均能消毒手和足。原则上非本人工作区域不得随意串访。

3. 进行定期消毒

常规情况要求生产区每周进行一次场区大消毒，而每栋猪舍则每周定期带猪清洗、消毒2～3次。这对于控制发病率非常有效和非常重要。

4. 实行隔离式早期断奶加全进全出饲养方式和多点式生产模式

在生产布局上尽可能采取多点式生产模式，以降低不同猪群之间的疾病传染。

在生产周转上应做到“全进全出”，在产房、保育及生长肥育舍不要混养不同阶段的猪。

5. 保持栏舍良好的通风和干燥

良好的通风可大大降低疾病的发病率，尤其是呼吸道疾病，而在猪场密集的地区，这个问题尤其突出。好的通风可使猪舍干燥，而干燥则可使绝大部分病原死亡。

6. 消灭老鼠和蚊蝇，设法控制野生动物和飞鸟

野生动物、昆虫是将新疾病引入猪场的最重要的危险因素之一，如老鼠、狗、猫、鸟、蚊蝇等。生产区应设置围墙、防疫沟或隔离带；定期灭鼠，禁止狗和猫在猪场内四处走动；搞好环境卫生，减少蚊蝇滋生；有可能应设置防鸟网，以防止野鸟传入外缘疾病。

7. 做好清洁卫生，彻底清除墙上和设备上的陈年污秽结垢

做好日常清洁卫生，消灭病原的隐藏场所。特别是猪舍清空后必须用高压水将栏舍彻底冲洗干净；对陈年污秽结垢，应用高浓度烧碱去污，然后冲洗、干燥，再用消毒剂消毒。

8. 建立符合本场的免疫程序

猪场应根据本场猪群的健康状况，建立适应本场实际的免疫程序。定期进行猪群健康监测，根据抗体水平，适时调整免疫程序。免疫程序一旦固定，除特殊情况外，一般不宜经常变动，以免影响免疫效果。

9. 规模化猪场要建立隔离检疫舍

应将引进的猪进入猪群前事先隔离检疫 30 ~ 60 天。检疫期间应进行血清学检测以弄清这些猪的免疫状态，并应设计好使这些猪适应于本猪场病原的免疫程序。

第三章
繁殖关键技术

第一节　母猪发情检查

一、母猪情期

(一)母猪发情周期概念

母猪从初情期到性机能衰退之前,在没有受孕的情况下,每隔固定的时间,卵巢中重复出现卵泡成熟和排卵过程,并出现发情行为,这种现象将呈周期性重复地出现,称为发情周期。一个发情周期指从一次发情开始到下一次发情开始间隔的时间。

母猪一年四季均可发情,温度和光照对其影响很小。发情周期一般为 18 ~ 23 天,平均为 21 天,发情持续时间为 5 天左右,但个体之间有一定的差异,而且周期的长短也受许多因素的影响,如品种、年龄和胎次等影响。青年母猪的发情周期比成年母猪稍长。青年母猪表现发情的时间常不足一天,而成年母猪发情时间常在 2 天以上。产后发情期常发生于产后2~5天,但由于此时没有明显的卵泡发育,可能是来自胎儿的雌激素进入母体循环而发挥作用。

(二)母猪发情周期划分

母猪发情周期有四期分法和两期分法等两种不同的划分方法,四期分法主要是用于发情鉴定,用来确定配种适期;二期分法对采用同期发情技术较适用。

1. 四期分法

四期分法是根据卵巢和阴道上皮的变化划分的,根据母猪的精神状态,母猪对公猪的性欲反应,卵巢及生殖道的生理变化等进行综合判断,将母猪的发情周期划分为4个时期,即发情前期、发情期、发情后期和间情期,这是目前常用的一种方法

(1)发情前期:在此阶段卵巢上有卵泡缓慢地发育。此期特征是:上一次周期黄体进一步退化,卵巢也有新的卵泡生长发育,雌激素开始分泌,使整个生殖道血液供应量开始增加,引起毛细血管扩张伸展,渗透性逐渐增强,阴道和阴门黏膜有轻度充血、肿胀、子宫颈略微松弛,腺体分泌活动逐渐增强,阴道黏膜上皮细胞增生。但此阶段母猪尚无性表现。

(2)发情期:此期为发情的最旺盛时期,故也称为发情旺期。从母猪接受爬跨或压背站立不动到拒绝交配为止的一段时间。此期特征是:愿意接受公猪交配,卵巢的卵泡迅速增大,雌激素分泌增多,强烈刺激生殖道,使阴道及阴门黏膜充血,肿胀明显,阴唇鲜红,生殖道有大量黏液外流,性欲表现强烈(见彩图1)。多数母猪表现厌食、鸣叫。此时用手压背,表现四肢叉开,站立不动。卵巢上的卵泡发育很快,多数母畜在发情末期排卵。

(3)发情后期:母猪从拒绝交配到发情征状完全消失为止的一段时间。此期母猪精神由兴奋转为安静的一段时间。此期特征是:母畜由性欲激动逐渐转入静止状态,卵泡破裂排卵后雌激素分泌显著减少,黄体开始形成并分泌黄体酮作用于生殖道,使充血、肿胀逐渐消退,子宫内膜逐渐增厚,子宫颈管道肌肉开始收缩,子宫黏膜腺体开始逐渐发育,腺体分泌活动减弱,黏液分泌量少而稠。阴道黏膜增生的上皮细胞脱落。

(4)间情期:从发情征状消失到下次发情征状重新出现为止的一段时间称间情期或休情期,是黄体活动时期。此期特征是:母猪卵巢在黄体控制之下,精神表现安静,食欲正常。间情期早期,黄体继续发育增大,分泌大量黄体酮作用于子宫,使子宫黏膜增厚,上皮呈高柱状,子宫腺体高度发育并增生,分泌作用增强,产生子宫乳,供给胚泡在附植前的营养,并为后来胎盘形成做好准备。如果卵子受精,这一阶段将延续下去,母猪不再发情。在间情期的后期,增厚的子宫内膜回缩,呈矮柱状,腺体缩小,腺体分泌活动停止,间情期的黄体已发育完全,若卵子未受精,周期黄体也

开始退化萎缩,卵巢有新的卵泡开始发育,又进入到下一次发情的前期(见彩图2)。

2. 二期分法

发情周期中卵巢上卵泡和黄体是交替出现,因此发情周期根据卵泡和黄体的出现可分为卵泡期和黄体期。

(1)卵泡期卵泡开始发育并逐渐成熟而分泌雌激素,刺激生殖道发生生理变化并产生性欲,最后成熟的卵泡破裂排卵。包括了四期分法中的发情前期和发情期。

(2)黄体期卵泡破裂后形成黄体,直到黄体退化萎缩为止。包括了发情后期和休情期。

二、母猪不发情及产后乏情的处理

母猪不发情包括后备母猪不发情以及经产猪的产后乏情。以前母猪不发情的情况很少,据相关报道,进入20世纪90年代中期以后,母猪不发情的发生率在不断上升。一般认为:后备母猪不发情在3%以下为正常,而经产猪的不发情情况更为突出,在一些猪场的年淘汰母猪中,约有20%左右的母猪因此淘汰,给生产者造成很大的经济损失。

(一)疾病因素导致的母猪不发情及其应对措施

对于不发情的母猪,要先检查病史,本场是否发生过与繁殖障碍有关的疾病:如伪狂犬病,乙脑,繁殖与呼吸综合征,细小病毒,衣原体病,布病等。如有,应首先做好这些病的疫苗注射工作。对于后备母猪,在5~7月龄注射繁殖与呼吸综合征及乙脑苗后,注意观察发情情况,若到8月龄仍不发情,请立即使用1000~1500单位的PMSG(孕马血清促性腺激素)进行肌肉注射,一般注射后5~7天发情,仍不发情的,可采用苯甲酸雌二醇4支或已烯雌酚5支进行肌肉注射,一般注射后2~3天内发情,但此时不能配种,因为此时虽有发情症状,但不排卵,故不能受精。到发情症状出现后的第16~17天肌肉注射PMSG1000单位,发情后配种即可。

(二)产后乏情及其应对措施

对于初产母猪,产后乏情极为普遍,为了防止此种情况的发生,必须想方设法提高断奶猪的体重,据观察,体重在120~130千克初配产仔数较高,断奶后乏情发生较少,此时断奶当日注射PMSG或PG-600(孕马血清促性腺激素和绒毛膜促性腺激素混合激素),一般约有80%以上的猪在7~8天内发情。经产母猪断奶后不发情的,可以将其集中到一个栏内,调离原环境,对不发情者,可以用氯前列腺烯醇1~2毫升肌注,隔日注射PG-600或PMSG。另外,可以通过加强饲养管理来促进发情,如光照对猪的发情有一定的影响,在光线暗的猪舍不发情的猪,可以调到室外,以促进其发情。对连续70天不发情者,多为器质性疾病,请及时淘汰。

断奶后一周内大部分母猪能发情。后备母猪6~8月龄时也普遍有发情的表现。对于不能正常发情母猪也可试用公猪诱情、换栏、按摩乳房等措施进行诱导发情。将母猪和公猪放到一起,由于公猪的追逐,爬跨等行为的刺激,促其发情。将不发情的母猪和正在发情的母猪合栏,让发情母猪追逐和爬跨不发情母猪,以引诱不发情母猪发情等等。

三、母猪发情检查

准确的发情鉴定是把握最佳授精时间的关键。发情检查应以清晨和傍晚两次为宜。不论是后备猪还是经产猪,由于凌晨环境安静,母猪的发情生理过程不受干扰,而使其发情表现更明显更易被发现,因此清晨的查情尤为重要。发情鉴定的方法可根据猪场的条件不同,而选用不同的方法。

(一)外部观察及压背试验查情法

对没有种公猪的小型猪场主要是通过外部观察及压背试验法来查情。

1. 母猪发情时精神状态与行为特征

母猪在发情前会出现食欲减退甚至废绝,外阴部肿胀,精神兴奋,鸣叫等特征。进入发情前期后阶段及发情期的母猪会出现爬跨同栏其他母猪的行为。发情前期的母猪有爬栏行为,同时对周围环境的变化及声音十分敏感,一有动静马上抬头,竖耳静听,并向有声音的方向张望。但这些行为只能代表母猪可能进入发情期,确定母猪进入发情期标志仍然是压背时发生静立反射。

2. 发情母猪外阴部变化

母猪进入发情期前1~2天或更早,其阴门开始微红,以后肿胀增强,外阴呈鲜红色,有时会排出一些黏液。若阴唇松弛,闭合不全,中缝弯曲,甚至外翻,阴唇颜色由鲜红色变为深红或暗红,黏液量变少,黏稠且能在食指与大拇指间拉成细丝,即可判断为母猪已进入发情盛期(见彩图1)。

3. 压背试验

通常未发情或处在发情前期前阶段和发情后期的母猪会躲避人的接近。如果母猪不躲避人的接近,用手按压母猪后背或骑背时表现静立不动并用力支撑,或有向后坐的姿势,同时伴有竖耳、弓背、颤抖等动作,说明母猪已进入发情期,这一系列反应称为静立反应。这时母猪一般会允许人接触其外阴部。用手触摸母猪阴部时会表现肌肉紧张、阴门收缩;触摸侧腹部,母猪会表现紧张和颤抖(见彩图3)。

(二)试情公猪查情法

外部观察及压背试验查情法往往不能及时发现刚进入发情期的母猪,在没有公猪气味、声音、视觉刺激的情况下，仅凭压背试验，母猪出现静立反射的时间要晚得多。如果每天进行一次查情，当发现发情母猪时，可能已经错过了第一次配种或输精的最佳时间。最有效的发情鉴定方法，是以母猪是否接受公猪爬跨为准的。

1. 试情公猪的选择

试情公猪应具备以下条件：最好是年龄较大，行动稳重，气味重，并容易靠气味引起发情母猪反应，口腔泡沫丰富，善于利用叫声吸引发情母猪；性情温和，听从指挥，任何情况下不会攻击配种员；能够配合配种员按次序逐栏进行检查，既能发现发情母猪，又不会不愿离开这头发情母猪，而无法继续试情。

2. 用试情公猪查情的方法

如果每天进行一次试情，应安排在清早，如果人力许可，可分早晚两次试情。试情时，让公猪与母猪头对头试情，以使母猪能嗅到公猪的气味，并能看到公猪。由于发情前期的母猪也可能会接近公猪，所以在试情过程中，应由另一查情员对主动接近公猪的母猪进行压背试验。如果在压背时出现静立反射则认为母猪已经进入发情期，对这头母猪登记发情开始时间和对母猪进行标记。如果母猪在压背时不安稳为尚未进入发情期或已过了发情期。

综上所述，采用试情公猪查情法是猪场最佳的查情方法，母猪在试情公猪前出现静立反射。结合母猪外阴部肿胀及松弛状况、黏液量及黏稠度、阴道黏膜充血状态，会使对母猪发情阶段判断会更准确。

四、母猪配种时间的确定

适时配种是提高母猪产仔数的关键措施之一，交配过早，当卵子排出时，精子已丧失受精能力；交配过晚，当精子进入母猪生殖道内，卵子已失去受精能力，两者都会影响受胎率。从发情时间上判断，母猪排卵是在发情后 24 ~ 36 小时，而卵子在生殖道内保持受精能力的时间为 8 ~ 12 小时，精子的成活时间为 25 ~ 30 小时，因此精子应在卵子排出前 2 ~ 3 小时达到受精部位。

（一）使用外部观察及压背试验查情时发情母猪的配种

每天早晚两次进行母猪外阴部观察和压背试验，对经产母猪及断奶至发情间隔天数为 5 天以内的母猪，上午发现发情下午进行第一次配种，次日上午进行第二次配种。下午发现发情，下午第一次配种，次日中午或次日下午进行第二次配种。发现发情至配种间隔时间为 3 ~ 8 小时。对返情母猪和断奶至发情间隔天数为 5 天以上的母猪，上午发现发情当天上午进行第一次配种，下午第二次配种。下午发现发情，当天下午第一次配种，次日上午进行第二次配种。第一次输精和第二次输精的间隔时间 8 ~ 16 小时。

(二)用试情公猪查情时发情母猪配种

对经产母猪和断奶至发情间隔天数为 5 天以内的母猪,上午发现发情,下午或当晚第一次配种,次日上午第二次配种。下午发现发情,次日上午第一次配种,次日下午或次日晚第二次配种。发现发情至第一次配种时间间隔应有 12 ~ 24 小时。第一次配种与第二次配种间隔时间为 12 ~ 18 小时。对返情母猪或断奶至发情间隔天数为 5 天以上的母猪,上午发现发情下午第一次配种,次日上午第二次配种。下午发现发情,当天下午或晚上第一次配种,次日上午或中午进行第二次配种。发现发情至第一次配种间隔为 3 ~ 10 小时。第一次配种与第二次配种间隔时间 8 ~ 16 小时。

就品种而言,地方猪种由于发情持续期长,因此发情后宜晚配,外来品种发情后宜早配(发情持续期短),杂种猪居中间。就母猪年龄而言,老配早,小配晚,不老不小配中间。返情母猪和断奶后超过 6 天发情的母猪最佳配种时机应在发情开始后的 12 ~ 18 小时,后备母猪应考虑配种时机适当提前。

第二节 人工授精

猪人工授精是指在人工条件下利用器械或手握法采集公猪的精液,经品质鉴定、稀释保存等处理步骤后,利用器械将精液输送到发情母猪的生殖道内,使母猪受孕的配种方法。人工授精技术对全球猪育种水平和商品猪生产效率的提高起到了巨大的作用。人工授精技术与传统的本交配种相比,能最大限度地提高种公猪的利用率、大幅减少种公猪的饲养头数、克服公母猪体型悬殊而造成的交配困难、避免本交所带来的疾病传播风险。据不完全统计,目前全世界超过 90% 猪的繁殖是通过人工授精技术完成的。

一、公猪采精

(一)采精前的准备

1. 常规器械设备、试剂和耗材的准备

(1)双蒸水配制机一台,单目显微镜一台,17℃冰箱一台,恒温水浴锅一台,小型保温箱一个,电子秤一个,高压锅一个,磁力搅拌器一个。

(2)假台畜一个。

(3)保温杯、一次性采精袋、一次性过滤网、橡皮圈、纸巾、一次性手套、水桶、毛巾、剪刀、针头、记号笔、计算器、记录本。

(4)一次性输精管、一次性输精瓶(袋)、量筒、烧杯、玻璃棒、精液稀释粉、蒸馏水、高锰酸钾溶液。

(5)载玻片、盖玻片、移液枪、移液枪枪头。

2. 采精场地、精液处理室和假台畜的准备

采精前应准备一个固定的采精场地,这样有利于公猪熟悉环境和建立起固定的条件反射。由于公猪爬跨时需要依靠后肢支撑身体重量,因此采精场地应平坦但不打滑,公猪后肢一旦受伤,将可能大大降低其利用率甚至不得不被淘汰;此外采精场地还应宽敞、清洁、安静、采光好但避免阳光直射。另外,采精场地应该足够宽敞,场地内需放置一个台猪,此外还需要有充足的空间让公猪在里面走动。最理想的采精室应该是与精液处理室相连,这样收集的精液可以快速、直接地进入处理环节,有利于精子的保护利用。精液处理室应干净卫生、易清洁、配备紫外灯、防阳光直射;需配备空调,以达到夏季降温、冬季保暖的目的。此外,精液处理室应简单划分成器具清洗消毒区、双蒸水制备区、稀释液配制区、精液品质检查区和精液处理区等。

公猪采精需使用台猪以供其爬跨,台猪有两种,一是真台猪,即发情的母猪或性情较温顺的公猪(见彩图4),另一种是假台猪(见彩图5),大部分情况是使用假台猪。假台猪是根据母猪体型大小,选用钢管、木材或其他硬质材料做成的有支撑力的架子,并在外围包裹皮革、麻袋等弹性柔软物品。假台猪应牢固固定在采精区的靠中央位置,在其爬跨端的地上放置一块防滑垫或麻袋,以防公猪爬跨时打滑。目前市场上的假台猪都设计得较科学,可根据需要调整台猪的高度和角度。应用假台猪采精是一种方便、安全、有效的方法,是目前公猪采精的最主要方法。

3. 公猪的调教

公猪的调教是个“细工慢活”,需要调教的人员有耐心、重在坚持,在调教的过程中切忌呵斥、粗暴驱赶或殴打公猪,一旦公猪建立了爬跨的条件反射,之后的采精就将会水到渠成。

后备公猪7~8月龄即可开始调教,公猪的调教一般每天上午、下午各一次,每次15~30分钟。调教之前可在台猪上抹上一些发情母猪的尿液或公猪的精液(前者的效果更好),同时可在一根棍子上缠上一块布,沾上发情母猪的尿液或公猪的精液,以通过气味刺激公猪爬跨。调教时将棍子有布的一端凑近公猪的鼻子,同时嘴巴配合一定的吆喝声,引导公猪往台猪更低的一段靠近。公猪调教的效果在不同个体之间表现得差异极显著,有的公猪第一次看到采精台即可快速爬跨并射精;有的

公猪会频繁爬上、退下，但不射精；有的公猪需要调教半个月甚至更长的时间才能成功采集到精液；而有的公猪不管调教多长时间都无法成功爬跨或射精。当然，一般情况下，只要是性欲正常、健康状况良好的公猪，经多次调教后都能成功爬跨和射精；对于性欲较差的公猪，可采用让其短暂靠近发情母猪、观摩别的公猪爬跨等方法以增强性刺激。公猪第一次成功射精后，一般每间隔3～4天采精一次，这样经过几次重复后，公猪即建立起了良好的条件反射。公猪第一次成功爬跨时，剪去其包皮下的长毛以方便采精。生手第一次采精，由于手法不熟练，往往难以“掌控”好公猪阴茎，这很正常，一般练习几次即能较好地掌握采精手法。

（二）采精

公猪采精主要有手握法（见彩图6）和假阴道法两种。而手握法由于操作简单、方便且无需特定的设备，是当前采集公猪精液最普遍使用的方法。

将公猪赶入采精栏后，用0.1%高锰酸钾溶液清洗公猪下腹部，冬天用温水稀释、夏天用凉水稀释，以减少公猪的不适反应。之后换清水再擦洗一遍，然后用纸巾擦干。另外一人准备采精集精杯，将采精袋撑开放入保温杯中，在杯口罩三层采精过滤纸并用橡皮筋固定，手隔着干净纸巾将过滤纸往保温杯里轻压，形成一个窝状以方便收集精液。采精人员采精的手戴上两个无粉的一次性手套，等公猪爬上假台猪后，蹲在猪的一侧（注意：少数时候猪无法站稳时可能会侧倒），待公猪勃起、阴茎伸出时，用戴手套的手快速挤捏包皮处以尽量排出积尿；然后去除一个手套，手握成空拳，用手指与手掌连接处紧紧扣住公猪的阴茎螺旋（见彩图7），使其不转动或滑脱，伴随着阴茎的勃起和抽动，逐渐顺其冲力将公猪的阴茎往下拉，同时手指快速地、一紧一松地挤压刺激阴茎头部以利于阴茎的完全勃起及射精。公猪射精时一般先排出数量较多的副性腺分泌物，然后射出少量的如清水状的精液，该部分精液中几乎不含有精子，因此最初的副性腺分泌物和水样状精液均不接入集精杯中。水样状的精液之后是浓精，浓精颜色为浊白色，该部分含有一次射精中的大部分精子，采精时一般收集浓精及之后的部分精液用于检测和稀释处理。

控制合适的采精频率是保证公猪良好精液品质的一个重要前提，不同个体的最佳采精频率可能会差异较大，在生产实践中需要区别对待。比如说，在某一固定的采精频率下，有的公猪的精子密度会逐渐下降，这种情况下应该及时调整采精频率，增加间隔时间。一般而言，青年公猪和老年公猪每隔3天采一次精；成年公猪每隔2天采一次精。

精子是极为敏感和脆弱的生命物质，且精液中含有丰富的营养物质，温度的快速变化、阳光直射、细菌的滋生等都可能对精液的品质造成重要的不利影响，因此采精过程中应注意以下一些事项：

(1)采精前和结束后将采精栏打扫、清洗干净,如果采精栏位于密闭的房间里,采精前和采精后用紫外灯消毒两个小时以上。

(2)少量的高锰酸钾消毒液即能杀死大量、甚至全部的精子,公猪用0.1%高锰酸钾溶液擦洗后一定要用清水再次擦洗、并用纸巾擦干,以防止高锰酸钾溶液掉入精液中。

(3)公猪的积尿对精子具有极强的杀伤力,1~2滴积尿即有可能杀死集精杯中所有的精子,所以,开始采精前尽量将包皮中的积尿挤干净,挤完后脱掉外层手套,且采精过程中集精杯要尽量远离公猪腹部的正下方。

(4)在寒冷的冬天,若采精栏处于密闭的房间中,可以在采精栏中使用加热器以提高环境温度;此外,集精杯应在37℃保温箱中预热。

二、精液质量检查

精液品质检查具有重要的意义,其目的是确定精液品质的优劣,以此作为精液稀释、保存的依据,同时也反映公猪的饲养管理水平、身体状况和生殖系统机能,是保障母猪配种效果的极其重要的一环。精液品质检查应遵循迅速、避阳光直射、无菌操作等原则。

(一)直观检查

1.色泽

正常公猪精液的颜色为灰白色或乳白色,颜色越深表明精子密度越大。出现异常颜色的精液应弃用,另外还可通过颜色的异常评估公猪可能出现的疾患。如精液略显红色,很可能是生殖系统内有出血现象,这样的精液往往会精子活力很差;若精液呈现淡黄色,则很可能混入了积尿;若精液显淡绿色或黄绿色,则说明可能混有化脓性的物质。

2.气味

公猪精液一般无气味或略带腥味,有异味的精液应弃用。

3.精液量

不同公猪的精液量差别可能会较大,同一公猪在不同季节的精液量也可能差异较大,成年公猪一次射精的精液量一般为200~400毫升,但也有及少量的个体精液量能超过700毫升。

(二)实验室检测

精液收集后应尽快(特别是寒冷的季节)送到检测室,将采精袋从集精杯中取出后放在电子秤上称量重量。公猪精液的比重约为1.023,因此可以将称量的克数直接计为精液量。精液称量后应立即将采精袋放入置于35～36℃水浴锅的烧杯中,烧杯中装有经温育的水。

1. 精子活力检测

精子活力指的是精液中直线运动的精子数占总精子数的比例。精子活力是精液品质的一个重要指标,充足的活力是配种受胎率的基本保障,精液的精子活力必须达到70%以上才留用。

用于活力检测的载玻片和盖玻片用洗洁精浸泡过夜后用自来水冲洗干净,然后用蒸馏

水冲洗后放置在烘箱中烘干,最后用专用塑料盒或锡箔纸密闭保存。移液枪枪头高压后烘干保存。

轻晃集精袋,用移液枪从精液的中部取少量精液放置于干净载玻片上,盖上盖玻片,置于普通光学显微镜下,上下调动物镜旋钮,尽快找到精子的视野。为了能较快地找到精子的视野,可以提前用一块空白的载玻片调整好显微镜物镜的位置。精子活力的判断靠的是长期的经验积累,初学者往往容易造成误判,经验不足者开展精液品质鉴定工作时,最好能有一位经验丰富的人在场。由于公猪体内的精液温度约为37℃,所以当气温较低时,显微镜上需要放置一个恒温台,载玻片和盖玻片预先放在上面加热。若未能购置恒温载物台的,也可做一个简易的小木箱,将显微镜放入木箱中,显微镜载物台上放置一根温度计,箱子里接一个较高功率的灯泡,通过灯泡的开和关来调节里面的温度。

2. 精子密度的测定

除精子活力外,精子密度是后续精液稀释的一个重要参考指标。成年公猪的精液密度一般为2亿～3亿/毫升,但也有少量的个体其精液密度能超过7亿/毫升。

精子密度的测定主要有以下几种方法:

(1)简单目测法:是指每次取固定量的精液于载玻片,在检测精子活力的同时对精子密度进行粗略判断。该方法简单方便,但其评判误差也较大。

(2)密度仪测定法:精子密度仪是根据精子和精清透光性的不同而设计的,精子的透光性比精清差,精子密度越高的精液其透光性也越差。该方法操作简便,但其也存在一定的局限性,即当精液中有较多杂质时,由于杂质会导致透光性变差,其精液密度也会被高估(编者注:我们曾有过的经验,一头无精公猪的精液,通过精子密度仪判断有较高的精子密度,而在显微镜下未看到一个精子,只看到大量的不明杂质)。

(3)血细胞计数法:是计算精子密度的较准确的一种方法。该方法需要一台清晰度稍微高一些的普通显微镜,另外需要操作人员经过简单的培训。其计数方法

如下：

轻晃采精袋，从其中部用移液器取100～200微升原精，用3% NaCl溶液稀释30～50倍。血细胞计数板（见彩图8）上有两个计数区（见彩图8的圆圈处），在计数区上放置一块干净的盖玻片（一块盖玻片可覆盖两个计数区），充分摇匀稀释后的精液后，用移液器分别取10微升通过盖玻片的缝隙注入两个计数区中。在显微镜下（放大100～160倍）找到（见彩图9）所显示的方格区域，计算四个角和中心共5个红色区域的精子数总数，精子密度的计算公式为：精子密度＝（5个区域精子数总数$\times 5\times$稀释倍数$\times 10^4$）/毫升。由于计数存在随机误差，两个计数区得出的精子密度误差不超过20%，最终的精子密度是取两次计数的平均值。若两次计数的误差超过20%，则需要重新计数。

（4）精液质量分析系统：是近些年开始推广应用的智能分析系统，该方法需要购置较昂贵的设备，同时需要操作人员接受较严格的培训，一般只适合在大型种公猪站应用。

3. 精子畸形率的检测

畸形率是指精液中形态异常精子的百分率，一般要求畸形率不超过18%。精子活力和密度是大部分猪场重点检测的两个指标，有些猪场会每两周检测公猪精液的畸形率。当然，当母猪受胎率或产仔数较低时，从公猪的角度需要检测精子畸形率。精子畸形的种类有很多，包括巨型、短小、双头、双尾、头尾分离、尾部卷曲、带有原生质滴（采精过频或炎热季节容易发生）等（见彩图13）。精子畸形率的检测相对复杂些，其具体步骤如下：

（1）玻片的准备：玻片用乙醚浸泡15分钟以上→用浓硫酸或浓盐酸将重铬酸钾充分溶解，配成原液→取10～20毫升原液加水90～80毫升浸泡玻片12小时以上→用水充分冲洗（不要用毛刷刷）→100～120℃烘干。

（2）试剂配置：

磷酸缓冲液（不能有沉淀）：称量0.55克磷酸二氢钠（$NaH_2PO_4\cdot 2H_2O$）和2.25克磷酸氢二钠（$Na_2HPO_4\cdot 12H_2O$），用双蒸水定容至100毫升。

中性甲醛固定液（不能有沉淀）：用0.89%氯化钠约50.0毫升溶解0.55克磷酸二氢钠（$NaH_2PO_4\cdot 2H_2O$）和2.25克磷酸氢二钠（$Na_2HPO_4\cdot 12H_2O$）后加入8.0毫升中和后的甲醛，再加0.89%氯化钠溶液定容至100.0毫升。

姬姆萨原液：将1.0克姬姆萨染料放入研钵中加入少量甘油充分研磨至无颗粒为止（研磨4小时以上），然后将66毫升甘油全部倒入并放入恒温箱中保温（32～34℃）继续溶解12小时以上，再加66毫升甲醇充分溶解混匀，定性滤纸过滤后贮于棕色瓶中待用，贮存时间越久染色效果越好（不少于15天）。

姬姆萨染液：取2毫升吉姆萨原液、3毫升磷酸盐缓冲液和5毫升蒸馏水，混匀后使用，现配现用。

（3）畸形率检测：

抹片：取精液一滴滴于载玻片一端，用另一边缘光滑的盖玻片与有样品的载玻片呈35度夹角，将样品均匀地拖布于载玻片上，自然风干（约5分钟）。

固定：在已风干的抹片上滴上1～2毫升中性甲醛，固定15分钟后用清水（蒸馏水）缓缓冲去固定液，吹干或自然风干。

染色：将固定好后的抹片反扣在带有平槽的有机玻璃面上，把姬姆萨染液滴于槽和抹片之间，让其充满平槽并使抹片接触染液，染色2小时后用清水缓缓冲去染液，晾干待检。

镜检：放大400倍观察精子畸形率，镜检时每份精液应数到200个以上精子。

（三）精液稀释保存

精液稀释的目的是扩大精液容量，提高回收精液的可配母猪头数，补充营养和抑制精液中微生物的活性，延长精子寿命，以便于精子保存和运输。

1. 稀释液的配制

精液稀释液可分为短效稀释液（保存精液3天）、中效稀释液（保存精液4～6天）、长效稀释液（保存精液7～9天），普通猪场一般使用短效稀释液。稀释液可自行配置，也可直接从市场上购买。自行配置需要购置分析纯的试剂和精确度较高的电子秤，配置过程中需要严格做到无菌操作、精确称量以保证恰当的pH值和渗透压，操作上相对复杂，需要操作人员格外细致。几种常见的公猪精液稀释液配方见表3－1。此外，目前市场上有数量众多的商业化产品，如法国卡苏公司的BTS、德国Minitube公司的BTS稀释剂等，商业化的稀释剂成本不高，且使用方便、保险，是稀释剂来源的首选。配置前所有的器皿需高压灭菌、烘箱烘干，配置稀释液所用的水应为双蒸水。

表3－1　几种常见公猪精液稀释液配方　　单位：克

成分	配方一	配方二	配方三	配方四
保存时间（天）	3	3	5	5
D－葡萄糖	37.15	60.00	11.50	11.50
柠檬酸三钠	6.00	3.70	11.65	11.65
EDTA钠盐	1.25	3.70	2.35	2.35
碳酸氢钠	1.25	1.20	1.75	1.75

续表

成分	配方一	配方二	配方三	配方四
氯化钾	0.75	/	/	0.75
青霉素钠	0.60	0.50	0.60	/
硫酸链霉素	1.00	0.50	1.00	0.50
聚乙烯醇	/	/	1.00	1.00
三羧甲基氨基甲烷	/	/	5.50	5.50
柠檬酸	/	/	4.10	4.10
巯乙胺酸	/	/	0.07	0.07
海藻糖	/	/	/	1.00
林可霉素	/	/	/	1.00

注:引自《中华人民共和国农业行业标准猪人工授精技术规程》。

2. 精液的稀释

采精前应将配置好的稀释液放置在水浴锅中预热,水浴锅的水温设置在33~36℃,具体根据不同季节所采集精液的温度而定,基本原则是稀释液的温度比精液温度低1~2℃。采集的新鲜精液应尽快稀释以让精子得到快速有效的保护,精液稀释应该在采精后的30分钟内进行,若精子密度的检测需要较长的时间,可以先对精液进行低倍的稀释,等精子密度检测完后再稀释到最终的倍数。稀释时,先将精液倒入33~35℃的广口瓶或大烧杯中,将稀释液沿着瓶(杯)的壁或玻棒缓慢加入,轻轻转动广口瓶(大烧杯)或用灭菌玻棒搅动使之混匀,切忌剧烈震荡或猛烈摇晃;如果需要作高倍稀释,应先进行几倍稀释(1倍或2倍),待半分钟后再将剩余的稀释液加入。

精液稀释的倍数应根据精子密度而定,欧美国家一头份配种精液中所含的有效精子数一般为30亿(80毫升精液),而我国采用的标准一般为40亿(100毫升精液)。精液稀释倍数的计算方法如下:

若一头公猪某次采精的精液量为A毫升,检测的精子活力为C(百分制,比如0.91),精液密度为B亿/毫升,则该份精液需要添加稀释剂的量为$A \times B \times C \div 40 \times 100 - A$。

精液稀释后,静置片刻应再次检测活力。若活力无明显变化,进行分装保存;若活力明显下降,则说明稀释液配置或稀释过程中存在操作不当之处,要及时查明原因,而活力明显下降的精液应弃用。

精液处理的详细情况、连同公猪采精情况均应做好详细的记录,具体见表3-2。

表3-2　种公猪精液品质检查和精液处理情况记录表

采精日期	公猪号	采精人员	精液量（毫升）	色色泽	气气味	精子活力	精子密度（亿/毫升）	畸形精子率%	总精子数（亿）	稀释后总量（毫升）	稀释液用量（毫升）	头份数	检验员	备注

3. 精液的分装

将稀释好的精液按100毫升/份进行分装，分装前轻轻摇晃精液。精液可分成瓶装或袋装，瓶子上有刻度、易操作，在普通养猪场较受欢迎；而袋装分装需要购买价格较贵的分装机，或用小量筒量、电子秤称量，操作相对复杂。精液瓶或袋的容量一般大于100毫升，因此分装后袋或瓶中还会留有少量空气，而这部分空气对精子的保存不利。对于瓶装精液，可先将精液瓶盖旋上半圈，然后，轻轻挤压精液瓶，使精液上升至瓶口处，旋紧瓶盖，这样精液瓶内基本上没有空气。对于袋装精液，若没有自动分装机，可用加热封口机，挤出空气后封口。精液瓶或精液袋上应详细标明公猪品种、耳号、采精日期、保存有效期、稀释液名称和单位、分装人员等信息。

4. 精液的储存

精液放置在17℃冰箱中保存，勿将分装好的精液直接放入冰箱，可以先在25～27℃的室温下放置1～2小时后放入，也可将精液瓶或精液袋放在32℃的水盆中，然后将整个水盆放入冰箱。冰箱中的精液每隔12个小时轻轻翻动一次，以防止精子大量沉淀而引起的死亡。

不管是何种保存液稀释的精液，一个最重要的原则是尽早使用，随着放置时间的延长，精液质量会不可避免地下降。

5. 精液的运输

精液运输过程中的温度变化和震荡会对精液造成伤害。在炎热的夏天，可在一个大的泡沫塑料盒底部放置几块生物冰袋，然后再放入一个小的泡沫塑料盒，将精液放置在小的泡沫盒里，两个泡沫盒里放入气垫或碎泡沫以减少震荡，最后将两个泡沫塑料盒密封好。在寒冷的冬天，将精液放在恒温保温袋内，然后将保温袋放入泡沫盒中，同样放入气垫或碎泡沫，将泡沫塑料盒密封好。

三、人工授精过程与步骤

发情母猪出现静立反射后 8～12 小时进行第一次输精，之后每间隔 8～12 小时进行第 2 或第 3 次输精。输精前需要再次检测精子的活力，活力大于 0.7 才能用于输精。

输精时，先用清水清洗母猪后躯，再用 0.1% 高锰酸钾溶液对母猪外阴周围、尾根消毒，再用温和清水洗去消毒水，抹干外阴。将试情公猪赶至待配母猪栏前，使母猪在输精时与公猪有口鼻接触以提高母猪的兴奋度。用卫生纸巾将外阴擦干，然后将一次性输精管 45 度角向上插入母猪生殖道内，当感觉有阻力时，缓慢逆时针旋转同时前后移动，直到感觉输精管前端被锁定，轻轻回拉不动以确认被子宫颈锁定。从 17℃冰箱或泡沫箱中取出经鉴定合格的精液，仔细确认公猪品种和耳号，缓慢颠倒摇匀精液，剪去瓶嘴或撕开袋口，将输精瓶或输精袋接到输精管上，轻压以确认精液能流出输精瓶或输精袋。然后用针头在瓶底扎一小孔（见彩图 10），按摩母猪乳房、外阴或压背，使子宫产生负压将精液吸纳，绝不能将精液挤入母猪的生殖道内。边输精边对母猪按摩，主要按摩乳房、肋部、阴户等。通过控制输精瓶或袋的高低来控制输精时间（3～10 分钟）。当精液排空后，放低输精瓶或输精袋约 15 秒，观察精液是否回流，若有回流，将回流精液再次输入。在防止空气进入母猪生殖道的前提下，最后把输精管后端一小段折起，放在输精瓶（管、袋）中，使其滞留在生殖道内 5 分钟以上（见彩图 11）。

高温季节宜在上午 8 时前，下午 5 时后进行配种；最好空腹或喂料半小时后配种。一头母猪输精完成后，及时做好详细、如实的记录（表 3－3）。

表 3－3　母猪输精记录表

耳号	胎次	发情日期	第 1 次输精					第 2 次输精					第 3 次输精					预产期
			公猪耳号	输精时间	站立反应	有无倒流	输精人员	公猪耳号	输精时间	站立反应	有无倒流	输精人员	公猪耳号	输精时间	站立反应	有无倒流	输精人员	

第三节 深部人工授精

一、深部人工授精原理及优势

传统的人工授精技术每头次配种需要80～100毫升精液(内含30亿～40亿个有效精子),然而大部分精子因精液倒流及子宫颈和子宫体之间皱褶的阻拦而无法进入子宫体,即使进入子宫体的精子,最终也只有几百个参与受精的过程。因此,养猪生产者希望在不降低母猪繁殖力的前提下,更大限度地减少输精量以提高优秀公猪的利用率。在这种需求背景下,21世纪初,深部输精技术问世,包括子宫体输精法、子宫深部输精法和输卵管输精法。深部输精法是指用一根细长的输精管将公猪精液越过母猪子宫颈送入子宫深部,使精子输入的位置更靠近精卵结合的位置,从而更好地防止精液倒流、提高精子的利用率。当然,作为一个新的技术,其使用效果还存在一些争议,但绝大多数研究认为,在保证足量精子数的前提下,深部输精能获得与传统人工授精基本一致、甚至更佳的产仔性状。

二、深部人工授精关键技术

(一)子宫体输精技术

该方法所用的输精管(见彩图12)是在传统输精管的基础上,在前段加了一段15～20厘米、较细、半软的导管,人工输精时使该段导管能够通过子宫颈进入子宫体,使得输入的精液可以直接到达子宫体内(见彩图14)。有些公司生产的子宫体输精器外观与普通输精管基本一致,但在普通输精管的内顶端放置一个可以延展的橡皮软管,在输精时可以通过用力挤压输精管而使软管向子宫内翻出,从而使得输精的精液直接进入子宫体内。

诸多研究表明,采用子宫体输精法输精,若一次输精的总精子数达到10亿,母猪产仔性能与常规人工授精相比很接近;若采用子宫体输精法、且输入精子数与常规人工授精一致(如30亿),则总产仔数可提高约1头。当子宫体输精法所输入的精子数降到5亿时,母猪的产仔率和窝产仔数均有明显的下降。

(二)子宫角输精技术

子宫角输精又称为子宫深部输精(见彩图15),该方法所用的输精管是由改良的柔韧纤维内窥镜管内置于常规的输精管而制成。这种输精管内管长约1.8米,外周直径约 4 毫米,内圈直径约 1.8 毫米。输精时先将常规输精管插入子宫颈锁定后,再插入深部输精管,穿过子宫颈后,继续推进到子宫腔的深部,使得输入的精子可以运送到子宫角近端1/3 处。目前已有的针对子宫角输精效果的报道出现了不一致的结果,有的研究表明该方法每次输精使用5000 万或 1.5 亿个精子,母猪产仔性能与常规子宫颈输精(30 亿)无差别;而有的研究表明若每次使用 1.5 亿个精子,其产仔性能明显下降。目前较一致的观点是,对于子宫深部输精法,增加每次输精的精子数,可以有效地保障母猪的繁殖性能不明显下降。

值得一提的是,该方法一次输精时只将精子输入到两个子宫角的一角,很多人担心这样会造成卵子的单侧受精。不过已有的研究表明,精子能够由授精子宫角的一侧,通过迁移通道运动到另一侧子宫角,且迁移过来的精子完成能满足卵子受精的需要。由于子宫深部输精需要将软管插入到子宫角深处,难免会对子宫内膜造成一定的损伤,所以需要对输精人员进行系统的训练,使输精人员在准确将输精管插入到预定位置的同时,尽量减少对母猪的损伤。此外,母猪输精后应做好后续观察,注意阴门或输精管是否有血液,若发现异常应做好详细的记录,为后续的产仔率、产仔数等性状的评估提供有价值的参考。

(三)输卵管输精技术

输卵管输精技术是指将精液直接输送至输卵管部位,以最大限度地减少输精量。最初技术人员采用直接剖腹的方法将精子输入输卵管,但造成母猪较大的创伤,授精效果较差。后来研究人员开发了腹腔内窥镜人工授精技术,该技术通过腹腔镜设备,利用微创切口,将精液直接输送到母猪的子宫与输卵管结合部位附近或输卵管内。该技术的简要操作步骤如下:将母猪全身麻醉后,在其腹部近脐窝处切一个 1.5 厘米左右的口子;将带有嵌入式零度腹腔镜的 Optiview 套管通过该切口插入母猪腹腔内,然后用零度腹腔镜取代 Optiview 探头,在腹腔内加 CO_2 使腹压达到 14 毫米汞柱,将两个辅助端口放在腹部左右两边,用钳状骨针分别控制子宫角和夹紧输卵管以方便输精探针的进入。输精完成后,移去管针微创缝合,整个手书的过程应尽量控制在 15 分钟内。采用该方法,每侧输卵管一般只需要 300 万 ~500 万个精子,当精子数过多时,不仅无法提高产仔数、产仔率,反而容易造成多精受精。

第四章 仔猪培育关键技术

做好仔猪培育工作是提高出栏率的关键。良好的仔猪培育既能提高断奶体重，又可提高断奶后肥育增重速度。抓好仔猪培育利于缩短育肥期，提高出栏率。因此，仔猪培育是养猪生产中的重要环节。如何做好仔猪培育工作，提高仔猪的成活率、抗病力和断奶重，是关系养猪经济效益的重要环节。

第一节 产房仔猪培育关键技术

一、产房仔猪的生理特点

仔猪从出生至断奶饲养期一般为 3 ~5 周龄，部分地方品种和部分气温较低地区饲养时间略长。此期间仔猪的生理特点如下：

(1)对环境敏感，产房仔猪从母体子宫液体环境变成产房的空气环境，部分组织器官尚待进一步发育完善，机能尚未健全，毛稀皮薄，体温调节能力差，极易受外界温度影响，容易冻僵冻死、易被踩死、压死；免疫力低，容易得病；肠道功能不健全，这阶段非常容易发生红痢(1 ~3 日龄)、黄痢(3 ~7 日龄)和白痢(7 ~15 日龄)。基于这些特点,应做好冬季防寒,夏季防暑工作;初生仔猪要尽早的吃上初乳、吃足初乳。

(2)生长发育快,10日龄时体重达出生时的2倍以上,30日龄达5~6倍,60日龄增长10~13倍或更多。

二、产房仔猪的管理主要技术措施

1. 称重、剪牙、断尾、编号

新生仔猪要在24小时内称重、剪牙、断尾、编号。剪牙钳用碘酊消毒后齐牙根处剪掉上下两侧犬齿,断口要平整;断尾时,尾根部留下2厘米处剪断、4%碘酊消毒。如属纯种繁育,可按图4-1所示原则对初生仔猪打耳缺进行编号。打耳号时,尽量避开血管处,缺口处要用4%碘酊消毒,避免感染影响仔猪的健康。非种用公仔猪一般在3日龄进行阉割。

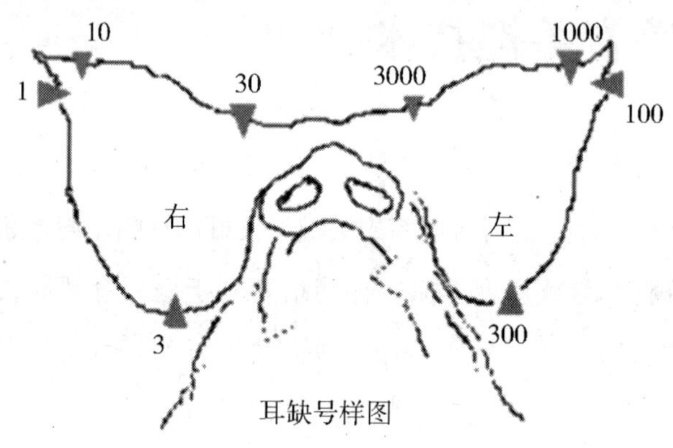

图4-1 猪耳缺编号示意图

2. 初生仔猪保温、防止挤压

保障合适的温度是仔猪成活的重要条件,一般1~7日龄的仔猪生长适宜温度为28~32℃,8~30日龄为28~25℃,31~60日龄为23~25℃,为了防止寒冷对仔猪的不良影响,寒冷季节在舍内须设置地暖、保温灯、火炉等取暖设备,使猪舍温度达到20℃以上,见彩图16。同时保持产房卫生与干燥。

目前的高床分娩栏具有良好的防止仔猪被压的设计,可有效减少压死仔猪。如果是传统的产房,防压的方法是在母猪躺卧区24~27厘米的墙壁和地面安装护仔栏杆,可有效防止母猪沿墙壁趴卧时挤压仔猪造成伤亡。

3. 及时吃上初乳和固定乳头

母猪产后3天内的初乳富含蛋白质、维生素和矿物质,其中的免疫球蛋白能够增强抗病力,促进仔猪的生长发育,尽早的让新生仔猪吃上初乳,这是保证仔猪成活的关键。吃过初乳后,应根据仔猪出生大小固定乳头。固定乳头的方法是:先让仔猪自由选择乳头,再根据仔猪大小、强弱进行人为调整,将强壮仔猪固定在后边、弱小仔猪放在前边和中间位置的乳头上哺乳,调教3~4天后,仔猪便可自行固定位置。如果母猪产仔数超过母猪乳头数或母猪其他原因造成不能哺乳,可适当进行寄养,寄养原则是:仔猪间日龄相差不超过3天,把大的仔猪寄出去,寄出时用寄母的奶汁擦抹待寄仔猪的全身。

4. 及时补铁、早期补料

由于仔猪出生后生长发育迅速,容易出现贫血,需及时进行铁、铜、硒等微量元素的补充,一般在仔猪出生后2~3天,肌肉注射牲血素等1~2毫升。母猪的产奶量在20~30天后开始下降,母乳不能满足仔猪的生长速度,而且仔猪早开食能增强胃肠消化吸收能力,促进仔猪生长发育,增强体质,因此一般在3日龄后即开始使用教槽料进行诱喂,这样在母猪产后3周泌乳量下降时,仔猪已能较好地吃料,满足仔猪生长发育需要。饲料要保持新鲜、清洁,宜少喂勤添,每天4~5次,视猪只的采食量增加逐步增加投饲量。仔猪在产房阶段,一般采用两种饲料,其中3~10日龄建议使用代乳料,20日龄至断奶使用乳猪料,有条件的猪场建议使用发酵液体饲料。

5. 防止仔猪下痢、搞好仔猪免疫注射

腹泻是仔猪的常见多发病,引起仔猪腹泻的原因较多,如饲养管理不当,大肠杆菌等,为防止仔猪下痢,圈舍要清洁卫生、地面干燥、空气新鲜、环境安静。对危害仔猪严重的仔猪黄痢、白痢可用仔猪大肠杆菌多价疫苗对产前母猪进行免疫,新生仔猪出生后通过初乳获得母源抗体,可显著减少下痢疾病发生。其他主要传染病如猪瘟、口蹄疫、伪狂犬、蓝耳病等根据各饲养场疾病的流行情况,请兽医师制定合理免疫程序,包括疫苗的选择严格按免疫程序执行并做好记录。有条件的猪场建议应用猪病净化技术,净化猪瘟、伪狂犬等烈性传染病,成为净化疾病的阴性场,饲养过程中不需要再对已进化疾病的疫苗免疫。

6. 栏舍门口消毒池和洗手盆消毒液要保证有效浓度,每周更换2次

每周舍内常规消毒2次,消毒同时应注意湿度控制。产房带猪消毒提倡使用新型消毒剂熏蒸,或采取专用消毒机微雾喷雾消毒。

第二节 断奶仔猪培育关键技术

一、断奶仔猪的特点

断奶造成仔猪营养方式的改变和生活环境的重要转折，断奶仔猪由吃奶吃料变成离奶吃料，由母仔共居，变为母仔分居，如果断奶时处理不当，会造成仔猪想念母猪，吃睡不宁，容易受惊，消化不良导致瘦弱下痢，严重者产生僵猪。

现代养猪工艺过程中，仔猪一般在 3 周龄断奶，栏舍和饲养管理条件好的猪场，可尝试进行 15 日龄的早期断奶，一是缩短产仔间隔，增加母猪年产仔窝数；二是隔断部分母仔猪垂直传播的疾病，提高仔猪育成率；三是进入肥育期时好饲养。断奶过晚既延长了母猪哺乳期，降低了母猪的繁殖率，又干扰仔猪胰脂肪酶的分泌，影响仔猪对脂肪的消化吸收，在一定程度上影响仔猪的生长。现代养猪生产过程中，必须掌握好断奶时间、断奶方法，搞好断奶仔猪的饲养管理，才能获得较高的日增量，为培育优良后备猪或提高育肥效果打下良好的基础。

二、断奶仔猪的管理主要技术措施

(一)仔猪断奶技术要点

视养猪场规模大小和生产条件，仔猪断奶可采用以下几种方法进行：①一次断奶法：适用于乳房回缩、泌乳量少的母猪。当仔猪达到预定断奶期，可将母猪隔出，仔猪留在原圈饲养 1～2 周。②分批断奶法：适用于泌乳力好的母猪。在预定断奶日期的前一周，先把准备做肥育用的仔猪隔出去，让预备留种的和发育差的仔猪继续哺乳，到预定断奶日期再把母猪隔出去。③逐渐断奶法：这法应在预定断奶日期前的 4～6 天，控制哺乳次数，第一天哺乳 5 次左右，以后逐渐减少，母仔每天分开，夜间共居。这样母仔有个适应过程，最后到预定断奶日期，再把母猪隔出去。无论哪种断奶方法，一经断奶的仔猪，就要让仔猪闻不到母猪气味，见不到母猪面，听不到母猪声音。这样可以巩固断奶效果。

在这个时期尽量做到"三不":不换圈,让断奶仔猪在原圈饲养;不混群,不要同时将几窝断奶仔猪混群饲养,以免仔猪受断奶、咬架双重刺激;不换料,仔猪断奶后不能马上换料,断奶后 1 周内,仍饲喂哺乳仔猪料,以后逐渐过渡,让仔猪有个逐渐习惯的过程,断奶后头一周,要控制其采食量,防止胃肠道疾病的发生。

(二)减少断奶应激技术要点

断奶时间关系到母猪年产仔窝数和断奶仔猪头数。目前,国内仔猪普遍在 3 ~ 4 周龄断奶,建议平均 21 ~ 22 天断奶并且同一猪舍内的仔猪日龄差距越小越好,断奶前后 3 天,宜采用饮水方式,补充富含维生素、微量元素等防应激药物,减少断奶应激。仔猪断奶需要注意以下要点:①要抓好仔猪早期开食训练,使其尽早适应独立采食的能力;②断奶仔猪的饲料要全价,断奶后第一周要适当控制采食量,以免引起消化不良而发生下痢,亦可在仔猪料中加 1% 柠檬酸或 1.5% 延胡索酸,产房如果有独立的饮水系统,可在仔猪饮水中加 1% 柠檬酸;③母猪离开产房后,客观上造成产房温度降低,断奶仔猪由于生理和心理因素造成抗病能力降低,需要提供较断奶前高 1 ~ 2℃ 的温度保持 2 ~ 3 天,习惯性认为断奶后温度应降低是一种错误;④疫苗的预防注射和断奶时间错开,尽量减少多因素同时刺激。

第三节　保育猪培育关键技术

一、保育仔猪的生理特点

(1)抗寒能力差。保育仔猪一旦离开了温暖的产房和母猪,要有一段适应过程,对温度尤为敏感,如果长期生活在 18℃ 以下的环境中,不仅影响其生长发育,还能诱发多种疾病。温度维持在 18 ~ 22℃,昼夜温差不超过 3℃ 为好。

(2)生长发育快。这期间仔猪的食欲非常旺盛,常表现出抢食、贪食,若饲养管理得好,仔猪生长迅速,在 40 ~ 60 日龄期间体重可增加一倍。

(3)对疾病的易感性高。由于断奶失去了母源抗体的保护,自身的主动免疫能力又未建立或不坚强,尤其对肠道疾病和呼吸道疾病易感,容易发生传染性胃肠炎、萎缩性鼻炎等。对垂直感染的疾病如猪瘟、伪狂犬病等在这时期也可能爆发。

二、保育猪的管理主要技术措施

(一)进猪前准备

严格消毒:前一批次保育猪转栏后,应将栏舍、料槽等彻底冲洗消毒并开窗通风或机械通风,栏舍干燥后,将整栋栏舍密闭,用甲醛和高锰酸钾再次进行熏蒸消毒,24 小时后开门窗通风,保证消毒后空栏不少于 3 天。掌握温度:猪舍内的温度应在进猪前 12 小时达到标准,以尽量减少仔猪进入新环境后的应激。设备检查:检查猪栏设备及饮水器是否正常,不能正常使用的所有设备需维修完好后方能进猪。

(二)转运过程

在将断奶仔猪转入保育舍时,抓猪要轻柔,不要抓仔猪的前腿,不能扔、丢仔猪。如使用转猪车进行转猪,出猪台与转猪车间不能有空隙,以防止卡住仔猪腿部造成外伤。如果运输距离超过 2 千米或转运时间达半小时,可在转猪车上添加垫料,而且要保证每头仔猪有 0.06 平方米的空间,防止仔猪在转运的过程中挤压受伤等。

(三)饲养管理要点

(1)饲养密度。进猪后精确统计仔猪的数量,将需要照顾的仔猪挑选出来,剩余的仔猪按照表 4-1 推荐的猪只面积进行分栏,让仔猪得到足够的饲养空间休息,并确保仔猪能够找到水源。保育猪舍实景图见彩图 17。

表 4-1　各类猪只的饲养密度

猪只类别	体重(千克)	每猪所占面积(平方米)	
		非漏缝地板	漏缝地板
断奶仔猪	4~11	0.37	0.26
	11~18	0.56	0.28
保育猪	18~25	0.74	0.37
生长猪	25~55	0.90	0.50
	56~105	1.20	0.80
后备母猪	113~136	1.39	1.11
成年母猪	136~227	1.67	1.39

(2)温度、湿度、光照控制。适宜和恒定的温度是保育猪生长发育的重要条件。保育舍的温度过高时,仔猪会焦躁不安;温度过低,仔猪会扎堆。温度不恒定或温度过高、过低,都可能诱发仔猪生病,降低成活率。夏季防暑降温可利用自动控制的微

雾降温系统对保育舍进行降温,猪舍应设计有对流的通风地窗,使之自然通风;冬季在保温的同时,要注意保持猪舍空气清新,保温措施包括空气能、电热毯、红外线灯加热等。为减轻转群的应激,断奶仔猪转入后的前 2~3 天要使温度升高到 28~30℃,3 天后降到 26℃,之后逐渐降低到 21℃,直至保育结束。表 4-2 是各类猪只适宜温度推荐表。

表 4-2　各类猪只最佳温度与推荐的适宜温度

猪只类别	年龄	最佳温度(℃)	推荐的适宜温度(℃)
仔猪	初生几小时	34~35	32
	1 周内	32~35	1~3 日龄　30~32 4~7 日龄　28~30
	2 周	27~29	25~28
	3~4 周	25~27	24~26
保育猪	4~8 周	22~26	20~21
	8 周后	20~24	17~20
育肥猪	8 周-出栏	17~22	15~23
公猪	成年公猪	23	18~20
母猪	后备及妊娠母猪	18~21	18~21

保育猪舍适宜的相对湿度范围是 65%~75%,可以通过在猪舍悬挂温湿度表获得。适宜的湿度对仔猪生长发育很重要。湿度过高时,保育舍内的细菌会大量繁殖而危害仔猪的健康;湿度过低,仔猪会应激性饮水而不吃料,从而影响到仔猪的健康。每天保证 12~14 小时的光照时间,以让仔猪尽快开始进食。

(3)合理饲喂。保育猪宜少吃多餐逐步过渡为自由采食,颗粒饲料优于粉料,要保持饲料新鲜,现代猪场保育猪料分为 2 个阶段,饲料过渡时要有 2~3 天的混合逐步过渡期,尽量减少换料应激。如果断奶仔猪转运时间超过 6 小时,应在第一天的饲料或饮水中添加适量的电解质,可更快的恢复体内电解质平衡。要保证保育猪的良好饮水条件,一般 10 头仔猪一个饮水器,饮水器的高度应与栏位内最小仔猪的肩膀齐平,保育猪体重小于 5.4 千克,饮水器高度 10~15 厘米为宜,保育猪体重 5.4~13.6 千克,饮水器高度 15~31 厘米为宜。

(4)猪群巡视。每天至少巡视猪群两次,首先观察猪群的整体精神状况是否正常,舍内温度是否适合猪群生活并根据猪群睡卧舒适度进行调整,确保舍内温度使猪群生活舒适。然后对每一栏进行巡视查看发现异常猪只及时用记号笔进行标示,随后进行治疗并用不同颜色记号笔进行标示，最后统计整个猪群异常猪只所占的比例有多少，如果发病比率超过5%，就要进行整体饮水加药进行治疗，发病较重个体还要进行肌肉注射治疗直至康复。对拉稀猪群要适当提高舍内温度，加大通风量降低舍内湿度。

（5）免疫消毒。请专业兽医师，根据本场、本地区的猪病流行情况，制定合理的免疫程序，进行免疫注射时，不同的疫苗要分左右两边进行注射，不可打飞针，详细的记录免疫的时间与免疫的种类，不同日龄的猪群间不要随意换栏以免造成免疫的混乱。每周带猪消毒1次。

第五章
安全、高效饲料配制关键技术

第一节　饲料原料及饲养标准

一、饲料原料及其分类

饲料通常是指饲养动物的食物的总称，是一切能够被动物采食、消化、吸收和利用，并对动物无毒无害的物质。传统意义上的饲料，主要是指来源于种植业的植物性天然产品或其加工副产物。随着动物营养科学的发展及饲料加工工艺的进步，现代意义上的饲料，还包括一切对动物生长、生产和健康有益或能改善饲料质量的有机和无机化工产品。

国际上通常根据饲料中干物质的主要营养特性将其分为八大类：

(1)粗饲料，指饲料干物质中粗纤维含量大于或等于18%，自然含水量低于45%，以风干物为饲喂形式的饲料。如干草、秸秆、稻壳、藤蔓、秸秧等。

(2)青(绿)饲料，指天然水分含量在45%以上的新鲜饲草及以放牧形式饲喂的人工种植牧草、草原牧草、各种新鲜树叶、水生植物和菜叶等。

(3)青贮饲料,指以新鲜的天然植物性饲料为原料,以青贮的方式调制成的饲料。

(4)能量饲料,指饲料干物质中粗纤维含量小于18%,且粗蛋白含量小于20%的饲料。

(5)蛋白质饲料,指饲料干物质中粗纤维含量小于18%,且粗蛋白含量大于或者等于20%的饲料。

(6)矿物质饲料,指可供饲用的天然矿物质及化工合成的、用来提供常量元素和微量元素的无机盐类。

(7)维生素饲料,指由工业合成或提纯的单一维生素和混合多种维生素制剂,但不包括富含维生素的天然青绿饲料在内。

(8)饲料添加剂,指为保证或改善饲料品质,防止饲料质量下降,促进动物生长繁殖,保障动物健康而掺入饲料中的少量或微量物质,如各种抗生素、防霉剂、抗氧化剂、黏结剂、着色剂等非营养性物质,但合成氨基酸、维生素及以治病为目的的药物不包括在内。

根据国际饲料分类原则并与我国传统的分类法相结合,中国饲料数据库情报网中心(1987)制定了我国的饲料分类法。共分为八大类和17个亚类。各种饲料冠以相应的中国饲料编码(Feeds Number of China ,CFN),编码模式为0-00-0000。首位号为IFN分类号,第2、3位为CFN亚类号,第4~7位为具体饲料号。如4-07-0279一级玉米;4-07-0280二级玉米。17个亚类为:

(1)青绿饲料,指天然水分含量大于或等于45%的新鲜牧草、草地牧草、野菜、鲜嫩的藤蔓、秸秧类和部分未成熟的谷物植株等。

(2)树叶类饲料,指刚采摘的天然水含量在45%以上的树叶(国际饲料分类属青绿饲料)或风干后干物质中粗纤维含量大于或等于18%的树叶(国际饲料分类属粗饲料)。

(3)青贮饲料,共分为三种类型:一是由新鲜牧草制成的青贮料或在新鲜的牧草中加入各种辅料(小麦麸、尿素、糖蜜)或防腐剂、防霉剂制成的青贮料,一般含水量在65%~75%之间;二是低水分青贮料,由天然含水分在45%~55%的半干青绿饲草制成的青贮料;三是以新鲜高水分玉米籽实等为主要原料的谷物在钢筒式青贮窖中湿贮而制成的青贮料,其水分含量在28%~35%之间。

(4)块根块茎,指天然水分含量大于或等于45%的块根块茎或瓜果类。

(5)干草类饲料,指人工栽培或野生牧草的脱水或风干物,含水量在15%以下。

(6)农副产品类,常见的有三种类型:一是干物质中粗纤维含量大于或等于

18%的(属于国际饲料分类中的粗饲料),如藤、蔓、秸、秧、荚、壳等。二是干物质中粗纤维含量小于18%且粗蛋白质含量也小于20%的(属国际饲料分类中的能量饲料)。三是干物质中粗纤维含量小于18%,粗蛋白质含量大于或等于20%的,按国际饲料分类原则属于蛋白质补充料,但后两者不常见。

(7)谷实类饲料,指干物质粗纤维含量低于18%,同时蛋白质含量低于20%的谷实,按国际饲料分类法属能量饲料,如玉米、小麦、高粱等。

(8)糠麸类饲料,指干物质粗纤维含量低于18%,粗蛋白质含量低于20%的各种粮食加工副产品,如小麦麸、米糠、玉米皮等。

(9)豆类饲料,指豆类籽实干物质中蛋白质含量在20%以上,粗纤维在18%以下者,如大豆、黑豆等均属于豆类饲料中的蛋白质饲料。但也有个别豆类籽实的干物质中粗蛋白质含量在20%以下的,则应属于豆类中的能量饲料。

(10)饼粕类饲料,指原料提取油后的副产物。大部分饼粕类均属蛋白质饲料,但干物质中的粗纤维含量大于或等于18%的饼粕类,即使其干物质中粗蛋白质含量大于或等于20%,按国际饲料分类法仍属于粗饲料,如有些含壳量多的向日葵籽饼皆属此类。还有一些低蛋白质、低纤维的饼粕类饲料,如米糠饼、玉米胚芽饼等虽然属于饼粕类饲料,但凡在其干物质中粗蛋白质含量低于20%者则属于能量饲料。

(11)糟渣类饲料,指优质的糟渣、醋渣的干物质。

(12)草籽、树实类饲料,指干物质中粗纤维含量在18%以上。

(13)动物性饲料,指来源于渔业和养殖业的动物性饲料及其加工副产品。按国际饲料分类原则,在动物性饲料中凡干物质中粗蛋白质含量大于或等于20%者,均属蛋白质饲料,如鱼、虾、肉、皮、毛、血、蚕蛹等。凡干物质中粗蛋白质含量低于20%的动物性饲料均属能量饲料,如牛脂、猪油等。干物质中粗蛋白质含量低于20%,而以补充钙、磷等矿物质为目的者,属动物性矿物质饲料,如骨粉、蛋壳粉、贝壳粉等。

(14)矿物质饲料,指可供饲用的天然矿物质和化工合成的无机化合物以及金属离子与有机配位体的络合物。

(15)维生素饲料,指由工业提纯或合成的饲用维生素制剂。

(16)饲料添加剂,指为了补充营养物质,改善饲料品质,促进动物生长繁殖、生产,保障动物健康而加入饲料中的少量营养性及非营养性物质。

(17)油脂类饲料及其他,主要是补充能量为目的,用动物、植物或其他有机物质为原料经压榨、浸提等工艺制成的饲料。

二、饲料原料的营养成分及营养特性

不同的饲料原料具有不同的营养成分和营养特性。但同一种饲料原料,由于生长地域、环境气候等条件的不同,其营养成分和营养特性也存在一定的差异。在养猪生产和饲料生产中,除使用常规饲料原料外,根据各地区的生产情况,充分利用本地区的非常规饲料原料,通常可以降低生产成本,增加经济效益。目前常见的饲料原料如下:

(1)玉米:玉米是畜禽饲料配方中主要的能量饲料,享有"能量之王"的美誉,其淀粉含量占干物质的70%以上,猪消化能为3.39兆焦/千克以上。但玉米的蛋白质含量较低,质量较差,缺乏赖氨酸、蛋氨酸和色氨酸,因此配制饲粮时需要用饼粕类饲料加以调配。另外,受生长环境、加工与储藏等条件的影响,玉米易感染黄曲霉毒素、玉米赤霉烯酮、呕吐毒素等。饲喂霉变的玉米将影响猪的健康和生长性能,尤其容易导致母猪不孕不育、流产或死胎。

(2)稻谷:稻谷中碳水化合物含量约占干物质的65%左右,蛋白质主要为谷蛋白,含量约为8%~10%,矿物质含量随产区及时节的变化而变化,主要分布在稻壳、胚和皮层中,维生素主要分布在糊粉层和胚中,脂肪含量在2%左右。稻壳是稻谷饲用的限制成分,粗纤维主要集中在稻壳,且多数是木质素。糙米、陈米可作为架子猪、育肥猪和母猪的能量饲料,饲养效果好且猪肉品质较好。

(3)麦麸:麦麸是面粉加工的主要副产品。麦麸具有比重轻、体积大、能值低的特点,常可用来调节日粮的能量浓度。麦麸的蛋白质含量较高,一般为12.0%~17.0%,且氨基酸组成较平衡,其中赖氨酸、色氨酸和苏氨酸含量较高,尤其是赖氨酸达0.67%。麦麸中的粗纤维含量也较高,达6.5%~12.0%。麦麸中矿物质含量丰富,特别是微量元素铁、锰、锌,但缺乏钙,植酸磷含量高。对临产前及泌乳期母猪,适量的麦麸具有轻泻作用,可减缓母猪便秘。但仔猪如果大量摄入易引起腹泻,因此麦麸不宜用作仔猪饲料。

(4)米糠:糙米精制时产生的果皮、种皮、外胚乳和糊粉层等的混合物称为米糠。其蛋白质含量为12%~18%,脂肪含量高达22.4%,但其脂肪易氧化酸败,不能长时间存放。钙含量偏低,磷含量高,主要是利用率不高的植酸磷,微量元素中铁、锰含量丰富,铜含量偏低,富含B族维生素,缺乏维生素C、维生素D、维生素E。米糠中的抗营养因子有胰蛋白酶抑制因子和生长抑制因子,影响蛋白质的消化,通过加热可消除影响。肥育猪长时间使用米糠,可导致其脂质变软,肉脂下降,应控制其用量。

(5)膨化大豆:膨化大豆是由大豆粉碎后经湿法膨化加工工艺精制而成,是一种优质的植物性蛋白质饲料原料。其保留了大豆的基本营养成分,但除去了大豆中的大部分抗营养因子,适口性好,营养价值高。膨化大豆约含35%的粗蛋白,氨基酸含量丰富,其赖氨酸、蛋氨酸、色氨酸、胱氨酸分别是玉米的10、2、4、3.5倍。膨化大豆能减轻仔猪过敏反应及由过敏反应引起的肠道损伤程度，因此可以减少仔猪腹泻的发生。

(6)豆粕：豆粕是大豆榨油后的副产物，是一种优质的植物性蛋白质饲料原料。其蛋白质含量通常达43%以上，且赖氨酸、蛋氨酸、色氨酸、胱氨酸比大豆高，但蛋氨酸偏低，核黄素、硫胺素和胡萝卜素含量较低。经过生物发酵后的发酵豆粕品质更佳，其优势在于大分子蛋白被降解为易消化吸收的小分子蛋白或寡肽，并含有益生菌、乳酸，酸度提高，适口性好，可改善猪（尤其是仔猪）的肠道健康，减少腹泻的发生，促进猪的生长，是鱼粉的良好替代品。

(7)棉籽粕：棉籽粕是棉籽榨油后的副产物。其粗蛋白质含量在35%左右，赖氨酸、蛋氨酸含量较低，精氨酸含量高达4%，粗纤维含量在13%左右。棉籽饼中含有抗营养因子主要是游离棉酚，可累积性中毒并影响生殖健康。种公猪应禁止使用棉籽粕，种母猪也应少用。

(8)菜籽粕：菜籽粕是油菜籽榨油后的副产品。蛋白质在36%左右，氨基酸组成较平衡，含硫氨基酸含量较高，但精氨酸含量较低，菜籽粕的粗纤维含量较高，含钙较高，磷高于钙，且大部分是植酸磷，微量元素中铁含量丰富，其他元素则含量较低。菜籽粕含毒素较高，主要是硫苷，水解会生成异硫氰酸酯。

(9)花生粕：花生脱壳后，经机械压榨或溶剂浸提油后的副产品。花生粕粗纤维含量在5.3%左右，蛋白质含量在38%左右，赖氨酸1.5%～2.1%，色氨酸、蛋氨酸均在0.4%～0.7%之间，胡萝卜素、维生素D极含量低，脂肪含量一般为5%左右。花生粕易感染黄曲霉，易产生黄曲霉毒素。

(10)鱼粉：鱼粉是用一种或多种鱼类为原料，经去油、脱水、粉碎加工后的高蛋白饲料。我国鱼粉产量不高，集中在山东省和浙江省，主要依赖进口，2014年进口量达110万吨。进口鱼粉蛋白质品质好，一般在60%以上，氨基酸含量高且平衡，赖氨酸可高达5%以上，粗脂肪含量在5%～12%之间，钙磷含量高且比例适宜，鱼粉中含有较高的维生素B_{12}、维生素B_2及具有生物活性的未知因子。国产鱼粉含盐量较高，易造成食盐中毒，鱼粉中的不饱和脂肪酸也较高，因此使用量不宜过高。为降低成本，育肥后期的猪可不添加鱼粉。受利益的驱使，市场中存在鱼粉掺假行为。鱼粉掺假物主要有血粉、羽毛粉、尿素等，购买鱼粉时应该注意鱼粉的优劣辨别。

(11)肉骨粉：利用畜禽屠宰厂不宜食用的家畜躯体、残余碎肉、骨、内脏等作原料，经高温蒸煮、脱脂、干燥粉碎制得的产品。蛋白质含量在20%～50%之间，粗脂肪8%～18%，粗灰分含量1%～3%，赖氨酸含量1%～3%，含硫氨基酸含量3%～6%，色氨酸含量不足0.5%。肉骨粉易感染沙门氏菌且易氧化酸败。

(12)血粉：家畜或家禽的血液凝成块后经高温蒸煮，压除汁液、晾晒、烘干后粉碎而成。优质血粉赖氨酸含量达8%,色氨酸含量达1.1%,粗蛋白质含量在80%~90%之间,但总氨基酸组成不平衡,适口性差,用量不可过高,否则易引起腹泻。血粉含钙磷较低,铁含量高达2.8克/千克。尽量与异亮氨酸高和缬氨酸低的饲料配伍。

(13)水解羽毛粉:家禽屠体脱毛的羽毛及制作羽绒制品筛选后的毛梗,经清洗、高温高压水解处理、干燥和粉碎制成的粉粒状物质。其蛋白质含量在84%以上,粗脂肪2.5%,粗灰分2.8%,含硫氨基酸含量高,以胱氨酸为主,蛋氨酸、赖氨酸等含量偏低,利用率差。

(14)单细胞蛋白质类饲料:单细胞或具有简单构造的多细胞生物的菌体蛋白。常用的单细胞蛋白饲料有:酵母、真菌、藻类和非病原性细菌。其蛋白质含量在40%~60%之间,适口性差,核酸含量过高,在猪体内消化后形成尿酸,因猪体内无尿酸氧化酶,易引起痛风症。酵母含有未知生长因子,用于仔猪饲料中可促进生长,螺旋蓝藻蛋白质产量高,适口性好,能提高生产性能和降低饲料消耗。

(15)石粉:天然的碳酸钙,含钙量35%以上,是猪补充钙的最方便、最廉价的矿物质饲料。一般来说,粉碎的越细,吸收性越好。

(16)贝壳粉:各种贝类外壳经加工粉碎而成的粉状或粒状产品。主要含钙36%左右,价格较石粉贵。购买时要注意其中的沙石和泥土等杂质。

(17)磷酸二氢钙:含磷26%以上,含钠为19%,使用时要注意脱氟处理,含氟量不得超过标准。

(18)骨粉:以家畜骨骼为原料加工而成。含钙24%~30%,含磷10%~15%,蛋白质10%~13%,品质不稳定,常携带细菌,易发霉结块。

(19)磷酸氢钙:含钙21%,含磷16%左右,注意脱氟处理。

三、猪的营养需要及饲养标准

(一)猪的营养需要

1.种公猪的营养需要

种公猪的优劣是发展生猪生产,获取养猪利润的先决条件。因此,为种公猪提供适宜水平的营养对提高养猪效益具有十分重要的意义。后备公猪日粮中能量供应不足时会影响睾丸及其附属器官的发育,造成性欲下降,而后所产生的精子质量差。当日粮中能量过多时,会造成体况过肥,降低甚至丧失其配种能力。种公猪的维持需要消化能为$418.4W^{0.75}$千焦,其中W为公猪体重。在非配种期的能量需要时维持的1.55倍,即在维持的基础上增加55%;配种时期的能量需要又为非配种时期的124.5%。公猪在配种前 应根据体况加强饲养,一般于配种前1个月在饲养标准基础上增加20% ~25%。需要加强种公猪蛋白质和氨基酸的补充,尤其是赖氨酸、蛋氨酸、胱氨酸、色氨酸、苏氨酸、异亮氨酸。赖氨酸可以改善公猪精液品质。钙离子能刺激细胞的糖酵解过程,给精子活动提供能量,从而增强精子活动,促进精子和卵子的融合和精子穿入卵细胞透明带。但钙离子过高会影响精子活力。钙磷比要求1.25∶1才最为合适。公猪的精子密度和矿物质硒显著正相关,锰不足可引起睾丸生殖上皮细胞退化等,公猪的精液中含有钠、钾、镁、氯、锰、锌等矿物质,因此,配种期的公猪要注意此类矿物质的补充。维生素A长期缺乏,可以延迟后备公猪性成熟,睾丸显著变小并降低精子数量及质量。长期缺乏维生素E,可导致成年公猪睾丸退化,永久性丧失繁殖力。

2. 后备母猪的营养需要

被选作繁殖用的后备母猪(50 ~60千克后)要求有较低的背膘厚和良好的生长率。后备母猪选留后,应喂以营养水平较高的饲料,提供高能量日粮以保证足够的体脂储备,同时提供高质量的蛋白质以确保稳定的体增长,在达到适度膘情(相当于美国五级标准的2.5 ~3分)后,适当控料,进行合理限饲,不使母猪过肥或过瘦,直至配种前3周开始增加喂料量。限制青年母猪的采食量(50% ~85%)将延迟初情期10 ~14天。日粮消化能水平越高,母猪初情期越长,同时胚胎死亡率也越高(尤其是发情周期内)。为不延迟初情期,同时又能保持较好的体况,消化能(DE)供给应低于肥育猪,以30兆焦/天为宜。

提供高质量的蛋白质可以保证后备母猪稳定的体增长。当达到适当的膘情后就必须加以控料,直至配种前3周。日粮中提供15.0%的CP和0.70%的赖氨酸可以满足后备母猪的需要。限制青年母猪的采食量将延迟初情期10 ~14天,日粮消化能水平越高,母猪初情期越长,同时胚胎死亡率也越高。蛋白质和氨基酸不足也会延迟初情期。后备母猪日粮中高水平的钙、磷可以延长繁殖寿命,0.82%钙、0.73%磷最为合适。

3. 妊娠母猪的营养需要

妊娠母猪的营养需要可按维持和生产需要的析因法来确定。其消化能需要考虑母猪本身的维持消化能、子宫增重所需消化能、母体增重所需消化能、体温调节所需消化能。妊娠母猪维持能量需要为20.8 ~37.7兆焦/天,母体增重需要为0 ~7.7兆焦/天,子宫增重能量需要为0.9兆焦/天,总需要量变化范围在29.5 ~38.5兆焦/天,平均为33.6兆焦/天。长期缺乏蛋白质对母猪的影响主要表现在对泌乳量的变化。同时还要注意赖氨酸、蛋氨酸、胱氨酸、苏氨酸和异亮氨酸的供应量。一般来说,120千克、190千克和260千克体重(交配时)的母猪赖氨酸分别需要0.56%、

0.45%和0.24%。正常体况的妊娠母猪可以保证良好的受胎率、产仔数。钙离子参与黄体酮的合成及卵母细胞的成熟，日粮中缺钙会影响胎儿的发育及母猪产后的泌乳，母猪不孕和流产的原因之一是因为饲粮缺磷，钙磷比例最好在1～1.5:1。微量元素锰影响卵巢激素的产生，碘可以提高甲状腺素的活性，从而影响蛋白质的生物合成，硒可以影响维生素E的作用，进而影响繁殖力，缺锌会导致卵巢的萎缩及其机能衰退，铬可以改善母猪的繁殖性能。维生素A或胡萝卜素含量升高有利于胚胎存活，维生素E缺乏会增加胎儿的死亡率，日粮中叶酸含量增加可以提高产仔数，胆碱可提高母猪的繁殖性能，维生素B_{12}可提高仔猪的初生重和成活率。妊娠期高水平的采食量将带来胚胎存活率、窝产子数的降低，造成哺乳期采食量的下降。配种后70～105天，应尽量避免使用高能饲料。

4. 泌乳母猪的营养需要

哺乳母猪的营养需要与其泌乳密切相关，要尽可能提高其能量的摄入量。哺乳母猪每天需要的能量约有75%用于泌乳，而实际营养需要完全取决于窝仔猪生长速度。当饲料营养摄入不能满足其泌乳需要时，就会动用体内的脂肪来满足产奶需要，从而导致母猪掉膘和体重下降，过度掉膘不但影响哺乳仔猪的增重速度，还会严重影响母猪下一胎的生产性能（下一胎次妊娠早期黄体激素水平下降），包括断奶至再发情的间隔时间延长、受胎率降低、产仔数和仔猪初生重下降等等，因此对哺乳母猪应采用高营养浓度进行饲喂。

泌乳母猪的能量需要包括维持、产乳、母猪失重、体温调节四个方面的需要。母猪的采食量变化将会影响到断奶仔猪断奶重、母猪断奶后返情期及受胎率。泌乳量与饲粮中蛋白质的含量有关，此阶段必须提供足够的蛋白。泌乳母猪饲粮以能量13.0～14.0兆焦/千克、蛋白质水平15～17%、赖氨酸水平0.80～1.00%为宜。饲粮中钙磷不足或比例不当，将影响泌乳母猪的产奶量，并动用骨中的钙磷储备。长此下去，容易造成母猪瘫痪。

5. 仔猪的营养需要

仔猪刚出生时其营养来源主要是母乳，特别是在21日龄之前，母乳基本能满足仔猪的营养需要，仔猪吃饲料很少。虽然在生产中，给7日龄仔猪提供补料，但这只是为了让仔猪尽早适应固态饲料，因此补料所提供的营养其实是次要的。

环境温度对仔猪能量需要的影响很大，能量与蛋白质沉积有一定的比例关系，只有合理的能量蛋白比才能保证饲料的最佳效率。断奶仔猪的能量浓度应为3.3～3.5兆焦/千克。仔猪肠道发育不完善，需要供给易消化、生物学价值高的蛋白质。赖氨酸是猪玉米—豆粕型日粮的第一限制性氨基酸，其次是蛋氨酸和苏氨酸。5～10千克阶段的仔猪其饲料粗蛋白需要量为22%～20%，10～20千克阶段粗蛋白需要量为19% ~18%。必需氨基酸的合理配比对仔猪非常必要,一般来说,赖氨酸应占饲粮1.25%,蛋氨酸 + 胱氨酸为赖氨酸的55%,苏氨酸为赖氨酸的60%。仔猪对钙磷的需要量较大,饲料中含钙0.8% ~1.2%,含有效磷0.35% ~0.45%方能满足需要。一些必需微量元素对仔猪的生长和健康起着非常重要的调节作用。其中,钠、氯、钾维持着仔猪的电解质平衡;铜、铁是仔猪多种酶的组成成分,与血红蛋白和其他物质的代谢有关;锌是多种DNA或RNA合成酶或转运酶的组成成分;锰与碳水化合物、脂类和蛋白质代谢有关,为硫酸软骨素合成所必需,且与骨骼发育有关;缺硒可导致仔猪白肌病;维生素D缺乏、维生素E缺乏则将可能分别导致佝偻病和肝脏坏死、白肌病等症状。

6.生长育肥猪的营养需要

生长育肥期猪(20 ~60千克)的机体各组织、器官(尤其是骨骼和肌肉)正处于完善阶段,其蛋白质水平以16% ~18%为宜,粗纤维用量不能超过4%。60千克以后,一直到出栏阶段,猪机体组织已经发育成熟。这一阶段脂肪组织的沉积速度快于蛋白质的沉积,此阶段蛋白质水平以14% ~15%为宜。随着日粮能量水平的提高,育肥猪饲料转化率和生长速度都能得到改善和提高,蛋白质沉积速率增加。对于生长猪,低的能量水平会限制其生长,而对于育肥猪,能量摄入量不会限制其瘦肉生长速度。适宜能量蛋白比还可以改善猪的胴体品质。低蛋白日粮饲喂给育肥猪不仅可以降低养殖成本,还可以降低氮的排放量及排泄物的异味。

(二)猪的饲养标准

饲养标准是指猪在一定生理生产阶段,为达到某一生产水平和效率,每日需要供给的各种营养物质的种类和数量或每千克饲料各种营养物质的含量或百分比。饲养标准的提出及其在生产实践中的正确运用,是迅速提高我国养猪生产和经济、合理利用饲料的依据,是保证生产、提高生产的重要技术措施,是科学技术用于实践的具体化。科学的饲养标准是实际饲养工作的技术标准,它由国家的主管部门颁布,是指导猪群饲养的重要依据。我国的猪饲养标准出台较晚。在借鉴德国kellner饲养标准、美国morrison饲养标准、前苏联饲养标准以及美国NRC饲养标准后,于1983年正式制定了我国《瘦肉型猪的饲养标准》。1987年,国家标准局正式颁布《瘦肉型生长肥育猪饲养标准》,2004年颁布了《猪饲养标准》。

第二节 仔猪营养及仔猪饲料配制技术

一、仔猪的消化生理特点及其营养需要

(一)仔猪的消化生理特点

仔猪在出生时,其消化器官虽已形成,但消化器官的结构和机能都不完善,主要体现在重量、容积都很小。随着日龄的增长,仔猪的消化机能才逐渐成熟。

胃液是黏膜表面上皮细胞、贲门腺、胃底腺和幽门腺的分泌物,除了水分以外,胃液主要由壁细胞的酸性分泌物和胃蛋白、黏蛋白等非壁细胞的碱性分泌物。猪的胃液是连续分泌的。胃液的杀菌性主要取决于其中游离盐酸的浓度,初生仔猪的最大特点就是胃液中缺乏游离盐酸。至断奶前后,仔猪胃液才表现出明显的抑菌和杀菌作用。仔猪胃液中主要含有胃蛋白酶和凝乳酶。凝乳酶在初生仔猪就发挥着作用,胃蛋白酶需要在盐酸下被激活,由上述可知,仔猪缺乏盐酸,因此一般在20日龄后才表现出胃蛋白酶的作用。在胃液缺乏盐酸这段时间时,食物主要是在小肠内靠胰液和肠液消化,随仔猪年龄增大,胃液消化才越来越占主要部分。初生仔猪虽然有胆汁分泌,胆汁对脂肪消化吸收有着重要的作用,但由于初生仔猪的分泌量很少,胰脂肪酶不能充分发挥作用,因此脂肪的消化和吸收受限。因此,在选择饲料原料时,要充分考虑仔猪胃肠道对物质的适应性,避免难以消化的物质引起仔猪腹泻。

(二)仔猪的营养需要

1. 能量需要

初生仔猪能量储存有限,体脂肪低,糖原是主要的能量贮存物质,占可利用的60%,而仔猪初生后在冷应激的条件下糖原消耗速度加快。研究表明,能量不足时持续冷应激会导致直肠温度降低,严重时则会发病或死亡。

哺乳期仔猪能量需要量是从母乳中得到。随着仔猪生长,能量需要量变大,则需要通过补料的方式来满足仔猪生长需要。大量研究表明,哺乳仔猪最适能量浓度为13.81~15.06兆焦/千克。在这样的情况下仔猪可以获得最好的生长发育条件。

早期断奶仔猪通常是自由采食,日粮浓度依然以以上所提到的值为宜,环境温度对猪的能量需要量影响很大。环境低于临界温度时,维持正常生长就必须提供更多的能量。

2. 蛋白质需要

由于饲粮蛋白质与断奶仔猪的腹泻情况与免疫状态关系密切,因此仔猪适宜的蛋白质水平是保证仔猪健康生长的必要条件,蛋白质水平过高超过仔猪的消化能力,容易引起营养性腹泻。但蛋白质水平过低,则影响仔猪肠道的生长发育及结构完整,免疫力也会降低。

断奶仔猪日粮蛋白质含量以不超过 20.4% 为宜。研究表明,高蛋白(23%)和低蛋白(18%)日粮对仔猪日增重、饲料转化效率、仔猪腹泻发病频繁率和水肿发病率的影响存在显著差异。18% 的蛋白质能满足早期断奶仔猪对蛋白质的需要,它不仅能够降低仔猪腹泻和水肿发病率,而且使仔猪日增重和饲料利用率得到提高。而当蛋白质水平达 23% 时腹泻加剧,生长速度下降,这与仔猪饲料的能量水平关系不大。是因为蛋白质是一种很强的抗原物质,进入未成年的仔猪消化道后,发生局部免疫反应而导致消化道损伤。

断奶仔猪消化道酶系发育尚未健全,胃内 pH 升高,容易发生腹泻。因此在选择日粮蛋白质时,应考虑蛋白质的可消化性、氨基酸的平衡以及添加水平等。仔猪日粮中蛋白质原料包括:乳制品、大豆制品、鱼粉、血浆蛋白粉和血球粉等。

乳制品是在饲料中最早使用的蛋白质原料,有乳清粉、脱脂奶粉等。但乳制品的价格相对于别的蛋白质原料价格较高,而且颗粒状不好制成,因此人们寻找到替代原料。大豆制品是猪日粮中最主要的蛋白质饲料,但含有抗营养因子,如胰蛋白酶抑制因子、血细胞凝集素及碳水化合物与蛋白质的复合物,这些抗营养因子使得猪利用大豆产品的能力降低。虽然一些抗营养因子能在加热的条件下部分灭活,但带有抗原性的蛋白质和碳水化合物的复合物是不能除去的,而这也是引起仔猪腹泻的重要原因。因此断奶仔猪日粮中蛋白质的选择,对预防仔猪断奶后腹泻有很大的意义。研究表明,蒸汽膨化可以大幅度改善大豆粉对仔猪的营养价值,这是提高大豆利用效率的一种非常有效的加工方法。猪对血浆蛋白粉具有较好的消化率和适口性,其营养价值也远远超过人们的预测,主要是因为富含免疫蛋白和有益于仔猪肠道的血源性分子。血球粉:多数文献建议血球粉在断奶仔猪的日粮中的用量为 2% ~3%。郑春田等(1999)试验表明,通过补充合成异亮氨酸,血球粉在断奶仔猪日粮中的用量可提高到 6% 而不会降低仔猪的生长性能,而且合成氨基酸的补充能够节约日粮蛋白质 4 个百分点。精鱼粉是一种比较优质的蛋白质源。研究表明,在早期断奶仔猪的日粮中添加 4% 的精鱼粉,其效果相当于 10% 的乳清粉。

鉴于血浆蛋白粉(SDPP)和精制鲱鱼粉价格较高,人们在寻找能够代替它们的别的蛋白源。研究表明,35 日龄断奶仔猪饲料中添加 4% 的全脂奶粉,仔猪生长性能虽略低于添加 3% SDPP 组,但可以降低每千克增重所需饲料成本 1.0 元左右,因此在国内,用5% ~6%的全脂奶粉替代SDPP是可行的。日粮中添加2.5%的猪肠膜蛋白粉(DPS),也可以替代早期断奶仔猪饲料中的SDPP。

3. 矿物质需要

仔猪矿物质营养需要主要是微量元素铁的供应,初生仔猪铁贮量约为53毫克,每天需要7~16毫克,而在母乳中每天获得1毫克。因此,其铁贮量只能维持3~7天。出生后3天注射100~200毫克铁剂可有效防止仔猪贫血。其他矿物质需要量可参考饲养标准。

4. 维生素需要

饲养标准中的推荐量是防止维生素临床缺乏症的最低需要量。合理满足仔猪维生素需要比其他养分要困难。主要由其本身的特性和饲料中维生素状况。在我国,多数情况下,仔猪可以从饲料和生长环境中获得部分或全部的维生素需要量,因此维生素的供给量是可以依据当地情况减少或不添加的。

仔猪最容易出现维生素E缺乏症。当日粮添加脂肪时,维生素E需要量增加,若日粮脂肪质量差,维生素E的需要量可能增加数倍。高水平维生素E(150~300毫克/千克日粮)可提高仔猪免疫能力。有研究表明,缺乏维生素E的仔猪对铁剂非常敏感,肌肉注射常规剂量可能使得仔猪死亡。幼龄仔猪较低的维生素K,大龄仔猪可自身在体内合成,但由于现在抗生素的使用,要增加维生素K的需要量。B族维生素中,以谷物或其副产品为主的日粮含有丰富的维生素B_1和泛酸,日粮中添加它们只能够预防不足或者提高安全系数。

二、仔猪饲料的配制技术

(一)饲料原料的消化率比相关营养参数更重要

仔猪阶段的生理特点是生长发育及新陈代谢旺盛。同时,仔猪的消化器官还没有发育完全、消化能力差。近年来,随着生猪养殖水平和饲料加工技术的不断发展,生产者给仔猪的断奶时间通常设定在21~35日龄。早期断奶具有很多优势,但在实际生产中却存在着许多影响因素。抑制生长的因素有许多,最主要的是营养因素,主要表现为断奶致使仔猪暂时性营养不良和因母乳转换为以植物性原料为主的固态饲料导致的消化功能障碍。正因仔猪这一消化特点,仔猪饲料的设计配制需要特别谨慎,尤其是饲料原料的选择,必须尽量考虑优质、消化性好的原料。仔猪在断奶前,母乳可以提供其几乎所有的营养需求。母乳中含有丰富乳脂及容易消化吸收的酪蛋白,以乳糖为主的碳水化合物,其不含淀粉和纤维,分解有效乳成分只有消化道内的消化酶能做到。而仔猪饲料中的蛋白质大多是植物性蛋白,其中碳水化合物以淀粉为主,但其所含有的粗纤维基本无法被仔猪消化吸收。综合以上,仔猪饲料中可添加一些乳制品、乳清粉等,以便更好地让仔猪适应换料过程。

(二)饲料适口性和采食量是发挥仔猪生产性能的重要因素

仔猪出生后,其相对生长速度是最大的,因此对能量和营养物质的需要量相对较高。饲料的适口性会严重影响仔猪的采食量,适口性好的自然会更招仔猪喜爱,采食量也随之增加,相反则减少。提高饲料的适口性有两种方法:一是添加调味剂。调味剂的作用是使饲料具有仔猪喜爱的特殊香味,同时,也可掩盖饲料不良气味,进而改善饲料适口性和提高采食量;二是选择适口性好的原料。而原料的本味、保鲜度以及真菌生长造成的氧化和变质是两个影响饲料适口性的重要因素。饲料氧化的同时也会产生氧化产物,使饲料发生异味而影响适口性。所以,饲料储存中常要求添加抗氧化剂。饲料中添加防霉剂可防止真菌生长,尤其是高营养浓度的仔猪补料和断奶料,在猪舍温度潮湿、通风不良条件下易霉变。霉变饲料不仅大大降低适口性,使采食量下降,其真菌毒素还会严重影响仔猪的健康。

(三)饲料的酸化问题

仔猪消化道 pH 值对饲料蛋白质的消化吸收特别重要,这是因为蛋白消化酶需在适合的 pH 值环境中被激活进而参与消化吸收活动,同时抑制进入消化道微生物的繁殖。

仔猪胃内酸度会因年龄增长而提高,也受饲料刺激盐酸分泌增加而提高。刚刚断奶的仔猪胃内 pH 值升高。这与胃内盐酸分泌量低直接相关,但一个不容忽视的因素是饲料对胃酸的中和作用。有研究表明,当仔猪饲料酸结合力达 750 毫克/千克以上时,可促进大肠杆菌的生长繁殖。在 3 ~4 周龄仔猪玉米—豆粕型饲料中添加有机酸,可大大提高仔猪的日增重及饲料的转化率。已知有机酸中效果比较好的有柠檬酸、富马酸和丙酸。在饲料中的添加量依据断奶日龄而定。4 周龄断奶仔猪饲料中添加量一般是 1.0% ~1.5% ,3 周龄断奶仔猪为 1.5% ~2.0% 。在断奶后 0 ~14 天,饲喂酸化饲料效果比较明显。因为仔猪在断奶第 2 周以后,其胃可以产生充足的盐酸。酸化饲料的优点不会立即消失,其随仔猪生长还会保留一段时间,但其经济效益却会快速降低。

(四)通过一些营养措施来减少营养性腹泻

仔猪断奶后腹泻的发生机理相对复杂,有单一因素也有多因素联合作用。它涉及饲料和饲养管理、环境和遗传等方面。总体来说,仔猪断奶后的腹泻可分成两大种类:一种是由于消化不良所引起,另一种是因病原微生物所导致的。

断奶后腹泻与断奶日龄息息相关。一般来说,断奶越早,发生率越高。这与仔猪消化器官的发育状况有关。其发生原因大致为:食物在胃内消化不好—造成小肠内消化吸收不好—大量未消化食糜进入大肠—大肠微生物发酵增加—挥发性脂肪酸浓度上升—大肠内渗透压上升—水进入大肠—出现腹泻。由此可见,肠道内消化不良的连锁反应的结果是营养性腹泻。但腹泻的原因是大肠内挥发性脂肪酸浓度升高造成渗透压上升所致。为此,使用抗生素可阻止大肠内的发酵作用,从而减少挥发性脂肪酸的生成,达到阻止腹泻的作用。但抗生素不能改善因肠道发育不全造成的消化不良,因此,这个方法不能有效促进仔猪的生产性能。要解决以上问题,比较简单可靠的办法就是提高仔猪饲料的综合配制技术,配制出高品质饲料。

第三节　种猪营养及其饲料配制技术

一、种猪的营养特点

种猪是生猪生产的源头,在种猪生产中,繁殖是种猪种族繁衍的重要机能,而营养是影响种猪生长、发育和繁殖的重要因素。种猪摄入营养长期不足或过低时,会使初情期推迟,降低性激素的分泌,导致性机能减弱,影响精子的形成和卵子的成熟;种猪摄入营养长期过高,会使种猪出现过肥,对种猪的繁殖也会产生不良影响。因此,在养猪生产中,必须了解种猪各阶段的营养需要特点,才能给种猪提供适宜的营养需要量,使种猪保持健康、良好的体况和较高的繁殖能力。

(一)母猪的营养特点

近年来,由于现代母猪的高度选育,生长速度更快,繁殖力更高,采食量更低,泌乳期更短,使得母猪对营养的需求也更苛刻。母猪的营养主要是围绕繁殖周期中各个不同阶段而分别展开的。母猪的繁殖周期一般可分为后备期、妊娠期、泌乳期、空怀期四个主要阶段。实际上,在一个繁殖周期中所有各个阶段均是相互联系的,即母猪在一个阶段的营养状况对其在另一个阶段中的性能会产生显著影响。因此,母猪每一个阶段的营养都非常重要。

1. 后备母猪的营养特点

后备母猪主要包括育成阶段和性成熟到配种阶段。育成阶段的目标是在配种的年龄和性成熟阶段获得适当的体重和体况,并尽早启动初情期。母猪繁殖率的高低与初情期出现的早迟关系很大,初情期推迟,影响终身繁殖力。母猪一般在6~7月龄,100~109千克体重和11~14毫米背膘厚时启动初情期(见图5-1)。性成熟到配种阶段的目标是获得最佳(最大)排卵率,获得最大胚胎存活率,达到最佳体况。成年母猪一个发情期内一般排卵20~25枚,但母猪卵巢释放的卵子中仅有部分发育成仔猪(见图5-2),其余的卵子在受精前和胚胎期夭亡。影响卵子及胚胎存活率的因素很多,其中营养是关键因素。高能量水平(60~80千克,40.03兆焦/天;80千克至初配前,45.83兆焦/天)可提高母猪的发情率和排卵率。日粮中增加脂肪含量有利于初情期启动,而增加淀粉含量则有利于卵母细胞的成熟。

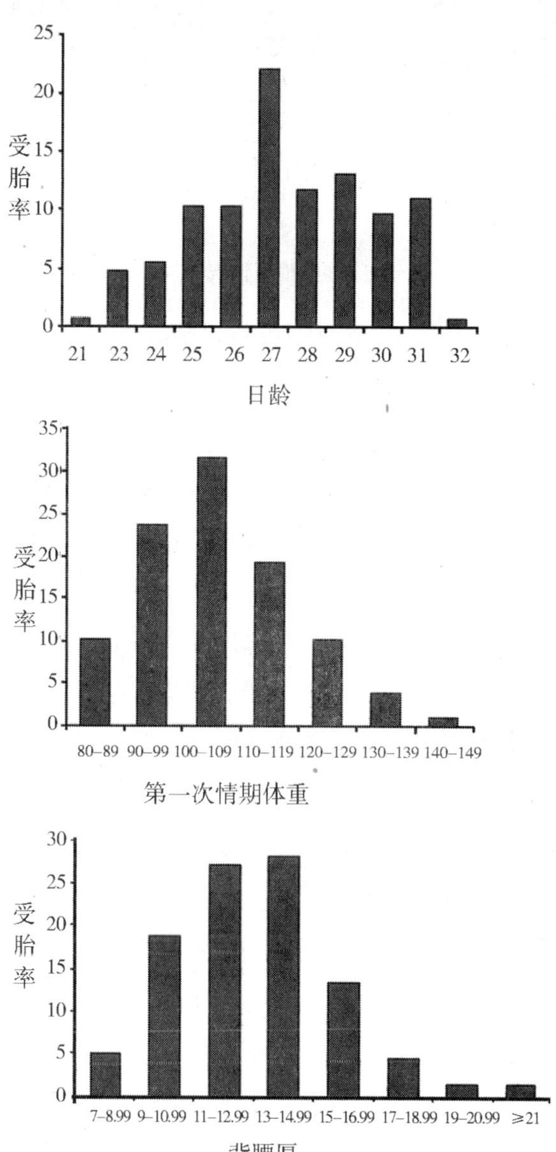

图5-1 后备母猪初情期启动的日龄、体重和背膘厚(周东盛等,2010)

后备母猪的营养需要除了能量需要,还要重视蛋白质和矿物质元素的需要,主要是钙和磷的需要。另外,充足而全面的维生素和微量元素营养也是保持其旺盛的代谢活动和正常生理机能以及繁殖所必须。母猪在后备阶段对微量元素、常量元素、维生素的要求一般都会比育肥猪高30%~40%,有的营养素甚至高1倍。因此,

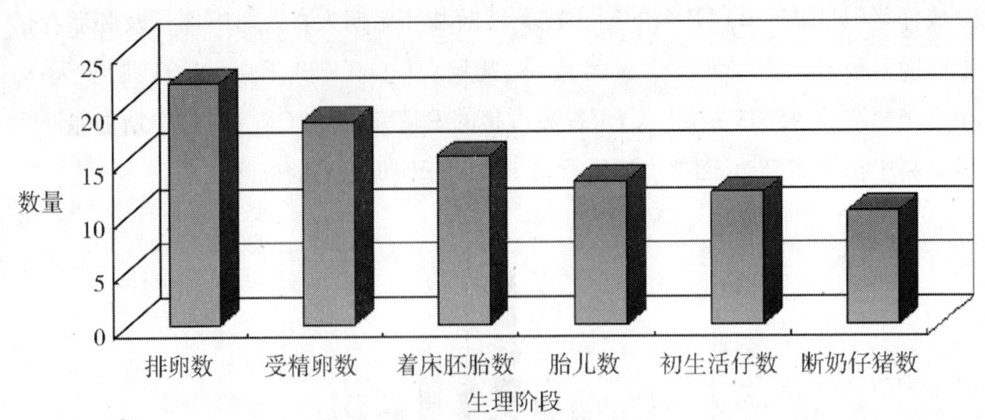

图 5－2 仔猪潜值损失情况（周明，2007）

为使后备母猪达到理想的体况，后备母猪应与育肥猪分开饲养，后备猪不能饲喂育肥猪料，应饲喂专门的后备猪料。

（1）后备母猪能量营养特点：能量作为大多数动物生产体系中的首要限制因素，对母猪繁殖性能存在阶段性和长久性的影响，能量可通过作用于机体的代谢状况来影响母猪的繁殖成绩。能量水平与猪初情期关系密切，一般来说，能量水平高，后备母猪初情期提前，体重则大；能量水平低，则后备母猪生长缓慢，初情期延迟；若能量水平过高导致后备母猪体况过肥，抑制初情期的发生或造成繁殖障碍，不利于配种，配种的受胎率低，母猪的淘汰率增加，有的猪后肢出现跛行。后备母猪摄入的能量水平与母猪的生长速度和其配种时的背膘厚密切相关。后备母猪生长速度越快，母猪断奶后发情间隔（WSI）越短，其中母猪平均日增重 650～800 克/天、体重 100 千克、背膘厚 14～18 毫米时，WSI 最短，产仔数最高。建议生产中，后备母猪（长大二元）在 140 天时至少要保持 600 克/天以上的生长速度，以达到配种时的体况标准。

（2）后备母猪蛋白质营养特点：后备母猪在生长期具有生长速度快、日粮蛋白质需要量高的特点。日粮蛋白质水平对后备母猪的初情期日龄和体重也有影响。饲喂高蛋白水平日粮可增加后备母猪体重，使初情期日龄提前。选择适宜的蛋白质水平日粮对于促进后备母猪的生长发育和性成熟、降低饲养成本都具有非常重要的意义。后备猪饲粮中的粗蛋白质含量在 30～60 千克阶段一般要求在 15%～16.5%，60 千克以后在 15%～16%。

蛋白质需要量实际上是氨基酸的需要量。后备母猪氨基酸水平过高或过低，都会显著降低母猪生长速度。另外，日粮氨基酸不平衡会延迟初情期，会导致血液氨和尿素浓度的提高，不利于胚胎的着床和胎儿的发育。在后备母猪低蛋白日粮中添加氨基酸，使日粮氨基酸平衡，其生产性能与高蛋白水平日粮相似。我国肉脂型及瘦肉型后备母猪氨基酸需要量见表 5－1。

表 5-1　我国肉脂型及瘦肉型后备母猪氨基酸需要量

指标	肉脂型小型/千克			肉脂型大型/千克			瘦肉型/千克		
	1~20	2~35	35~60	20~35	35~60	60~90	20~35	35~60	60~90
赖氨酸	6.3	7.4	8.8	7.8	9.5	10.1	7.8	9.5	11.5
蛋氨酸+胱氨酸	4.1	4.8	5.8	5.0	6.3	7.1	5.0	6.3	8.1
苏氨酸	4.1	4.8	5.8	5.0	6.1	6.5	5.0	6.1	7.4
异亮氨酸	4.5	5.4	6.5	5.7	6.8	7.1	5.7	6.8	8.1

(3)矿物元素与维生素的营养特点：母猪在后备阶段的骨骼是否健康和健壮直接影响其在繁殖期间的淘汰率，其中钙和磷在促进骨骼生长上发挥着重要作用。后备母猪饲喂较高钙、磷水平日粮显著影响哺乳期钙、磷平衡，与饲粮高钙、磷水平相比，低钙、磷水平显著降低骨骼强度。NRC(2012)分别推荐了后备母猪的体重在50~75千克、75~100千克和100~135千克三个阶段的钙磷需要量，即50~75千克时，钙、磷分别为12.22克/天和5.68克/天；75~100千克时，钙、磷分别为13.36克/天和6.21克/天；100~135千克时，钙、磷分别为13.11克/天和6.10克/天。

母猪对维生素营养需要量并不高，但维生素对母猪繁殖性能也起到极其重要的作用。维生素A主要对卵巢、卵泡、黄体和输卵管上皮细胞的功能及胚胎发育起作用，从而影响母猪繁殖性能；维生素E可有效改善繁殖性能，防止卵巢萎缩，提高胚胎吸收营养的能力，提高胎儿的活力；生物素能维持母猪在受精后和胚囊早期正常发育，提高窝产仔数；叶酸能降低胎儿死亡率和流产。

2. 妊娠母猪的营养特点

母猪妊娠阶段的目标是保证母猪有良好的营养储备，满足子宫、胎儿、乳腺组织的生长发育和母体维持需要的营养，并尽可能减少其泌乳期间的体重损失，保证泌乳期有充足的泌乳量。妊娠期母猪营养水平会影响母猪产后体重和泌乳期的体重损失(见表5-2)。随着妊娠期的发展，母猪子宫、乳腺、胎儿和母体本身营养物质也随之沉积，约有50%的蛋白质和50%以上的能量在最后的1/4时期沉积的(见图5-3)。因此，妊娠母猪的营养需要应根据不同时期提供不同的营养水平，以满足维持生命、自身增重和胎儿生长的需要。

表 5-2　母猪妊娠期营养水平对体重(千克)的影响(宋玉，1995)

营养水平	配种体重	产后体重	妊娠期增重	断奶体重	哺乳期失重	净增重
高	230.2	284.1	53.9	235.8	38.3	5.6
低	229.7	249.8	20.1	242.2	7.4	12.7

注：高、低营养水平的饲喂量分别为每千克体重18克/天、8.7克/天。

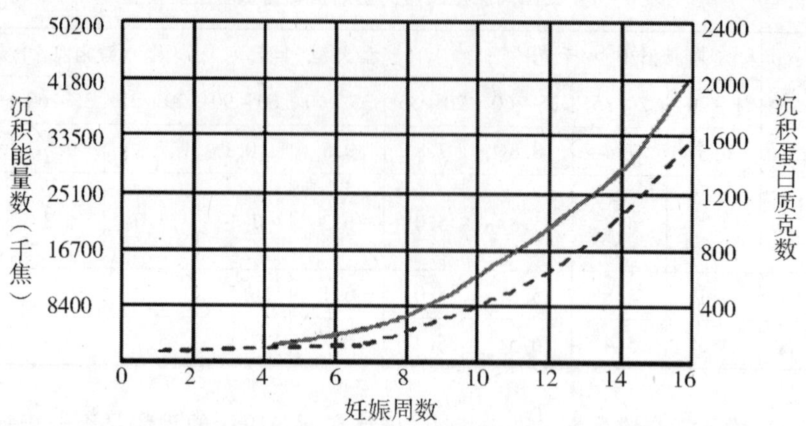

图 5 - 3　母猪在妊娠不同阶段内能量和蛋白质的增长（杨凤，1993）

实际生产中常采用阶段饲喂法，通常将母猪的妊娠期分为前、中、后三个阶段。妊娠早期营养缺乏会使胚胎存活率下降，但持续采食高能日粮也对胚胎存活不利，建议妊娠母猪在 21 天前营养水平应低于 1.5 倍维持需要，较瘦的母猪（如经产断奶母猪）可适当提高营养水平。妊娠中期主要任务是保证胎儿发育的前提下，母猪适度增重，恢复身体贮备，营养供给应根据母猪体况、胎儿生长和乳腺发育情况确定。一般应确保母猪可以维持 3.0 ~ 3.5 的体况评分（范围 1 ~ 5 分）（见图 5 - 4）。妊娠后期，胎儿和乳腺的生长发育明显加快，在妊娠期最后 4 ~ 6 周，胎儿体重能增加 5 倍，乳蛋白含量增加 27 倍，母猪的营养需求显著增加。

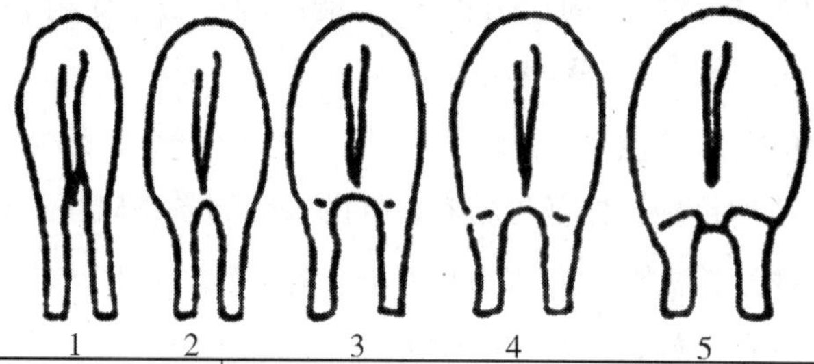

1　2　3　4　5

成绩	体况	体型
1	过瘦	腰部和背部骨骼目测可见
2	消瘦	手掌轻压，即可感触到腰部和背部骨骼
3	理想	手掌用力压，方才能感触到腰部和背部骨骼
4	肿	腰部和背部骨骼感觉不到
5	太肿	腰部和背部骨骼被厚厚的脂肪覆盖住

图 5 - 4　母猪体况判断法（沈欢悦译自《养猪界》2011 年）

（1）妊娠母猪能量营养特点：妊娠母猪摄入的能量用于维持需要、母猪组织和胎儿的生长。妊娠母猪的能量需要与妊娠所处的时期、母猪自身体况和环境等因素有关。

妊娠前期的能量需要主要用于维持母猪的基础代谢和胚胎早期的生长发育。妊娠前期不宜提高母猪的能量水平。前期能量水平过高会降低胚胎存活率,增加母猪体脂含量,降低母猪泌乳期的采食量,推迟断奶到发情的间隔时间。对初产和经产母猪而言,从配种到 21 天,妊娠母猪每天给予 1.5 倍维持需要或更低水平的营养,相当于 12.6 兆焦/千克能量水平(DE)的饲料 1.9 千克/天,但瘦弱的母猪应考虑适量增加。

妊娠中期的能量需要主要用于保证胎儿正常生长发育和母猪自身的营养储备。妊娠中期的能量水平对初生仔猪肌纤维的生长及出生后的生长发育很重要,采食量应稍有增加。通常妊娠中期的能量水平(DE)为 12.6 兆焦/千克的饲料每天采食 2.0 ~2.5 千克,随妊娠时间的推移从低到高逐渐增加,并根据母猪体况差异适当灵活调整。

妊娠后期的能量主用于应保证胎儿的迅速生长、乳腺组织的正常发育以保证泌乳期有充足的泌乳量。在妊娠后期,母猪的营养需要随着胎儿的进一步发育而相应增加。如果妊娠后期能量摄入量不足,母猪就会丧失大量脂肪储备。妊娠后期的能量水平(DE)为饲喂含 12.55 兆焦/千克能量水平(DE)的饲料 2.5 ~3.08 千克/天,随着妊娠期而逐渐增加。

(2)妊娠母猪蛋白质营养特点:和能量一样,妊娠期间的蛋白质需要量主要是用于维持需要、胎儿生长及母体组织的蛋白沉积。蛋白质对母猪繁殖性能的影响,要经过连续几个繁殖周期才能确定,妊娠母猪虽然对蛋白质的需要有较大的缓冲调剂作用,但如果长期蛋白质水平太低。哺乳期就会感到缺乏,并影响母猪以后的繁殖性能和仔猪生产性能,对于初产母猪的影响更为突出。根据胎儿及母猪体内的生理规律可估算前期、后期的粗蛋白需要量分别为 159 ~179 克/天,213 ~236 克/天。另外,初配妊娠母猪由于本身还处在生长发育阶段,对蛋白质的需要量比成年妊娠母猪高 20% ~30% 。蛋白质需要实际上可表示为每一种必需氨基酸和总的非必需的需要。对于母猪除了要满足粗蛋白质需要外,还要保证蛋白质中各种必需氨基酸之间的最适比例。妊娠期 0 ~60 天和 60 ~114 天两个阶段,赖氨酸:苏氨酸:缬氨酸:亮氨酸的相对理想比率分别为 100:79:65:88 和 100:71:66:95。

(3)矿物元素与维生素的营养特点:矿物元素是保证母猪身体健康、胎儿生长发育所必需的营养物质,钙、磷不足会影响胎儿的发育和母猪产后的泌乳性能。随着妊娠期的发展母猪对矿物元素的需求越高,尤其在最后的 2 ~3 周,而且母猪的生产性能越好,对矿物元素的需求越高。

维生素是保证母猪健康与促进胎儿生长发育所必需的营养物质。在妊娠母猪日粮中添加维生素不仅可以满足妊娠母猪的营养需要,保证母猪健康和胎儿正常生长发育,而且还可以提高母猪的繁殖性能。给母猪补饲维生素 A,可提高猪胚胎存活率和窝产仔数。维生素 E 具有提高窝产仔数,影响仔猪初生和断奶窝重,降低仔猪断奶前死亡率的作用。叶酸对胎儿早期生长发育有重要作用,可显著提高胚胎和胎儿的成活率,从而提高母猪窝产仔数。妊娠早期应该在日粮中添加 1.0～15 毫克叶酸/千克日粮。在妊娠母猪日粮中添加 0.3～0.5 毫克生物素/千克日粮,断奶仔数可显著增加,断奶至发情的时间间隔缩短。

3. 泌乳母猪的营养特点

母猪泌乳阶段的目标是保证母猪的泌乳量和乳品质,使母猪泌乳期失重最小,提高年产窝数并提高下一繁殖周期的排卵数,尽可能地缩短断奶与发情间隔,延长母猪利用年限。繁殖性能随着泌乳期采食量的增加而改善,泌乳期的总采食量与母猪的泌乳性能及随后的繁殖性能之间呈正相关关系(见表 5－3、表 5－4)。维持母猪泌乳期较高采食量可以减少其体重损失、增加仔猪增重、降低断奶后发情间隔推迟率。母猪维持泌乳期较高采食量还可以增加其空怀期的排卵率,提高下一胎的产仔数(见表 5－3)。由于初产母猪泌乳期的采食量低于经产母猪,所以初母猪泌乳期的日粮营养浓度应该相应提高。

表 5－3　母猪泌乳期采食量对 21 天产奶量的影响(蒋宗勇,2010)

产奶量	采食量(千克/天)			
	4.5	5.3	6.0	6.9
日产奶量/1 胎	5.9	5.4	6.7	6.1
日产奶量/2 胎	5.4	6.0	6.8	6.6
日产奶量/3 胎	5.5	6.8	7.3	8.0

表 5－4　母猪泌乳期采食量对下次生产性能的影响(蒋宗勇,2010)

	高采食量	低采食量
再次发情天数	5.5	9.0
妊娠率(%)	84.5	65.5
排卵率(%)	16.4	17.2
胎儿生存率(%)	81.4	67.2

(1)泌乳母猪能量营养特点:泌乳母猪能量需要包括维持需要及泌乳需要两部分。维持的能量需要约为 0.460 兆焦/千克 $W^{0.75}$。母猪的产奶量很难测定,产奶的能量需要常由产仔数及窝增重来估计,奶中能量＝20.6×窝仔增重(千克)－0.376×窝仔数。实际上,窝增重的增加导致母猪代谢能需要量的增加,两者之间的增加

量是成正比关系的(见图5-5)。在多数情况下,泌乳母猪采食不能满足能量的需要,必须动员体储,导致泌乳期间体重损失太大。造成断奶至配种的间隔时间延长,甚至不发情或下窝排卵数减少等严重影响生产效率的问题。一般而言,初产母猪能量缺乏及体重损失通常都极为明显。在母猪泌乳期给予高能量水平饲粮,可提高泌乳量25.7%~44.2%,同时亦可提高哺乳仔猪生长速度,使母猪营养处于良好状态,缩短空怀期。泌乳期的能量界限为45兆焦/天,低于这一水平,断奶发情间隔会受到影响。

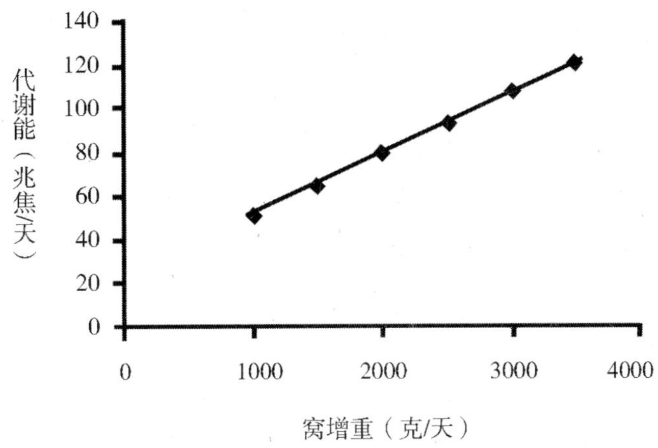

图5-5 窝增重对泌乳母猪能量需要量的影响(兆焦/天)

(2)泌乳母猪蛋白质营养特点:泌乳母猪的蛋白需要量包括维持与泌乳两部分。蛋白质营养对泌乳母猪是极其重要的,当蛋白质摄入不足,泌乳母猪将动用体储来保证产奶的质量与数量,导致泌乳期失重,使断奶后配种间隔延长。和妊娠母猪一样,蛋白质需要量实际上可表示为每一种必需氨基酸及总的非必需氨基酸需要量。确定必需氨基酸的需要量可归结为测定各种必需氨基酸之间的最适比例。赖氨酸通常是猪日粮中的第一限制性氨基酸,所以人们现已常规应用所谓的理想蛋白质概念将各种必需氨基酸需要量表示为赖氨酸的百分比。母猪泌乳期理想蛋白质的各种必需氨基酸构成比例如表5-5所示,其中的赖氨酸值为参考值。

表5-5 母猪泌乳期理想蛋白质的各种必需氨基酸构成比例

氨基酸名称	NRC	ARC	INR
赖氨酸	100	100	100
	与赖氨酸比值%		
蛋+胱氨酸	60	55	53~58
苏氨酸	72	70	65~71
色氨酸	20	19	18~20
苯丙+酪氨酸	117	115	112~124

续表

氨基酸名称	NRC	ARC	INR
赖氨酸	100	100	100
	与赖氨酸比值%		
精氨酸	67	67	63~70
组氨酸	42	39	40~44
亮氨酸	80	115	112~125
异亮氨酸	65	70	53~58
缬氨酸	100	70	69~77

泌乳母猪的赖氨酸摄入量对以后的繁殖性能也有重要影响，这主要是因为摄入高于提高产奶量所需水平的赖氨酸可减少氮损失，从而提高了以后胎次的窝产仔数。一般认为，为了增加下一次的窝产仔数，母猪在泌乳期间至少应摄入52克/天的赖氨酸。

另外，日粮中的赖氨酸水平与能量具有互作关系，为了提高产奶量，随着消化能摄入量的增加，赖氨酸需要量相应增加，因此，在配制高能哺乳日粮时，赖氨酸的水平应相应提高。

(3)矿物元素和维生素营养特点：矿物质中Ca和P对泌乳母猪特别重要。母乳中约含Ca 0.21%和P 0.15%，Ca∶P为1.4∶1。泌乳母猪摄入的Ca、P不足或比例不当，会影响母猪的泌乳量。如果Ca、P含量长时间过低或比例失调可造成哺乳母猪后肢瘫痪。NRC(1998)推荐泌乳母猪对Ca、P的需要量分别为0.75%、0.60%，即每天需摄入Ca 32.9克，P 31.8克。另外，母猪日粮中还需要有充足的微量元素，它们对母猪的繁殖和仔猪的正常生长发育具有重要的作用，特别是Mn、Zn、Se、Cu等，它们对保证母猪繁殖性能很重要。

各种维生素不仅是母猪本身所需，而且仔猪生长发育所需要的各种维生素也几乎都是从母猪乳中获取。母猪日粮中维生素含量直接影响母猪初乳和常乳中维生素的含量。

4.空怀母猪的营养特点

空怀母猪为断奶空怀至配种阶段，空怀待配种期母猪的目标是母猪断奶后5~7天发情配种，这与泌乳期营养的合理供给密不可分。这一阶段要调整体况为配种做准备，应以高营养水平饲料短期优饲，高能量高蛋白能促进发情和排卵，缩短断奶至配种周期，从而为恢复母猪长膘和为配种受胎后胚胎发育贮备营养。因此，饲料当中的蛋白质、维生素、钙、磷等各种营养物质必须全面，以使空怀母猪尽快恢复到繁殖体况，能够正常发情。对于哺乳期间体重和体组织损失过多的母猪，提高断奶到发情期间的采食量是有好处的。提高采食量会增加体况较差母猪的排卵率。

（二）种公猪的营养特点

公猪可分为后备公猪和成年公猪二个阶段。营养是影响种公猪生长发育和繁殖能力的重要因素，营养不足不仅会延迟种公猪的初情期，降低精液品质，还会影响内分泌系统；营养过剩也会导致繁殖障碍。因此，必须保证种公猪营养物质的平衡供给，以保持其良好的种用体况、旺盛的配种能力和良好的精液品质。

1. 后备公猪的营养需要

后备公猪的营养目标是保证良好的生长速度和饲料转换率，控制适当的增重，防止生长过快过重。后备公猪的营养影响到其进入青春期的年龄及性发育速度。能量水平长期不足会推迟后备公猪的性成熟期，使繁殖机能降低和性欲减退。而能量过高会引起体况偏胖，从而会导致蹄、腿病的发生，降低其性欲。蛋白质和氨基酸的摄入量可以影响生长猪的生长发育。蛋白质和氨基酸摄入不足会明显降低生长速度，延缓性成熟，降低每次射精的精液量。我国后备公猪的营养需要还未专门制定标准，在实际生产中可在大型后备母猪饲养标准的基础上增加10% ~20%。

2. 成年公猪的营养需要

成年公猪的目标是保证种公猪有健康的体格，旺盛的性欲和良好的配种能力，精液品质好，精子密度大、活力强，能保证母猪受孕。适量的营养水平是提高公猪健康水平和繁殖性能的重要因素，营养水平过高可使种公猪过于肥胖，性欲低下，配种能力弱；水平过低可使体内脂肪耗损，导致体况消瘦。

（1）能量营养特点：一般认为，成年公猪的总能量需要主要用以下几大方面：维持需要、蛋白质沉积、脂肪沉积、交配活动和精液产生。种公猪的饲料能量供给一般占60%左右，能量供应不足会导致种公猪消瘦，性欲降低，减少精子的生成，精子活力弱，缩短种公猪使用年限。种公猪的能量供给过多则公猪过于肥胖，性机能减退，精液品质下降，降低甚至丧失配种能力，还容易产生肢蹄病。种公猪的总能量需要量见表5-6。

表5-6 种公猪的总能量需要量

能量	体重（千克）					
（兆焦/天）	100	150	200	250	300	350
维持需能[a]	16.31	21.36	25.86	30.00	33.87	37.53
蛋白质沉积需能[b]	3.53	2.82	2.12	1.41	0.71	–
脂肪沉积需能[c]	6.71	5.36	4.02	2.68	1.34	–
交配活动需能[d]	0.57	0.77	0.96	1.13	1.30	1.46
产精需能[e]	0.43	0.43	0.43	0.43	0.43	0.43

续表

能量（兆焦/天）	体重（千克）					
	100	150	200	250	300	350
总能量需要量	27.55	30.74	33.39	35.65	37.65	39.42

注：a. 所用计算式：$0.763W^{0.665}$，其中 W 表示体重（千克）；b. 所用计算式：（蛋白质 ×0.0238）÷0.54；c. 所用计算式：（脂肪 ×0.039）÷0.74；d. 所用计算式：$0.018W^{0.75}$，其中 W 表示体重（千克）；e. 所用计算式：0.26 ÷0.6。

（2）蛋白质营养特点：适宜的蛋白质水平对维持种公猪的繁殖性能至关重要，过高或过低均影响公猪射精量和精液品质。种公猪日粮中蛋白质含量要适宜，非配种期种公猪日粮中蛋白质含量应为12%，配种公猪日粮中蛋白质含量应不低于14%。氨基酸对种公猪的繁殖也是必需的。赖氨酸、蛋氨酸能促进精子的早期形成，使精子活力增强。种公猪对氨基酸需要，多数认为大致与妊娠母猪需要量差不多，但品质要好，注意提供足量的必需氨基酸，特别是要注意赖氨酸、蛋氨酸 + 胱氨酸、苏氨酸和异亮氨酸的量。种公猪氨基酸需要量见表 5 –7。

表 5 –7　种公猪氨基酸需要量（克/天）

项目	中国（2004）	ARC（1981）	NRC（2012）
精氨酸	0.00	0.00	4.86
组氨酸	3.70	2.60	3.46
异亮氨酸	7.00	7.40	7.41
亮氨酸	10.30	6.40	7.83
赖氨酸	12.10	8.60	11.99
蛋 + 胱氨酸	8.40	5.80	5.98
苯丙 + 酪氨酸	11.40	6.60	13.77
苏氨酸	10.10	7.20	5.19
色氨酸	2.40	1.40	4.82
缬氨酸	7.90	9.20	6.52

（3）矿物元素和维生素营养特点：矿物质对于维持种公猪的正常生殖机能具有重要的作用，日粮中应特别注意添加钙、磷、锌、锰、硒等矿物质营养。日粮中缺钙，则精子发育不全，精子活率低。缺磷，则生殖机能衰退。在配制种公猪日粮时首先必须考虑钙和磷两种矿物元素微量元素。NRC（1998）营养需要推荐水平为：钙 0.75%、磷 0.60%。铁、铜、锌、锰、硒等对精液品质都有直接或间接影响。铁的缺乏不仅会引起贫血，还可降低公猪的射精量和精子密度，铁过多又阻碍精子的生成；缺铜

可使精子活力下降、死精子增加，铜过多又会导致不育；锌是多种酶的组成成分或激活剂，缺锌会对公猪的精子生成、性器官的发育产生不利影响；日粮中缺锰，公猪性欲降低，精子生成受损；公猪缺硒可使附睾小管上皮变性、坏死，精子不能在附睾发育成熟。矿物元素的需要可见表5－8。

表5－8 种公猪微量元素需要量（毫克/千克）

微量元素	中国（2004）[a]	NRC（2012）[b]
铜	5.00	5.00
铁	80.00	80.00
锌	75.00	50.00
锰	20.00	20.00
碘	0.15	0.14
硒	0.15	0.30

注：a. 添加量按采食量2.2千克/天计算；b. 添加量按采食量2.5千克/天计算。

维生素对机体的生命活动和新陈代谢起着重要作用，是种公猪不可缺少的营养物质。维生素对精液品质也有影响，尤其是维生素A、维生素D、维生素E和生物素等。若长期严重缺乏维生素A，会使种公猪性反射降低，精液品质下降，甚至睾丸发生肿胀或萎缩最后丧失繁殖能力；维生素D缺乏时，影响钙和磷的吸收和利用，间接影响精液品质；长期缺乏维生素E，可导致成年公猪睾丸退化，永久性丧失繁殖力；种公猪缺乏生物素除表现繁殖力下降外，还易发生蹄病，最后导致不能爬跨采精，性欲丧失。

二、种猪饲料的配制技术

种猪（包括种用公母猪）质量的好坏，直接影响养猪效益的高低。在种猪品种相对稳定的条件下，饲料质量是决定种猪作用的最重要因素之一，而饲料质量高低主要取决于饲料配方，所以，调制种猪饲料配方凸显重要。

（一）母猪饲料配制技术

饲料营养水平的高低与品质的优劣直接影响母猪各阶段的生长发育和繁殖性能。后备母猪的饲料营养水平不同生长肥育猪，也不同于经产母猪，后备母猪既要防止生长过快过肥，又要防止生长过慢发育不良；妊娠母猪的饲料营养水平过高不仅会造成饲料浪费，还会造成母猪过肥、难产、乳房水肿、泌乳量少和新生仔猪腹泻等，过低则会造成母猪瘦弱、仔猪初生重低、断奶发情间隔时间长等；泌乳期母猪的饲料应保证较高的能量和蛋白质水平，注重蛋白质的质量，以便母猪有充足的乳汁供应。空怀母猪的饲料要根据母猪的体况灵活掌握,主要取决于哺乳期的饲养状况及断奶时母猪的体况,使母猪既不能太瘦也不能过肥,断奶后尽快发情配种,缩短发情时间间隔,从而发挥其最佳的生产性能。因此,在配制母猪饲料时应该针对母猪各阶段的生理特点和营养需要,为其提供专门的营养饲料。在设计母猪饲料配方和配制母猪饲料时,应注意以下关键技术:

1. 饲养标准的选择和应用技术

在选择饲养标准时,应根据母猪的品种及其生理特点,选择不同阶段的饲养标准。如后备母猪和妊娠母猪都分别按后备母猪前期(30~60千克)、后备母猪后期(60千克至配种)和妊娠前期(配种至妊娠80天)、妊娠后期(妊娠80天到时分娩)2个阶段选择不同的饲养标。泌乳母猪按初产泌乳母猪和经产泌乳母猪的不同营养需要,选择和应用不同的饲养标准。而空怀母猪主要是根据空怀母猪断奶后母猪的体况,可适当调整空怀母猪的饲养标准。在实际生产中,一般可以参考我国猪的饲养标准和美国NRC标准,必要时应根据饲养条件的不同,对一些数据加以调整,特别要注意调整能量、蛋白质、氨基酸、钙、磷和维生素的营养参数。

在设计饲料配方时,特别应注意:妊娠前期的能量水平不宜过高,蛋白质水平按饲养标准配制即可,尤其是初产母猪,否则会引起胚胎死亡,产仔数减少;妊娠后期应提高能量和蛋白质水平,充分满足胎儿迅速增长的营养需要,有利于提高仔猪的初生重;初产母猪配制泌乳期饲料时,为了保证相同的断奶重需要摄入比经产母猪多0.2%的赖氨酸;空怀母猪饲料能量水平不宜太高,一般要求每千克饲料含11.72兆焦能量,防止空怀母猪过肥,饲料蛋白质含量在12%以上。

2. 低蛋白、氨基酸平衡日粮配制技术

在配制母猪饲料时,可利用理想氨基酸模式,添加合成氨基酸,降低饲料蛋白质含量,降低饲料成本。如配制泌乳母猪饲料时,采用可消化赖氨酸:可消化缬氨酸:可消化苏氨酸:可消化含蛋氨酸+胱氨酸:可消化色氨酸=100:75:64:50:18的氨基酸平衡模式添加合成氨基酸,日粮粗蛋白质水平可从18%降低1%~3%,不影响母猪泌乳期的生产性能和体重。母猪可消化氨基酸比例见表5-9。

表5-9 可消化氨基酸比例

可消化氨基酸比例	怀孕母猪	哺乳母猪	
		初产母猪	经产母猪
赖氨酸	100	100	100
蛋氨酸+胱氨酸	70	50	50
苏氨酸	76	64	64
色氨酸	18	18	18

续表

可消化氨基酸比例	怀孕母猪	哺乳母猪	
		初产母猪	经产母猪
缬氨酸	68	75	75
异亮氨酸	58	56	56

3. 饲料原料选择和利用技术

设计饲料配方时，应根据母猪不同阶段的生理特点，结合本地饲料资源和原料的营养成分及原料使用范围，合理选择饲料原料。一般母猪生产中尽量选用玉米、小麦、大麦、豆粕等优质饲料原料。因母猪各阶段生理特点和营养标准不同，对饲料原料的要求也有一定的差异。如妊娠母猪新陈代谢旺盛，营养物质消化利用率高，饲料原料选择余地大，可考虑适当增加价格低廉的青粗饲料。如可使用较多的小麦麸、玉米麸、统糠、米糠、草粉等原料。泌乳母猪饲料原料要选择体积小，营养浓度含量高，适口性好，易消化的饲料。如蛋白原料应选择优质豆粕、膨化大豆或进口鱼粉等。空怀母猪和妊娠母猪一样，可使用较多的小麦麸、玉米麸、统糠、米糠、草粉等原料。另外，配制母猪饲料时，应根据母猪的体况和采食量情况，一般可在母猪妊娠后期和泌乳期添加3% ~5% 高能量浓度的脂肪，以提高日粮的能量浓度和母猪的能量采食量，特别在高温应激时，还可以减少体内体增热的影响，降低高温应激对母猪生产的副作用。

4. 粗纤维的利用和控制技术

研究表明，在母猪营养中适宜的纤维含量对提高母猪繁殖性能有一定积极作用，但过高的粗纤维会影响饲料的消化和利用，降低母猪的繁殖性能。因此，配制母猪饲料时，应充分控制母猪饲料中粗纤维含量。一般生产中，后备母猪饲料中粗纤维含量应控制在6% ~8%，可适当加入一些纤维素含量高的粗饲料，如麦麸、啤酒糟、牧草粉等，这样有助于减少消化道溃疡，降低能量浓度和饲料成本。空怀母猪和妊娠母猪一般控制饲料粗纤维含量为12%左右，可使用较多的小麦麸、玉米麸、统糠、米糠、草粉等原料，以防止母猪便秘。泌乳母猪饲料为了保证饲料的适口性和营养浓度，粗纤维含量应控制在为7%左右，尽量少使用粗饲料。

5. 矿物微量元素和维生素饲料的补充技术

母猪不同的生长繁殖阶段或不同胎次，通常对其日粮矿物元素水平有特定的需求。一般在母猪饲料中，钙、磷饲料的比例不应低于1% ~2%，食盐饲料含量在5%左右。但在设计母猪饲料配方时，我们应特别注意确保满足母猪在妊娠和泌乳阶段的微量元素需求，在妊娠和泌乳饲料中充分补充矿物微量元素饲料。主要补充铜、铁、锌、锰、碘、硒等微量元素饲料添加剂。

另外,维生素的含量高低也影响母猪饲料的质量。在配制母猪饲料时,要突出补充主要维生素(如维生素 A、β－胡萝卜素、维生素 E、叶酸、生物素、维生素 C、维生素 B_2、维生素 B_{12}、胆碱等),并抓住关键时期(如配种前期、配种早期、妊娠后期、泌乳早期等),同时应与基础日粮、环境条件等相配套。在通常情况下,由于维生素的无毒性和特殊作用以及维生素在整个饲粮中所占成本很低,因此,生产中在维生素使用范围内适当超量添加维生素不失为权宜之计,并对母猪尤为必要,且有显著的经济回报率。

6. 功能性饲料添加剂的应用技术

配制母猪饲料时可利用现有的营养与饲料科技成果,在饲料中添加功能性添加剂,改善母猪肠道功能和提高繁殖性能。现代研究表明,低聚糖、酶制剂、益生素、酸化剂、植物提取物等功能性添加剂均有利于改善肠道健康,提高母猪对营养物质消化吸收的效率,使用得当将是提高母猪营养利用效率的有益补充。如在生产中为保持母猪后肠段食糜内足够的有益菌数量,促进肠道健康,可向母猪饲料中添加低聚糖和益生素。

7. 饲料质量安全控制技术

配制母猪饲料时,应特别注意有毒有害物质对母猪繁殖性能的影响,禁止在母猪饲料中使用有毒有害的饲料原料,如棉仁粕、菜粕等。真菌问题也是要十分注意的。另外,因饲喂霉玉米中毒的事件常有发生,玉米发生霉变时,可使用优质的真菌毒素吸附剂,或用小麦替代部分玉米。

(二)种公猪饲料配制技术

种公猪饲料主要是维持种公猪自身的生长需要,保证精液生成和正常配种的基本条件。饲料配制不科学,会导致公猪生长发育不良,失去种用价值而提前淘汰。配制种公猪饲料时也应注意以下关键技术:

1. 饲养标准的选择和应用技术

根据公猪品种选择相应的饲养标准,由于公猪配种期和非配种期营养需要不同,因此,应分别按不同饲料营养标准设计饲料配方。建议种公猪日粮代谢能应达到 11.3 ~13.1 兆焦/千克的水平,公猪粗蛋白水平为 12% ~14%,钙和磷分别是 0.85% ~0.90% 和 0.7% ~0.8%,锰、铁分别为 20 ~30 毫克/千克、80 ~90 毫克/千克。一般情况下符合营养标准的饲料,每天饲喂 2.3 ~2.5 千克。

2. 饲料原料的选择技术

饲料原料的选择,禁止使用发霉变质原料,不要使用水分超标玉米。蛋白质饲料以豆粕为主,可以用少量的花生饼、菜籽饼和豆科干草粉,也可加入一定量的优质鱼粉、蚕蛹等优质动物性蛋白饲料,不能用对公猪繁殖性能有影响的棉粕。

3. 日粮营养浓度的控制技术

注重饲料营养全面平衡，适口性好，日粮的容积不大，粗纤维含量控制在7%左右，因为过大会造成公猪垂腹，影响配种，所以日粮中不应有太多的粗饲料。

4. 饲料添加剂的应用技术

根据种公猪的具体情况，应适时合理地进行微量元素、多种维生素、氨基酸等微量营养素的添加，以改善公猪的体况，提高种公猪的精液质量和利用率。特别注意补充维生素A、维生素D和维生素E。

第四节　生长肥育猪营养及其饲料配制技术

一、生长育肥猪的生理特点和发育规律

生长肥育猪一般是指体重在20千克至出栏的肥育猪，生长过程中按猪的体重可划分为二个阶段即生长期(20～60千克)和育肥期(60千克至出栏)。生长育肥猪的生理特点主要是：生长期猪的机体各组织、器官的生长发育功能不很完善，其消化系统的功能较弱，影响营养物质的吸收和利用；肥育期猪的各器官、系统的功能都逐渐完善，尤其是消化系统有了很大发展，对各种饲料的消化吸收能力都有很大改善。生长育肥猪的体重增长、体组织生长和化学成分变化育规律如下：

(一)体重的增长规律

体重增长的变化是衡量猪生长最基本的指标，也是决定猪出栏时间和检验猪日粮营养水平的重要依据之一。猪体重的变化，属累积生长曲线，呈缓S形曲线。绝对生长开始较慢，以后加快，达到一定体重增长速度下降，呈“慢—快—慢”趋势，。相对生长，前期生长率较快，生长曲线坡度较大，后期增长率逐渐转慢，生长曲线坡度较小，即从幼龄的高速度生长迅速下降。随猪体重的增加，日增重先上升，到达一定的体重后日增重达到最大值，并维持一段时间以后逐渐下降。相对增重速度则随体重增加而下降。

(二)体组织生长规律

猪在生长期间，其骨骼、皮肤、肌肉、脂肪的生长发育有一定规律，但在不同的生长阶段各有差异。随着年龄的增长，体组织的生长势是骨骼<皮<肌肉<脂肪；而一些地方猪种是骨骼<肌肉<皮<脂肪。由于生长后期皮肤的生长势强于肌肉，从而导致胴体肉少、皮厚、脂多，这也是地方猪种一般胴体肉用价值较低的原因。对于猪的生长发育规律，我们可以总结为小猪长骨，中猪长皮，大猪长肉，肥猪长膘。

(三)肥育猪体的化学成分变化

生长肥育过程中随着猪的体组织和体重的增长,机体的化学成分也呈现一定规律性的变化。猪体的水分、蛋白质、矿物质随年龄与体重的增加而相对减少,而脂肪相对含量则迅速增多。整个肥育过程中增重成分并不是前后一致,前期主要以水分、蛋白质和矿物质的增加较多,中期逐渐减少,以后更少;而脂肪却是前期增加很少,中期逐渐增多,后期更多。

猪生长发育的内在规律是制定猪不同生长阶段适宜营养水平和科学的饲养管理措施的依据。充分利用这个规律,对猪不同生长阶段的营养水平进行调控,可以提高生产性能,获得最大的经济效益。

二、生长肥育猪的营养需要特点

营养是发挥生长肥育猪生产性能的重要保证,营养水平过低或不平衡都会影响猪的正常生长发育,降低生产性能;营养水平过高,会造成饲料浪费。因此,在生产中应了解生长肥育猪的营养需要特点,控制生长肥育猪的营养,确定适宜的营养水平,保证最佳生产状态,获得最佳经济效益。

(一)能量营养特点

猪的营养需要包括三个方面,即维持、瘦肉生长和脂肪沉积。我们所说的生长的能量需要指的就是蛋白质和脂肪的沉积所需要的能量。影响维持能量需要的因素除年龄、体重,还有猪的体型、性别、气温等。猪的维持能量消耗约占采食能量一半,全部以废热散失。在满足维持需要以后,增长的能量基本上是沉积蛋白质与脂肪。能量摄入的高低显著影响肥育猪的生产和屠宰性能。增加日粮能量浓度可显著增加肥育猪日增重,降低日采食量和料重比。一般来讲,在日粮中蛋白质、必需氨基酸水平相同的情况下,动物摄取的能量越多,日增重越快,机体所沉积的脂肪也越多。

猪在生长前期的发育强度大,后期生长强度降低,所以,前期所需要的能量高于后期。瘦肉率越高的生长猪,达到出栏体重需要的时间越短,对能量的要求越高。

(二)蛋白质营养特点

生长猪的蛋白质的需要除用于维持需要外,主要是满足体蛋白质的沉积。蛋白质对生长肥育猪的供应和影响是错综复杂的,有水平问题(粗蛋白或消化蛋白占风干饲粮%);有采食蛋白质量的问题(克/天);有蛋白质 - 能量比例问题;有必需氨基酸供给问题等。猪对蛋白质的需要实际上是对氨基酸的需要,首先是对必需氨基酸的需要。蛋白质利用效率很大程度上取决于蛋白质的品质。蛋白质的品质主要取决于氨基酸,特别是必需氨基酸的含量和比例,而可利用氨基酸的含量和比例则能更准确表明蛋白质的品质。因此,生长肥育猪的蛋白质的需要不仅要满足蛋白质量的需求,还要考虑必需氨基酸之间的平衡和利用率。综合考虑日增重和料重比,生长肥育猪获得最佳生产性能的可消化氨基酸的比例为 Lys:(Met + Cys):Thr:Trp =100:(57 ~61):64:(18 ~21)。

(三)矿物元素和维生素营养特点

矿物质是猪生命活动过程中所必需的物质,组成猪体重要成分。生长肥育猪在生长发育过程中至少需要 13 种矿物质元素,包括钙、磷、钠、氯、钾、镁、硫 7 种常量元素和铁、铜、锌、锰、碘、硒 6 种微量元素。钙、磷是骨骼生长最需要的元素,占猪体矿物质元素的 70%,生长猪对其的需要量较大。其他的矿物元素需要量都较少,作用各不相同。适宜的钙磷比对猪的生长和骨骼发育至关重要。过量钙或过量磷都会导致钙和磷的吸收降低,高钙磷比降低磷的吸收,尤其磷处于营养需要临界水平时,钙水平过高诱发磷的缺乏。微量元素要注意铁、铜、锌、锰、碘、硒的供应。

维生素是猪正常生长和繁殖需要量很少的一类有机化合物。维生素主要作用是作为养分代谢中的辅酶,参与代谢调节作用。瘦肉型生长肥育猪对维生素的绝对需要量随体重的不断增长而增加,尤其在集约化饲养条件下,由于生长迅速,加上各种应激因素增加,猪对维生素的需要量也相应增加。但在饲粮中过量添加脂溶性维生素(如维生素 A 和维生素 D)对猪都有毒害作用。有些维生素在饲粮中并不需要,因为它们易于由其他食物或代谢产物合成或由肠道微生物合成。

三、生长肥育猪饲料的配制技术

现代养猪生产中,饲料耗费仍占生产成本的 60% 以上,生长育肥阶段是猪饲料消耗的主要阶段,饲料品质不仅影响猪的增重和饲料利用率,而且影响胴体品质。配制生长肥育猪饲料时应注意以下关键技术:

(一)饲养标准的选择和应用技术

根据生长肥育猪的不同品种、不同生长阶段的营养需要量,选择适宜的饲养标准,确定主要的营养指标参数,在设计饲料配方时,一般情况下可以我国的饲养标准为基础,参考美国 NRC 标准来确定配方的营养水平,综合考虑各营养素的全价性和平衡性,并加入一定的安全系数。

(二)低蛋白、氨基酸平衡日粮配制技术

在设计饲料配方时,可运用"理想氨基酸模式",把其他必需氨基酸与可消化赖氨酸的比例纳入到营养指标的选择中,通过平衡或补足猪生长所需的氨基酸,从而保证饲料中各种氨基酸的数量和比例都满足猪的生长需要,这样可以降低饲料蛋白质水平,有利于降低饲料成本,这对于减少饲料中昂贵的蛋白质原料的使用比例非常关键。

在实际配制时,日粮中合成氨基酸的添加量(替代蛋白质)不宜超过总需要量的20%。在使用合成氨基酸代替部分蛋白质时,还有几个方面需要注意:低蛋白+氨基酸日粮会增加日粮的净能水平,可能改变氨基酸净能的比值,降低瘦肉率,能显著降低猪血液及尿的pH值(合成氨基酸是产酸的),应添加适量的小苏打,以中和过量的酸。

(三)饲料原料的选择和利用技术

根据生长肥育猪的生理特点,确定饲料原料种类和用量范围。一般常采用的配合饲料原料比例是谷物类(如玉米、稻谷、大麦、高粱等)占50%~70%,糠麸类(如麦麸、米糠等)大多占10%~20%,而具有毒性的棉籽饼(粕)及菜籽饼等不能超过10%。然而动物蛋白质饲料如鱼粉、蚕蛹等为3%~7%,草粉比例不能大于5%,骨粉占2%~2.5%,食盐含量不可以大于0.5%。选择生猪饲料原料时要多样化,了解原料的特点和营养成分,科学合理搭配,以满足生猪生长发育。

(四)非常规饲料的利用技术

为了降低饲料成本,应充分利用当地饲料资源(如合理利用饼粕糟渣等农副产物),提高日粮中非常规原料的使用比例,降低饲料成本。可通过适当的加工处理,改善非常规饲料原料的物理性状,改善适口性和消化率,提高其在日粮中的使用比例,例如,通过发酵、粉碎、膨化或微波处理,可以改善某些劣质饲料的适口性,通过添加酶制剂对某些饲料原料进行前处理,可以提高它们的消化率。如在小麦饲粮中可添加复合酶制剂(包括木聚糖酶、葡聚糖酶、纤维素酶、淀粉酶、甘露聚糖酶、蛋白酶、果胶酶等),小麦替代玉米的比例一般可达到:小猪10%~20%,中猪20%~40%,大猪40%~60%。对含有抗营养因子或毒物的饲料原料,可通过使用某些添加剂或加工处理,使抗营养因子钝化或脱毒。另外,配制饲料时,注意根据各种原料的营养特性,平衡重要的限制性氨基酸,并调整维生素和微量元素的用量。

(五)日粮粗纤维的控制技术

在配制生长肥育饲料时应特别注意单位重量的体积,要控制饲料粗纤维的含量,保证饲料的体积适中。配制的饲料应以精饲料为主,粗纤维含量控制在20~60千克肉猪为6%;61~100千克肉猪为8%,不宜搭配青粗饲料。

(六)饲料质量控制技术

饲料原料必须符合质量要求,不能使用水分过高,有毒有害物质超标和发霉变质的饲料,禁止在饲料中添加药物和瘦肉精等对人身体健康有毒有害的物质。肥育猪在出栏前 15 天,饲料内不要加入任何药物添加剂。

另外,在配制饲料时,可通过使用先进的饲料加工技术提高饲料品质。饲料生产中一般通过细粉碎、制粒、膨化/膨胀,可显著改善猪对饲料的利用率。研究表明,玉米粒度每降低 100 微米,增重效率改善 1.3% ,饲料制粒会使增重速度和增重效率分别提高 6% 和 7% 。

(七)功能性饲料添加剂的使用技术

在养猪生产中,可在饲料中添加微生态制剂或中草药及各种提高适口性和消化的功能性添加剂(如酸化剂、酶制剂等),减少或去除抗生素的使用,提高生长肥育猪猪肉品质。在添加功能性饲料添加剂时,要了解功能性添加剂,了解清楚它的性质、成分、作用等,结合生猪不同阶段和饲养条件进行合理选择。

第六章 猪主要疫病综合防控技术

第一节 生物安全体系建立

目前,猪传染病是制约众多猪场进一步提高生产水平的主要因素,同时也是影响食品安全、消费者健康的重要因素之一,疫病的防控是养猪业不容忽视的重要环节。

虽然影响猪传染病的发生和流行的因素众多,但均归类于传染源、传播途径、易感动物三个环节,三个环节缺一不可。因此,猪场疫病的防控手段和方法都是围绕这三个环节展开,由此构成猪场疫病防控的安全体系。不同猪场根据本场的设施、人员、技术等条件的不同,疫病防控的侧重点不同。在养猪生产中,猪场的疫病防控生物安全体系主要包括以下几方面。

一、防止病原的传入

任何猪传染病的发生必须有病原存在,在一个猪伪狂犬阴性的地区或猪场,在没有从外界传入猪伪狂犬病毒之前，不可能发生猪伪狂犬病。一旦猪伪狂犬病毒传入某猪场，该场随时都可能发生猪伪狂犬病，即使不出现明显的临床病例，部分猪仍存在隐性感染，对生产造成负面影响。因此，从源头上防止病原的传入，在疫病防控生物安全体系建立中最为重要，也是最有效、经济的手段。

由于国内养猪业的特殊性，如猪场数量众多、猪场间的距离较小、频繁引种、猪场紧临公路、居民区等，在养殖过程中，部分猪场只能从以下几方面尽可能做好避免传染病的传入。

1. 猪场的选址

从疫病防控角度考虑，猪场选址应尽可能远离交通要道、其他养殖场、居民住宅，防止通过空气、交通工具、人员、宠物等将病原传入猪场。

2. 引种的检测与隔离

通过引种传入某种传染病的现象时有发生，其病原来源有两种可能：一是该种猪场存在某种传染病的感染，二是种猪在运输过程中感染了某种传染病。可以从以下几方面规避此风险。

（1）引种前对候选种猪的检测：猪群发生传染病康复后，或猪群发生传染病的隐性感染后，部分猪能长时间带毒（菌），并向体外排毒（菌），感染其他易感猪，使猪群发病。通过临床观察无法区分带毒（菌）猪和健康猪，采用实验室检测方法可确定部分传染病的带毒（菌）猪，从而避免通过引种传入某种传染病。

①抗体检测：病原感染动物后，机体会产生相应的抗体，并维持一定的时间，如果猪血清检测出某种传染病的抗体，表明该猪只发生过该病原的感染，应防止作为种猪引入。由于国内后备种猪均接种常见传染病的疫苗，而常规抗体检测试剂盒无法鉴别野毒和疫苗毒产生的抗体，因此，只有部分疫病能通过抗体检测确定猪只是否感染过野毒，如猪伪狂犬病、口蹄疫等（图 6－1）。

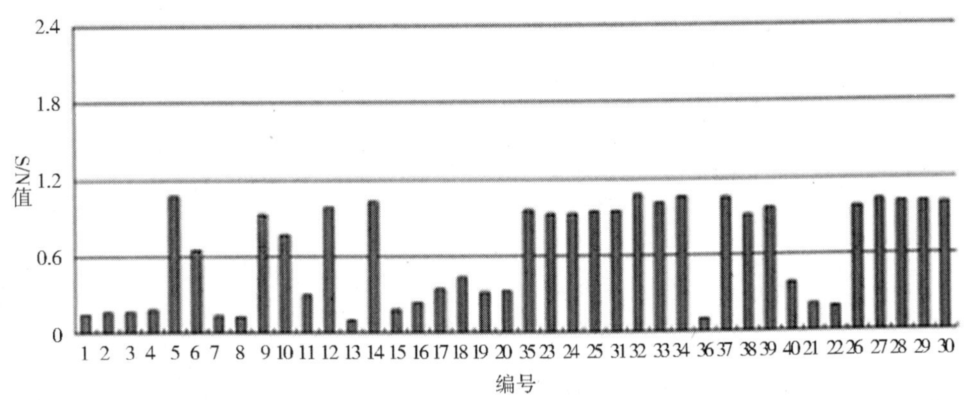

图 6－1　猪伪狂犬 gE 抗体检测结果图

②病原检测:病原检测是猪只感染病原最直接的检测方法,但引种的检测必须是活体检测,如通过扁桃体采样或唾液采样,检测猪瘟病毒等病原。由于活体检测病原的采样工作量大、采样困难等原因,难以在生产中普遍应用。

(2)引种后隔离饲养和检测:在隔离期间和解除隔离前,除进行常规的临床观察外,还应对常见猪传染病进行抗体或病原的检测,由于受采样、检测技术等局限,通常只进行抗体监测,如猪瘟、猪繁殖与呼吸综合征、猪伪狂犬病、猪传染性萎缩性鼻炎等。

(3)人员的消毒:减少非猪场工作人员进入猪场的生产区。猪场工作人员或非工作人员进入生产区前,应严格遵守猪场的消毒制度,防止通过人员带入病原。

(4)运输工具和物品的管理:猪场采购的物品和运输工具也是病原传入猪场的重要媒介,进入猪场前应进行相应的消毒,在疫病高发季节对运输工具消毒尤为重要。

二、减少(防止)疫病在场内的传播

(1)不同猪群的传播:国内的大部分猪场为一点式饲养,如猪舍设计不合理、管理不善,极易造成传染病在不同猪群间传播。以下措施有助于减少疫病在不同猪群间的传播,降低疫病对养猪生产的影响:①多点式饲养:如母猪群和商品猪群在不同猪场饲养,有利于减少猪瘟、猪繁殖与呼吸综合征等传染病的发生;②合理进行猪舍的布局:如场内道路、排污沟等的合理设计;③加强工作人员的管理:合理安排生产人员的岗位,尽可能减少不同猪群饲养人员、工具等交叉。

(2)同一猪群的传播:在高密度饲养的猪舍内,难以控制疫病在同一猪群内传播。为减少猪群的病原感染或发病,一方面,提高猪的特异性和非特异性抗病力;另一方面,如在仔猪断奶、保育猪转育肥舍时,将病猪、弱猪转入隔离舍饲养,并在饲养过程中及时隔离病猪,将有利于减少病原在同一猪群内的传播,降低猪群的发病率。

三、提高猪群的抗病力

(一)提高猪群的特异性抗病力

疫苗的免疫接种可使被免疫猪群获得针对传染病的特异性抗病力,即使猪群的生长环境中存在病原,也可使猪群免于发病。目前,可通过疫苗免疫预防的传染病有:猪瘟、猪伪狂犬病、猪蓝耳病、猪细小病毒病、猪流行性乙型脑炎、猪圆环病毒病、猪传染性胃肠炎、猪流行性腹泻、猪丹毒、猪喘气病、猪链球菌病、猪传染性萎缩性鼻炎、猪增生性肠炎、副猪嗜血杆菌病等。

每个猪场都应有免疫程序,并按该免疫程序进行疫苗的免疫接种(表6-1)。免疫程序包括:疫苗品种和生产厂家、免疫接种时间、接种剂量、接种次数和注意事项等内容。猪场的免疫程序应根据本场的疫病的变化、疫苗品种的改变等进行相应的调整。猪场免疫程序应由兽医专业人员或机构根据猪场的情况制定。

表6-1 猪群免疫程序参考表

种类	时间	疫苗名称	用法
哺乳仔猪	3日龄内	猪伪狂犬基因缺失疫苗	滴鼻
	12~15日龄	猪圆环病毒疫苗	肌注
		蓝耳弱毒疫苗	
	21日龄	猪喘气病灭活疫苗	
	25日龄	猪瘟弱毒疫苗	
保育猪	40日龄	猪链球菌多价疫苗	
	45日龄	副猪嗜血杆菌疫苗	
	50日龄	猪口蹄疫高效灭活疫苗	
	60日龄	猪瘟弱毒疫苗	
后备公母猪		猪细小病毒灭活疫苗	
		猪伪狂犬基因缺失疫苗	
		猪口蹄疫高效灭活疫苗	
		猪瘟弱毒疫苗	
		蓝耳病弱毒疫苗	
经产母猪	一年普免3次	猪伪狂犬基因缺失疫苗	肌注
		猪口蹄疫高效灭活疫苗	
		副猪嗜血杆菌疫苗	
		蓝耳病弱毒疫苗	
		猪瘟弱毒疫苗	
	每年2次	猪乙脑疫苗	
		猪细小病毒灭活疫苗	
公猪	间隔7天 一年两次	猪瘟弱毒疫苗	
		猪口蹄疫高效灭活疫苗	
		猪伪狂犬基因缺失疫苗	
		猪细小病毒灭活疫苗	
		蓝耳病弱毒疫苗	

(二)提高猪群的非特异性抗病力

栏舍环境内的温度、湿度、氨气等有害气体浓度、尘埃浓度、空气中的细菌量等均会影响猪的抗病力;饲料的营养、真菌毒素含量等也会影响猪的抗病力。总之,尽可能减少这些降低猪群抗病力的因素,有助于减少猪群疾病的发生。

四、疫病的监控

(一)病原监测

每个猪场平时都存在一定比例的病猪、弱猪、猪只的死亡,部分是由于疫病原因造成,通过对这部分猪的病原监测,可及时了解猪群的疫病感染状况、发现存在的隐患,为疫病防控方案的制订提供依据。

(1)病/弱/死猪的病原感染检测:根据猪群的情况,有计划地采集本场的病/弱/死猪样品,送专业实验室进行疫病的检测,病毒性疫病通常采用分子生物学方法,如PCR、RT-PCR;细菌性传染病通常采用细菌分离鉴定。根据监(检)测结果,调整疫病防控方案。

(2)猪群体的病原感染监测:猪群体的病原监测可通过从猪群中采集样品进行病原的检测,了解猪群的病原感染情况,为调整免疫程序、合理安排猪群的饲养管理等提供依据。例如定期采集不同日龄段猪群的唾液,进行猪瘟病毒、蓝耳病病毒、猪伪狂犬病毒等病原的检测,可了解这些病原在猪群中的感染状况,根据监测结果调整针对这些疫病的防控方案。(见彩图18)

(二)抗体水平监测

猪场定期对几种主要疫病的抗体水平进行监(检)测(如图6-2和图6-3),可及时掌握本场疫病的免疫情况、野毒的感染情况。通过对抗体水平检测结果的分析,可了解以下信息。

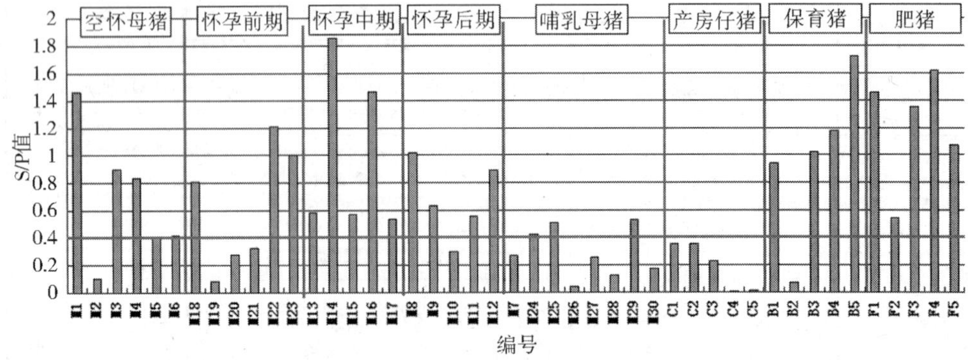

图6-2　蓝耳病抗体检测结果分析图

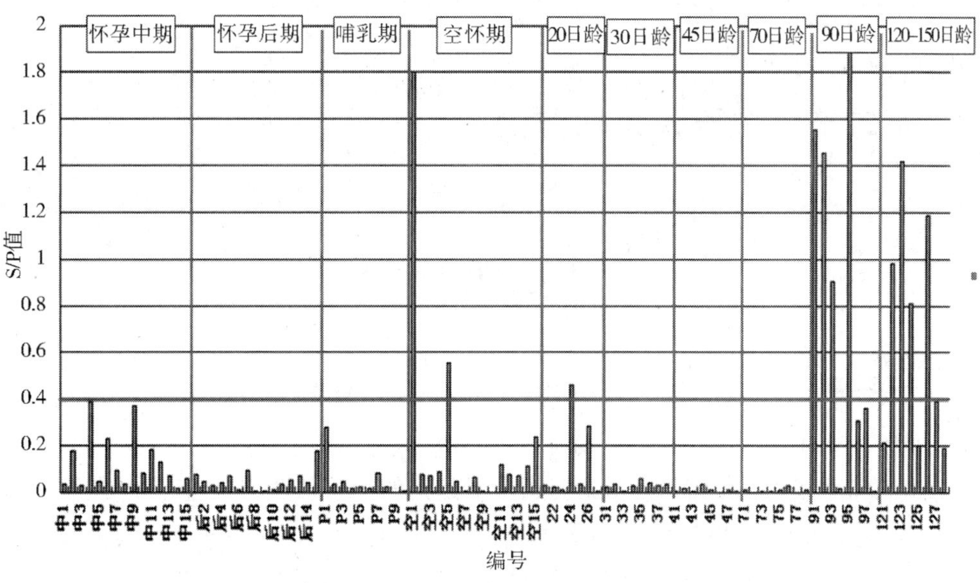

图6-3 蓝耳病抗体检测结果图

(1)针对不同疫病抗体水平的高低，猪群对不同疫病的保护率高低；

(2)如果抗体水平偏低，提示猪场应进一步分析免疫失败的原因，及时加强免疫，防患于未然；

(3)通过对不同阶段猪抗体水平的监测，可为猪制定免疫程序提供依据，同时验证猪场现有免疫程序的合理性；

(4)了解部分疫病的野毒感染的情况。

五、疫病的净化

疫病净化是猪传染病防控的最终目标，欧美国家已实现了多种猪病毒性传染病的净化。目前，基于我国的养殖环境和养殖模式，大部分的猪传染病难以在大范围内实施净化。

猪伪狂犬病具备了净化的技术条件(基因缺失弱毒疫苗、猪伪狂犬野毒感染鉴别试剂盒)。猪伪狂犬病的净化方案内容由六个不同阶段组成，即调查阶段、强化免疫控制、检疫淘汰、全部或部分清群、监测认证阶段和维持阶段。猪场可根据本场实际情况，分阶段逐步实施猪伪狂犬病的净化，详细方案可参照农业部《猪伪狂犬病防治技术规范》。

第二节　主要传染病防治

病毒性传染病

一、猪瘟

猪瘟俗称为“烂肠瘟”,是由猪瘟病毒引起猪的一种急性、热性和高度接触性传染病,是威胁我国养猪业最主要传染病之一。临床以实质脏器出血、坏死、梗死和坏死性肠炎为主。

(一)流行特点

(1)本病仅发生于猪,各品种、年龄的猪(包括野猪)都易感。

(2)病猪和带毒猪是最主要的传染源,引进外观正常的带毒猪是猪瘟暴发的最常见原因之一。

(3)病猪或带毒猪可由尿、粪便和各种分泌物排出病毒,主要通过消化道(口腔黏膜和扁桃体)和呼吸道(鼻腔黏膜)传染,也可通过伤口感染。

(4)被猪瘟病毒污染的饲料、饮水、饲养用具、运输工具、饲养及管理人员的工作服、鞋及器械等都可成为传播媒介。

(5)新疫区和未免疫的猪发病率高,致死率也高;在一些常发地区(老疫区),发病率和致死率均较低。

(二)临床症状和病理变化

(1)最急性型:多见于流行初期,突然发病,四肢抽搐,高热稽留,皮肤和黏膜发绀,有出血斑点,很快死亡。(见彩图19)

解剖无特征性病理变化,一般仅见皮下、全身浆膜、黏膜和内脏有出血斑点(见彩图20)。

(2)急性型:最常见。高热稽留(体温41℃左右),行动迟缓、嗜睡,眼结膜发红,眼睑肿胀、分泌物增多;在下腹部、耳根、四肢、嘴唇、臀部等处可见到紫红色出血斑(见彩图21);病初便秘,后期腹泻;哺乳仔猪出现颤抖,磨牙、角弓反张或倒地抽搐,最终死亡(见彩图22)。

解剖可见全身皮肤、浆膜、黏膜、淋巴结和各组织脏器均有出血斑点;淋巴结肿胀、充血及出血,切面如大理石状(见彩图23);肾脏有小出血点(见彩图24);脾脏边缘常可见到隆起的红色小出血点或黑红色的梗死灶(见彩图25);喉头出血(见彩图26);结肠和回盲口处黏膜上常见特征性的纽扣状溃疡(见彩图27);膀胱浆膜和黏膜有出血点(斑)(见彩图28)。

(3)亚急性型:常见于老疫区或流行中后期的病猪。症状较急性型缓和,病程可长达1个月;解剖的全身出血性病变不明显,但坏死性肠炎和肺炎明显(见彩图29)。

(4)慢性型:病程1个月以上。主要表现为消瘦,皮肤苍白,步态缓慢无力,便秘和腹泻交替出现;有的病猪在耳尖、尾尖及四肢皮肤上有紫斑或坏死痂;不死亡者成为僵猪。解剖主要病变是坏死性肠炎;断乳病猪肋骨末端与软骨交界处有黄色骨化线。

(5)温和型:病情发展缓慢(长达2~3个月),体温一般为40~41℃,腹下部多见瘀血斑和坏死;部分可见耳部和尾巴皮肤坏死,俗称"干耳朵"、"干尾巴"(见彩图30)。

解剖的病变不典型:可看到淋巴结水肿或轻度出血;肾脏出血点大小不一,膀胱黏膜有少量出血点,回盲口有时可见溃疡(见彩图31)。

(6)繁殖障碍型:怀孕母猪流产、产死胎、木乃伊胎或产弱仔;也可产出外表正常的仔猪,但出生后陆续发病死亡,个别能长期存活,但呈持续感染和免疫耐受状态,成为猪场危险的传染源。

解剖病变:多数仔猪可见水肿,腹腔积水,肠系膜淋巴结串珠状肿大;皮肤和肾点状出血,淋巴结出血等。

(三)诊断和防治

1. 诊断

根据流行病学特点、临床症状和解剖病变可做出初步诊断;确诊要采集病料(病死猪的脾脏、淋巴结、血液等)送专业的检测实验室进行检测、分析。

2. 防治

(1)做好疫苗免疫,制定科学、合理的免疫程序,并做好免疫抗体的跟踪检测。

免疫程序根据猪场情况而定,主要有以下两种:

①普免:种猪一年普免3~4次;仔猪在21~25天和60天左右各免疫1次。

②跟胎免疫:种公猪一年普免2~3次;种母猪在断奶时与小猪同时免疫,仔猪60天左右再免疫1次。

后备猪群配种之前免疫2次。

(2)可通过唾液检测种猪带毒情况,及时淘汰带毒种猪。

(3)加强猪场的饲养管理,减少应激,定期消毒和保健。

(4)采用“全进全出”的生产方式,阻断病原的传播。

(5)加强对其他疫病的防治,减少免疫抑制因素(如真菌毒素等)。

二、猪繁殖与呼吸综合征(蓝耳病)

猪繁殖与呼吸综合征是由猪繁殖与呼吸综合征病毒引起的一种以种猪繁殖障碍(流产,产死胎、木乃伊胎、弱胎,返情率高,公猪精液质量不佳等),仔猪和育肥猪呼吸道症状为主的急性传染病。因其在发病过程中会出现短暂性的两耳皮肤发绀,故又称为蓝耳病。该病在国内呈现明显的高发趋势,对养猪业造成了重大损失,已成为严重威胁我国养猪业发展的重要传染病之一。

(一)流行特点

(1)本病是一种高度接触性传染病,呈地方性流行。

(2)蓝耳病病毒只感染猪,以妊娠母猪和1月龄以内的仔猪最易感。

(3)病猪和带毒猪是本病的主要传染源。

(4)本病主要依靠接触传播、空气传播(特别是在短距离内(<3千米)传播具有重要的作用)和精液传播。

(5)本病的发生无明显的季节性,一年四季均可发生。

(二)临床症状和病理变化

1. 母猪

感染初期出现厌食、体温升高、呼吸急促等症状,部分病猪四肢末端、尾、乳头、阴户和耳尖发绀,并以耳尖发绀最为常见;后期则出现后肢瘫痪(见彩图32)等症状,最后因衰竭而死亡。

怀孕前期的母猪流产(见彩图33);怀孕中期的母猪出现死胎、木乃伊胎,或者产弱胎、畸形胎;母猪产后少或无乳,配种后返情率高等。

2. 公猪

咳嗽、精神沉郁、食欲不振,呼吸急促和运动障碍、性欲减弱,精液质量下降、射精量少。

3. 保育仔猪

厌食、嗜睡、咳嗽、呼吸困难、腹泻;部分猪耳尖发绀、双眼肿胀;部分断奶仔猪表现下痢、关节炎。病猪常因继发感染死亡。

4. 哺乳仔猪

被毛粗乱、精神不振、呼吸困难、耳朵发绀。仔猪断奶前死亡率增高,而胚胎期感染的猪,多在出生时即死亡或生后数天死亡,死亡率高达100%。

眼观病变：主要是间质性肺炎，肺水肿（见彩图 34）；腹、胸腔积液；心肌松软，心内膜出血（见彩图 35），心耳出血；胃浆膜和黏膜出血；肾脏表面布满针尖样出血点（见彩图 36）。

高致病性猪蓝耳病是由蓝耳病病毒变异株引起的一种急性高致死性疫病。仔猪发病率可达 100%、死亡率可达 50% 以上，母猪流产率可达 30% 以上，育肥猪也可发病死亡。

病猪体温升高达 41℃以上；眼睑水肿；咳嗽、气喘等呼吸道症状；母猪流产，仔猪皮下出血（见彩图 37）；部分猪后躯无力、不能站立或共济失调等神经症状。

解剖可见脾脏边缘或表面出现梗死灶；肾脏可见大小不一的出血点（斑）；皮下、心脏、膀胱、肝脏和肠道均可见出血点（斑）（见彩图 38）；部分病例可见肺和胃肠道出血、溃疡、坏死（见彩图 39 至彩图 41）。

（三）诊断和防治

1. 诊断

因蓝耳病的临床症状和病理变化并不典型，因此根据流行病学、发病情况、临床表现和剖检变化，难以诊断。最好是采集病料送专业检测实验室进行基因检测，并结合临床资料和抗体水平情况，综合做出确诊。

2. 防治

（1）坚持自繁自养的原则，建立稳定的种猪群：如必须引种，做好驯化和监测工作，再混群饲养。

（2）做到“全进全出”：至少要做到产房和保育两个阶段的全进全出，以杜绝病原在猪群中循环。

（3）建立健全规模化猪场的生物安全体系：定期对猪舍和环境进行消毒，降低环境中蓝耳病病毒的载量，可以最大限度地控制和降低感染猪群的发生率和继发感染机会。

（5）做好猪群的饲养管理：加强各阶段猪群的饲养管理，保证猪群的营养水平，以提高猪群对其他病原微生物的抵抗力。

（6）做好其他疫病的免疫接种：特别是猪瘟、猪伪狂犬和猪气喘病等免疫抑制性疾病的控制。

（7）定期对猪群中猪繁殖与呼吸综合征病毒的感染状况进行监测，以了解该病在猪场的活动状况。

（8）疫苗接种：目前常用的蓝耳病疫苗主要有普通（经典）株蓝耳病弱毒疫苗和高致病性蓝耳病弱毒疫苗 2 大类。可根据当地蓝耳病的流行情况和毒株选择合适的毒株疫苗。

免疫程序：

①后备种猪：配种之前免疫2次；

②经产母猪：一年普免3～4次或产前60～70天、产后15天左右各免疫1次；

③仔猪：在出生后10～15天免疫1次。

注意：场内尽可能只用1个厂家、1种毒株的疫苗；公猪接种疫苗后1个月内的精液尽可能不用。

三、猪伪狂犬病

猪伪狂犬病是伪狂犬病毒引起的猪的一种急性热性传染病，主要以种猪繁殖障碍、仔猪脑脊髓炎、腹泻及高死亡率，生长育肥猪呼吸道症状为特征。近几年来，猪伪狂犬病在我国广大地区迅速蔓延，呈高发病状态，造成严重的经济损失。

（一）流行特点

（1）本病一年四季均可发生，但以冬春两季和产仔旺季多发。

（2）病猪、带毒猪和带毒的鼠类为本病的重要传染源，特别是无症状的带毒猪在病毒的保存和传播中起着决定性作用；

（3）康复猪能长时期通过鼻分泌物、唾液、乳汁和尿中排出病毒，易感猪主要通过直接接触和间接接触发生传染（主要经消化道、呼吸道、皮肤、黏膜、生殖道感染）。

（二）临床症状和病理变化

1. 哺乳仔猪

表现神经症状（角弓反张、倒地划水状等）（见彩图42），口吐白沫（见彩图43）；高死亡率，日龄越小，死亡率越高，2周龄内仔猪死亡率达50%～100%。

2. 保育仔猪

主要表现呼吸道（打喷嚏，流涕、喘气、咳嗽）和神经症状（间歇性抽搐）。

3. 生长肥育猪

主要表现为体温升高、厌食、呼吸困难等呼吸道症状，6～10天后恢复正常，成为带毒猪群。

4. 妊娠母猪

主要表现为高流产率和死胎率。妊娠35天内感染，胚胎被吸收而返情；妊娠中后期感染，表现为流产，死胎或弱仔，猪场流产率可达50%；临近足月感染时，新生仔猪表现出典型症状，并在出生后1～2天内死亡。

没有免疫的病死猪解剖：肝脏和脾脏有白色坏死灶（见彩图44、彩图45），扁桃体坏死是本病重要特点（见彩图46）；肺和肾出血斑点（见彩图47）；脑膜瘀血、出血，脑脊髓液增多（见彩图48）。

免疫猪群：多见于中大猪，出现流涎、呼吸困难、皮肤发绀，突然死亡；扁桃体坏死、化脓（见彩图49）；喉头溃疡；“花斑肺”，肝脏和肾脏有白色坏死灶。

（三）诊断和防治

1. 诊断

（1）随着猪伪狂犬病基因缺失疫苗的应用，运用 gE－ELISA、gG－ELISA 可区别疫苗免疫的猪和野毒感染的猪，判断是否感染伪狂犬病野毒。

（2）采集发病猪的脑、肺、扁桃体，用 PCR 检测是否感染伪狂犬病毒。

（3）家兔接种实验。

2. 防治

（1）定期免疫：对种猪和仔猪都进行定期免疫是控制和根除伪狂犬病的重要手段。疫苗接种虽然不能完全阻止病毒的感染和排毒以及潜伏感染的发生，但可以在一定程度内限制病毒复制，降低强毒感染后排毒量，缩短排毒时间，减轻临床症状，降低损失。基因 gE 缺失标记疫苗是净化伪狂犬病首选疫苗，不仅可保持病毒良好的抗原性，而且免疫后可通过检测 gE 抗体区别疫苗与野毒的感染。具体的免疫程序及剂量参照厂家的使用说明书。

（2）加强生物安全和兽医卫生：猪场不允许与牛、羊、兔等混养，要消灭野猫和鼠，禁止犬、猫进入生产区，防止相互传染。加强平时消毒，粪便要堆积发酵处理。引种时须做血清学检测，确定阴性时方可引入，并隔离饲养4～6周。

（3）净化：有条件的猪场在使用 gE 基因缺失疫苗免疫接种的同时，使用鉴别诊断试剂盒定期对种猪群进行监测，淘汰阳性种猪；对后备种猪进行监测，阳性猪进行育肥处理。

四、猪圆环病毒相关疾病

猪圆环病毒相关疾病是指以猪圆环病毒2型（PCV2）为主要病原，单独或继发/混合感染其他致病微生物的一系列疾病的总称，是目前危害猪群健康的主要疾病之一。

（一）流行特点

（1）病猪、带毒猪以及公猪精液、流产胎儿均是本病的传染源。

（2）PCV2 可通过消化道、呼吸道、精液等感染易感猪。

（3）家猪和野猪是本病的自然宿主，各种年龄猪均易感。

（4）PCV2 感染是猪圆环病毒相关疾病的必要因素，但必须在其他因素参与下才能致病(如应激、继发感染等)。

(二)临床症状和病理变化

1. 断奶后多系统衰竭综合征

本病常发生于保育阶段猪和生长期猪,表现为生长不良或停滞,消瘦、被毛粗乱、皮肤苍白、呼吸困难,有时腹泻和黄疸等。剖检可见淋巴结肿大2~5倍、坏死,尤其是腹股沟淋巴结、肠系膜淋巴结和颌下淋巴结等(见彩图50、彩图51);肺呈弥漫性肉样变,坚硬似橡皮样(见彩图52)。

2. 猪皮炎肾病综合征(PDNS)

PDNS常发生于中大猪。食欲减退,轻度发热,不愿走动;皮肤有圆形或不规则形的隆起,通常出现在后躯、后肢和腹部,逐渐蔓延到胸部或耳部,融合成条带状和斑块状(见彩图53)。

解剖可见脾脏梗死(见彩图54),双侧肾肿大、苍白,表面出现白色斑点(见彩图55、彩图56)。有时可见淋巴结肿大或发红。

3. 繁殖障碍性疾病

多见于妊娠后期,表现为流产、产死胎和木乃伊胎。

4. 猪呼吸道疾病综合征(PRDC)

近年来,PRDC成为规模化养猪场常见的呼吸道疾病,PCV2与其他病原混合感染是导致本病的主要原因。该病常见于保育猪和生长育肥猪,表现为喘气、咳嗽、流鼻涕、呼吸困难;食欲不振、生长缓慢。剖检肺脏出现多样性的肺炎病变(如间质肺炎、肺粘连等)。

5. 新生仔猪先天性震颤(CT)

新生仔猪出生后不久或出生后仅几个小时发生震颤,无法站立,如能帮助仔猪吃到乳汁,一般预后良好。

6. 增生性肠炎

表现为生长迟缓、腹泻,初期粪便黄色,后期黑色。主要剖检变化是肠壁增厚(见彩图57)。

此外,PCV2也参与了渗出性皮炎的发生(见彩图58)。

(三)诊断和防治

1. 诊断

本病的诊断必须将临床症状、病理变化和实验室的病原检测相结合才能得到可靠的结论。

2. 防治

猪圆环病毒相关疾病是与PCV2感染相关的症候群,也是一种免疫抑制性疾病。制定防控策略要考虑到诱导 PCV2 复制的一切因素以及其他混合感染或继发感染病原，加强生物安全措施及改善饲养管理各环节和细节，并做好疫苗免疫预防。

（1）做好免疫接种：猪圆环病毒疫苗可减少母猪流产、产死胎、弱仔的数量，可明显降低保育猪及生长育成猪发病率、死淘率；明显提高日增重、猪群整齐度，降低料肉比，减少皮炎发生率，缩短出生至出栏时间，还有助于各种疫苗免疫效果的正常发挥。

（2）改善饲养环境，减少各种诱发因素：加强饲养管理，减少各种应激因素。把好饲料原料关，适当选用真菌毒素分解剂或吸附剂。不同批次之间不混养，全进全出；降低饲养密度，保持良好通风和适宜温度条件，降低氨气和其他有害气体浓度；饲料中添加免疫增强剂，以提高免疫力。

（3）建立猪场完善的生物安全体系：做好已知共同感染原如猪蓝耳病和猪细小病毒的免疫接种，其他免疫抑制性疾病，如猪瘟、伪狂犬病、肺炎支原体等疫苗也要做好。

（4）提前控制断奶仔猪细菌继发感染，降低 PMWS 发病率：可在仔猪断奶前后和转栏前后，在饲料中添加抗菌药物预防，如氟苯尼考、多西环素、泰妙菌素等，连用 7～10 天，以控制细菌继发感染。建议采用轮换给药策略，降低耐药性的产生，提高防控效果。

五、猪流行性腹泻和猪传染性胃肠炎

猪传染性胃肠炎和流行性腹泻是猪的一种高度接触性肠道疾病。以呕吐，严重腹泻和脱水为特征。特别是自 2010 年年底以来，我国大部分养猪场发生以初生至 7 日龄哺乳仔猪为主的猪腹泻病，病死率高达 100%，实属罕见，给养猪业带来了很大损失。

（一）流行特点

（1）该病主要发生在冬季，故又有“寒泻”之称。

（2）传播迅速，数日内可呈地方性流行，甚至构成大流行。

（3）不分大小、年龄、品种，所有猪均可感染发病。

（4）发病时突然呕吐，随之发生剧烈水泻；乳猪水泻粪中往往含有乳凝块，很快出现脱水、消瘦、被毛干枯。

（5）体温升高，后很快下降。渴感明显，饮水增多。

（6）14 日龄内的乳猪，死亡率可达 98% 以上；15～30 日龄的乳猪，死亡率为 20%～40%；8 周龄以上不足 5%。

(7)病程 7～10 天,未死的可自然康复,但康复猪仍排毒。

(二)临床症状和病理变化

1. 猪传染性胃肠炎

猪传染性胃肠炎是由冠状病科的冠状病毒引起的一种高度接触性肠道传染病。该病具有发病急、传播快的特点,不同年龄、品种的猪只均可感染发病,2 周龄内仔猪主要以呕吐、水样腹泻和死亡率高为特征,而 1 月龄或成年猪只几乎没有死亡,但是生长缓慢,饲料报酬较低。

病毒感染后潜伏期为 8～18 小时,长者为 2～3 天或更长。严重腹泻的仔猪粪便中含有未消化的凝乳块,气味腥臭。被感染泌乳母猪只主要临床症状是厌食、呕吐、腹泻,哺乳母猪发病导致无乳,造成仔猪死亡率上升。但是,偶尔也有母猪症状较轻或没有症状。

病变的主要部位在胃和小肠。仔猪胃内充满凝乳块,胃底黏膜有出血点、出血斑。小肠黏膜出血,伴有黏膜脱落现象,肠壁变薄,腔体鼓胀,内有酸臭味气体,肠系膜淋巴结充血水肿。

2. 猪流行性腹泻

猪流行性腹泻是由冠状病毒科的猪流行性腹泻病毒引起的一种急性、高度接触性的传染病,以水样腹泻、呕吐、脱水和新生仔猪的高度死亡为特征。粪便是主要的污染源,尤以哺乳仔猪受害最为严重,发病率可达 100%。

哺乳仔猪发病症状是呕吐、水样腹泻、脱水、食欲大减、精神沉郁、消瘦,严重者甚至死亡。病变部位主要在小肠,表现为小肠充血、肠壁变薄,肠内充满黄色液体,肠系膜充血,肠系膜淋巴结充血、水肿。

以上两种猪病具有类似的病症,所致猪腹泻和消瘦等可见于彩图 59 至彩图 63。

(三)诊断和防治

1. 诊断

根据流行病学,发病季节,通过水泻、呕吐等临床表现可初步诊断。确诊还要靠实验室检查。

2. 防治

虽然国内外对病毒性腹泻病尚无有效的治疗方法,采取综合防制措施,会大幅度降低发病率和死亡率,使猪场的经济损失减小到最低限度。

(1)加强饲养管理:坚持自繁自养;加强冬季的饲养管理,特别要注意提高饲料中能量饲料的供给,加强防寒保暖,提高猪群整体抵抗力;制定严格的规章制度并执行。搞好猪舍的清洁卫生和消毒工作,及时清除猪粪,坚持消毒(可选用干粉消毒剂);猪群感染该病后,要及时将病猪隔离治疗,并对猪舍用 2% 氢氧化钠或 5%～

10%石灰乳迅速彻底消毒。

(2)保温:根据不同阶段猪群的最佳温度,在冬春季时提高室温,防止贼风,局部环境加温尤其重要。实践证明保温对降低仔猪发病率和死亡率很有效。

(3)加强光照、降低猪舍湿度:病毒怕光,在紫外线和日光下很易死亡,所以在猪舍内加强光照,装紫外线灯可以在有效距离内杀灭照到的病毒。保持地面干燥也有一定作用。

(4)防止继发感染:猪群一旦感染发病,可用抗菌药品防止细菌的继发感染。特别运用微生态制剂有较好作用。

(5)疫苗接种:可选用猪流行性腹泻—猪传染性胃肠炎二联苗或猪流行性腹泻—猪传染性胃肠炎—猪轮状病毒三联苗免疫接种母猪,加强平时的初乳中猪流行性腹泻抗体水平的监测。

(6)治疗:哺乳仔猪发病多无有效的方法;大猪发病时可进行限饲、口服补液盐。

六、猪流行性乙型脑炎

猪流行性乙型脑炎是由流行性乙型脑炎病毒引起的一种人、畜共患传染病。猪感染后表现为高热、流产、产死胎及公猪睾丸炎。

(一)流行特点

(1)乙脑病毒感染通常在动物间传播和流行,自然界有60多种动物可感染乙脑病毒。马最易发病,猪、人次之,其他畜禽多为隐性感染。猪是乙型脑炎病毒最重要的自然增殖动物。

(2)本病主要由带毒媒介昆虫的叮咬传播。感染本病毒的蚊子终身具有传染性,并能随雌蚊越冬,经虫卵传代。

(3)猪的感染最为普遍,猪是本病的主要传染源。

(4)猪不分品种和性别均易感。

(5)本病有严格的季节性。热带地区一年四季散在发生;亚热带和温带地区有严格的季节性,绝大多数集中于夏末秋初流行,一般是7~9月。

(二)临床症状和病理变化

1. 临床症状

(1)猪突然发病,体温升至40~41℃,呈稽留热;病猪精神委顿、嗜睡,食欲减少或废绝;粪干燥呈球状,表面附有灰白色黏液;眼结膜潮红,呼吸稍快。个别猪后肢呈轻度麻痹,步行不稳。也有的病猪因后肢关节肿胀、疼痛而发生跛行。个别表现神经症状,摇头,视力减弱,乱冲乱撞,后肢麻痹,最后倒地不起而死亡。

(2)妊娠母猪:突然发生流产,在流产前只有轻度减食或发热,常不被饲养员发现;流产后体温、食欲恢复正常;少数流产母猪从阴道流出红褐或灰褐色黏液,胎衣不下。流产母猪对以后配种繁殖也无影响。

母猪发生流产出死胎、弱胎和木乃伊胎,有的胎儿发育外观正常,但不能站立、不会吸乳;有的生后1~5天出现癫痫样神经症状而死亡;有的胎儿生长发育正常,生后能张口和伸动四肢,不久即死亡;有的出生胎儿外观无多大异常,只是由于脑水肿而头部膨大2~3倍和腹水症死亡。(见彩图64)

(3)公猪:病初出现高热和上述一般症状外,主要发生睾丸炎。睾丸肿大,多为一侧性,也有两侧性的。病猪睾丸经3~5天后,肿胀可渐消退,恢复到正常状态,这种猪仍能配种。有的病猪睾丸缩小、变硬,性欲减弱,丧失产生精子的功能,失去繁殖能力而被淘汰。如仅一侧萎缩,仍有配种能力。(见彩图65)

眼观眼病变主要在脑,可见脑脊髓液增多,脑膜充血、出血和水肿;肺充血、水肿,心内外膜出血。流产母猪子宫内膜充血、水肿,黏膜表面覆有多量黏性分泌物,并有小点出血。

流产或早产胎儿见脑水肿,腹水增多;胎儿常呈木乃伊化,黑褐色或茶褐色,大小不一。有的胎儿头大、皮下弥漫性水肿,脑内积液(见彩图66);肝、脾、肾实质中有坏死灶;全身淋巴结出血;肺瘀血、水肿或有肺炎灶。

公猪睾丸有不同程度的肿大,切面可见睾丸实质充血或出血,有大小不等的灰黄色坏死灶。慢性病例有睾丸萎缩、硬化。

(三)诊断和防治

1. 诊断

由于乙脑临床症状与许多疾病相似,故不能仅根据临床表现进行确诊,必须进行实验室诊断,即使是疫区病例也是如此。实验室诊断包括病原检测和血清学诊断。

2. 防治

预防流行性乙型脑炎,应从畜群免疫接种、消灭传播媒介和宿主动物的管理三个方面采取措施。

(1)加强饲养管理:做好日常饲养管理。动物发病后立即隔离治疗,做好护理工作,可减少死亡,促进健康。

(2)阻断传播媒介:防蚊灭蚊是防制乙脑的重要措施。搞好环境卫生、清理卫生死角、疏通沟渠、防止积水,同时对积水处和污水撒放药剂,减少蚊虫的滋生。

(3)免疫接种:接种高质量的乙脑疫苗,才是最有效的预防和控制措施,只有这样才能最大限度地降低乙脑发病率。场内可在每年3月底到4月初、7月份左右普免2次猪乙型脑炎疫苗。

本病无特效疗法，应积极采取对症疗法和支持疗法。

细菌性传染病

一、副猪嗜血杆菌病

副猪嗜血杆菌病是影响全球养猪的细菌性疾病。临床上可见发病猪关节肿大，拐脚，毛长腿短，生长缓慢，呼吸急促；严重者可见高烧、咳嗽、神经症状、呼吸困难、消瘦最后死亡。集约化的饲养及饲料配方的改进提高了猪只的生长及健康状态，但伴随着蓝耳病、圆环病毒病在猪场中的感染日趋严重，使得该病在国内的危害日渐严重。

（一）流行特点

（1）传染源：发病猪与带毒猪是主要的传染源。

（2）传播途径：该病主要通过直接接触传播，该菌也可通过飞沫和空气中的灰尘感染易感猪。

（3）发病情况：该病一年四季均可发生，但相对而言，冬、春的发病率要高于夏季。从2周到4月龄的猪均容易患病。发病率一般为10%～15%，严重时死亡率可达50%。目前，已经了解的情况当猪场存在圆环病毒病、蓝耳病及伪狂犬病存在时，或是有饲料真菌毒素中毒情况下，副猪嗜血杆菌的发病及死亡均会大幅提高。

（二）临床症状和病理变化

1. 临床症状

（1）体温变化主要表现为发热，体温高达40～41.5℃。

（2）呼吸症状为咳嗽、呼吸困难，发病猪常可见明显的腹式呼吸。

（3）采食上主要可见食欲不振、厌食。

（4）外观表现为被毛粗乱，身体臃肿、短小。关节肿大、拐脚。

（5）其他可见症状还包括部分严重猪侧卧不起、四肢划水、全身震颤等神经症状。

2. 病理变化

（1）胸腔、腹腔内有大量的淡红色液体及纤维素性渗出物（见彩图67）。

（2）发病猪心肺表面覆盖有大量的纤维素性渗出物并与胸壁粘连（见彩图68）。

（3）心包及心脏表现被大量化脓性渗出物所覆盖形成“绒毛心”（见彩图69）。

（4）关节内特别是腕关节与跗关节可见大量黏稠物的渗出（见彩图70）。

（三）诊断和防治

1. 诊断

（1）常规诊断：根据上述的流行病学调查、临床症状和病理变化，结合对猪群用药的效果，可对该病做出初步的诊断。

（2）实验室诊断：采集未使用抗生素的发病猪组织进行细菌分离鉴定，或是用PCR 等基因诊断方法来进行诊断。

2. 防治

（1）选择敏感药物：如氟苯尼考、替米考星、多西环素等均有一定效果，但该病易产生耐药性，因此在该病高发阶段提前 15 天开始在饲料中预防性添加药物效果更好。

（2）疫苗免疫：目前市场上已有多价的猪副嗜血杆菌商品苗销售。母猪：产前 4 周左右接种，商品猪：2 ~ 3 周接种均能够控制该病的发生。

（3）控制免疫抑制性疾病：猪副嗜血杆菌常常在感染圆环病毒或蓝耳病毒的猪群中以继发感染的方式存在，对猪群造成巨大的经济损失。因此，有效通过防控免疫抑制性疾病的发生对控制该病也非常重要。

二、猪链球菌病

猪链球菌病是由猪链球菌引起的猪的疫病之一，临床上主要表现为高热、淋巴结化脓肿大、脑膜炎、关节肿大、流产等，可引起心肌出血及败血症。其中以 C 群猪球菌危害最大，可引起猪群急性的败血症，发病率和死亡率高。

（一）流行特点

（1）传染源：临床健康的猪群中可能携带潜在的病原菌，而带菌母猪常常是仔猪感染链球病的主要传染源。

（2）传播途径：目前所了解的猪链球菌主要可以通过产道、呼吸道进行传播。

（3）发病情况：本病全年均可发生，但夏秋季节流行严重，且主要引起哺乳及断乳仔猪发病死亡。在疫病发生初期来势凶猛，病程短促，死亡率高；而流行后期多为关节炎或淋巴结脓肿型，传播缓慢，发病率低，病程持久，死亡率低，可在猪群中长期流行。饲养管理不当及应激等因素可促使本病的发生。

（二）临床症状和病理变化

1. 临床症状

（1）急性败血型：多见于育肥猪。最急性者常无任何症状而突然死亡；急性者体温高达 41 ~ 43℃，全身症状明显，结膜潮红、流泪、流鼻涕、不食、便秘、跛行和不能站立的猪只突然增多。有些猪出现共济失调、磨牙、空嚼、尖叫。当耳、颈、腹下、四肢内侧皮肤出现紫斑后，常预后不良，多在1～3天内死亡，病死率可达80%～90%。

(2)脑膜脑炎型：该型多见于哺乳及断乳仔猪。常因断齿、去势、断乳、转群、气候骤变或过于拥挤所诱发。可见病猪体温高至40.5～42.5℃，精神沉郁、不食、便秘，很快出现特征性的神经症状，如共济失调、转圈、磨牙、空嚼、仰卧、四肢泳动，或后肢麻痹，爬地而行，最后昏迷而死。病程短者几小时，长者1～5天，病死率极高。

(3)亚急性型和慢性型：特征是病情缓和，流行缓慢，病程长久，发育迟缓。临床表现形式多样，如关节炎、淋巴结脓肿、心内膜炎、乳房炎等。关节炎时可见病猪一肢或多肢、一个或多个关节肿胀，患肢表面凹凸不平，跛行、步态变形或不能站立。淋巴结脓肿以颌下淋巴结最常见，也可侵及其他淋巴结，严重病例可出现全身体表淋巴结脓肿，淋巴结肿、硬、热、疼，从枣子大小至柿子大小不等，外观呈圆形隆起，可不同程度地影响采食、咀嚼、吞咽、呼吸等功能。时间较长时化脓灶可自行成熟破溃，排出脓汁后逐渐自愈，但病猪的生长发育受阻。

2. 病理变化

(1)急性败血型：血液凝固不良，皮下、黏膜、浆膜出血，喉头及气管黏膜充血，内有大量气泡。肺充血肿胀，全身淋巴结肿胀、出血。心包有淡黄色积液，心内膜出血(见彩图71)。脾大、出血，色暗红或蓝紫。肾肿大、出血。胃及小肠黏膜充血、出血。关节腔有纤维素性渗出物，脑膜充血或出血。

(2)脑膜脑炎型：脑膜充血、出血，个别脑膜下积液，其他病变与急性败血型相同。

(3)慢性病例可见关节腔内有黄色胶冻样或纤维素性、脓性渗出物，淋巴结脓肿。有些病例心瓣膜上有菜花样赘生物。

(三)诊断和防治

1. 诊断

(1)常规诊断：通过临床症状及流行病学调查，结合病理剖检可作出初步诊断。

(2)实验室诊断：通过细菌分离鉴定及基因检测方法可以确诊。

2. 防治

(1)加强管理和消毒，当初生仔猪出现外伤及时处理，坚持自繁自养和全进全出制度，严格执行检疫隔离制度，淘汰带菌母猪等措施对预防有重要作用。

(2)流行该病猪场可用菌苗进行预防，目前有弱毒活菌苗和灭活菌，最好先进行细菌的分离鉴定，选择对应菌株疫苗或直接采用多价苗。

(3)发病猪应严格隔离和消毒，早期用磺胺氯哒嗪钠、阿莫西林有较好的疗效，同时该菌对青霉素、红霉素、金霉素、四环素等药物也较为敏感。

三、猪传染性胸膜肺炎

猪传染性胸膜肺炎是由胸膜肺炎放线杆菌引起猪的一种急性细菌性呼吸道疾病。可引起发病猪急剧咳嗽和呼吸困难，出现肺炎或胸膜肺炎的病变。急性型死亡率极高，慢性型或亚临床型增重减缓、药物治疗费用增加。该病原也是引起猪呼吸道综合征的主要病原之一。

（一）流行特点

（1）传染源：发病及带菌猪是主要传染源，特别是从场外引进的带菌种猪。

（2）传播途径：该病主要经空气传播和猪与猪之间直接接触感染。人员和用具被急性感染猪的分泌物污染可造成间接传播。

（3）发病情况：该病在秋冬季发病较高，环境条件状况特别是栏内空气质量对发病率影响很大。转群和混群饲养，拥挤、气候骤变、湿度过高以及通风不良等能促使其发生和流行。2 型圆环病毒、伪狂犬病毒及蓝耳病毒感染可导致该病发病率和死亡率升高。

（二）临床症状和病理变化

1. 临床症状

（1）最急性型：多见于育肥猪，突然发病，体温升高达 41.5℃、偶尔出现短暂的腹泻和呕吐。病初无明显的呼吸道症状，消瘦，鼻部、耳部、四肢甚至全身皮肤发绀；后期严重呼吸困难：呈犬坐姿势；濒死前口腔和鼻腔有大量带血的泡沫样分泌物（见彩图 72）。病程短，发病后 24 ~ 36 小时死亡，也可能无任何症状突然死亡。

（2）亚急性型和慢性型：多数由急性感染转化而来，生长发育差。

病猪偶尔咳嗽、食欲减退，消瘦。若继发或伴发其他呼吸道病原体症状可能被掩盖。

2. 病理变化

（1）肉眼病变限于呼吸道。肺脏心叶、尖叶和膈叶出现局灶性肺炎，病变部位与正常肺组织界限明显（见彩图 73）。

（2）最急性型病例。气管、支气管充满带血的泡沫样黏液，其他器官病变不明显。

（3）亚急性型病例。纤维素蛋白性胸膜炎明显，胸腔有大量血性渗出液。随着病变发展出现粘连性胸膜炎，肺实质与胸膜壁粘连。

（4）慢性型病例。肺脏可能有大小不一的脓灶样结节，周围包裹有厚厚的结缔组织包膜。肺脏病变可逐渐康复，但纤维素性粘连性胸膜炎仍然存在（见彩图 74）。

（三）诊断和防治

1. 诊断

根据临床症状，剖检时肺脏病变和胸膜炎病变可做出初步诊断。结合实验室诊断进行确诊。

2. 防治

（1）防止病原菌传入，需要引种时应进行严格检疫、隔离和血清学监测，避免引入带菌猪。

（2）发现存在病猪应该及时治疗，并结合全群投药进行预防。主要敏感的药物为氟苯尼考，多西环素和替米考星也有效果。

（3）灭活疫苗具有较好的免疫效果，但由于血清型较多，故应分离当地流行菌株制备疫苗。

（4）一旦发病很难将传染源清除，可按照常规方法隔离病猪，严格消毒污染场所和猪舍，对病猪或感染猪群进行抗菌药物治疗可以降低病死率。根据药敏试验结果选择有效药物，发病初期用药效果明显。常发病猪场：全进全出、隔离饲养、自家苗的应用等措施，结合预防性投药和严格消毒；同时注意有效地控制 2 型圆环病毒病、伪狂犬病、蓝耳病等免疫抑制性病毒性传染病。

四、猪肺疫

猪肺疫，又称猪巴氏杆菌病或猪出血性败血症。是一种猪的急性、热性传染病。临床上分为最急性型、急性型和慢性型。其危害主要引起猪出血性败血症，导致发病猪急性死亡。

（一）流行特点

（1）传染源：感染或带菌猪是主要传染源。

（2）传播途径：该菌主要通过呼吸道与消化道感染。

（3）发病情况：猪的巴氏杆菌多发于夏季，呈零星散发。发病急、病程短，常常在临床上表现为最急性或是急性型。因此，如果发现治疗不及时，常常致使猪只因窒息死亡。

（二）临床症状和病理变化

1. 临床症状

（1）最急性型：常突然死亡。病程长者体温升高（41～42℃），咽喉部发热水肿、可延及耳根和胸前。呼吸高度困难，口鼻流出泡沫，可视黏膜发绀。病程数小时到 1 天不等，病死率较高。

(2)急性型:体温升高;咳嗽;呼吸困难,可视黏膜发绀;鼻流黏稠液体时混血液;有黏脓性结膜炎;皮肤有紫斑或小出血点。多因窒息而死。病程5~8天,部分猪转为慢性。

(3)慢性型:持续性咳嗽和呼吸困难,鼻流粘脓性分泌物;进行性消瘦,常有腹泻;有时关节肿胀。

2. 病理变化

(1)皮肤、皮下组织、浆膜和黏膜有大量出血点,咽喉部及其周围出血性浆液浸润(见彩图75)。

(2)纤维素性肺炎,即肺有出血、水肿、气肿、红色和灰黄肝变,切面呈大理石样;胸膜常有纤维素性附着物,严重时胸膜与肺脏粘连;胸腔和心包积液(见彩图76)。

(3)剖检肺有多处坏死灶,内含干酪样物;胸膜及心包有纤维素性絮状物附着,肺粘连;肺淋巴结、肠系膜淋巴结以及扁桃体、关节和皮下组织有坏死灶。

(三)诊断和防治

1. 诊断

(1)常规诊断:根据流行病学特点、临床症状和病理剖检变化做出初步诊断,然后通过实验室进行确诊。

(2)实验室诊断:实验室诊断方法主要是通过采取急性病例的心、肝、脾或体腔渗出物,以及其他病型的病变部位、渗出物、脓汁等作病料,然后进行下列检查:涂片镜检、细菌培养、动物试验。

2. 防治

(1)加强饲养管理,防制温度及空气质量引起的应激,避免过度拥挤,减少或消除降低机体抗病能力的因素。定期消毒,检测饮水质量。做好蓝耳病的防疫工作。

(2)定期分离细菌并进行药敏实验,用敏感药物进行保健。发现病猪可紧急采用大剂量的青霉素静脉注射。

(3)注意弱毒菌苗紧急预防接种时,被接种的动物应于接种前后至少1周内不得使用抗菌药物。

五、猪大肠杆菌病

猪大肠杆菌病根据发病日龄及临床表现的差异,又分为仔猪黄痢、仔猪白痢、猪水肿病。该病是引起哺乳仔猪下痢的主要病因之一,严重影响仔猪的生长及成活率。

（一）流行特点

（1）传染源：带菌猪。

（2）传播途径：主要通过消化道和产道传播。

（3）发病情况：

①仔猪黄痢主要发生于1～3日龄仔猪，同窝仔猪的发病率达80%以上，当母乳质量较差或不足时发病仔猪病死率较高。

②仔猪白痢多发生于10～30日龄仔猪，同窝仔猪可同时或相继发生，发病率中等，病死率低。

③猪水肿病发生于断奶后1～2周仔猪，为多数生长快而肥壮的猪，发病率低，但病死率高达90%以上。

该病季节性不明显，但应激因素可促使本病的发生。

（二）临床症状和病理变化

1. 临床症状

（1）仔猪黄痢：以腹泻、排黄色或黄白色粪便为特征（见彩图77）。

（2）仔猪白痢：2～4周龄仔猪发病；以排灰白色、腥臭、糨糊状稀粪为特征。病猪突然发生腹泻，粪便呈乳白色或灰白色。病程2～3天，很少死亡，能自行康复，但仔猪生长发育迟缓，育肥周期延长。

（3）猪水肿病：表现突然发病、病程短促感觉过敏，脸部、眼睑、结膜、齿龈等处水肿，体温一般无变化，神经症状明显，有神经症状者病死率高达90%以上。

2. 病理变化

（1）仔猪黄痢：胃膨胀，内有酸臭凝乳块。胃肠道膨胀、有多量黄色液体内容物和气体，小肠壁变薄，以十二指肠最严重。肠系膜淋巴结肿胀可能有小点出血。

（2）仔猪白痢：病死猪外表苍白、消瘦、眼眶深陷、肠黏膜有黏液性炎症病变、肠系膜淋巴结肿胀、出血。

（3）猪水肿病：剖检组织内明显水肿，以胃壁及肠系膜最为明显。胃贲门区黏膜水肿增厚尤为严重，水肿液为胶冻状。肠系膜及其淋巴结水肿。有些病例喉头水肿，心脏内、外膜有瘀血点。

（三）诊断和防治

1. 诊断

（1）常规诊断：通过临床症状结合剖检变化及实验室诊断来进行。

（2）实验室诊断：实验室检验包括细菌分离鉴定、肠毒素和黏附素抗原的测定等。

2. 防治

(1)加强分娩舍的卫生及消毒工作,定期对母猪进行预防性投药。加强仔猪的饲养管理。控制分娩舍温度,同时注意适时通风换气。同时应根据仔猪的生长发育特点,及时补铁、补硒,增强机体的抗病能力。

(2)根据药敏试验结果投药,治疗的同时应给仔猪补液如口服补液盐或5%的葡萄糖。

(3)加强母猪的营养与管理,保证母乳的质量和分泌量是有效防制该病最有效的方法。

六、猪沙门氏菌病

猪沙门氏菌病又称为仔猪副伤寒,是1~4月龄仔猪的常见传染病之一。该病是一种典型的条件性病原菌,常继发于某些病毒病,引起猪只的死亡。

(一)流行特点

(1)传染源:带菌猪与发病猪是主要传染源,被污染的水源也是猪只感染细菌的主要来源。

(2)传播途径:消化道传播是主要的传播途径。

(3)发病情况:该病春季多发有时多以继发感染为主,主要引起断乳猪和育肥前期猪只发病。

(二)临床症状和病理变化

1. 临床症状

(1)急性型:病初呈败血症表现,体温升高、早期无典型症状。后期有下痢和呼吸困难表现,耳根、胸前、腹下及后躯部皮肤呈紫红色。发病率低,致死率很高,病程2~4天。

(2)慢性型:发病初期可见发病猪便秘、厌食、数天开始下痢,粪便恶臭,呈淡黄色或黄绿色,并混有血液、坏死组织或纤维素样灰白色絮片。发病中、后期病猪皮肤发绀、瘀血或出血,有时出现湿疹,并覆盖干涸的痂样物。有些病猪咳嗽、呼吸困难。病程2~3周或更长,最后衰竭死亡。

2. 病理变化

(1)急性型:皮肤有紫斑,脾大明显、质地较硬,呈暗紫红色。全身淋巴结充血、肿胀,肠系膜淋巴结肿大呈索状。全身各处的黏膜、浆膜可能有数量不等的出血点。有时肝脏有针尖大小、黄灰色的坏死灶。

(2)慢性型:病变主要病变在盲肠、结肠和回肠。肠壁内表面有灰黄色或淡绿色麸皮样物质覆盖。肝、脾及肠系膜淋巴结常可见到针尖大灰黄色坏死灶或灰白色结节(见彩图78)。肺常见有卡他性肺炎或灰黄色干酪样结节。

(三)诊断和防治

1. 诊断

(1)常规诊断:急性病例诊断较困难,慢性型病例根据症状和病理变化,结合流行病学即可做出初步诊断。

(2)实验室诊断:确诊需要进行细菌学检查。ELISA 和 PCR 技术可用于沙门菌的快速检测。

2. 防治

(1)实行全进全出的饲养方式,控制饲料和饮水污染,做好主要病毒性疫病如蓝耳病、圆环病毒病等预防措施可消除发病诱因。

(2)发病猪应及时隔离消毒,并通过药敏试验选择合适的抗菌药物治疗与预防性投药,均能取起较好的效果。

(3)因为该病原是一种条件性病原菌。因此,加强猪场的管理,减少因环境因素造成的猪只的应激,也可减少该病的发生。

七、猪丹毒

猪丹毒是由红斑丹毒丝菌引起的,猪和多种动物的一种急性、热性传染病。近两年猪丹毒在国内流行的较为广泛,主要发生于架子猪。2012—2013 年在国内呈大范围(华南,华中地区)的流行,以母猪群、育肥猪及保育猪群多发,病死率可达 30% 以上。2014 年仍有部分猪场呈地方性流行,引起育肥后期猪与母猪死亡,损失较大。

(一)流行特点

(1)传染源:病猪和各种带菌动物是主要的传染源。

(2)传播途径:该病传播途径广泛,接触传染是重要的传播途径之一。也可经损伤的皮肤以及蚊、蝇、虱、蜱等吸血昆虫传播。屠宰场、肉食品加工厂的废料、废水、食堂泔水、动物性蛋白饲料等喂猪常是引起发病的主要原因。

(3)发病情况:主要发生于架子猪;一年四季均有发生,有些地方以炎热、多雨季节发病较多;常呈散发或地方性流行。

2012 年开始该病流行,特点表现为以架子猪与种母猪多发,常常首先发现于怀孕母猪群,后传播至全场,不同年龄段的猪具有一定的耐药性。

(二)临床症状与病理变化

1. 临床症状

(1)急性型:发病突然,急性死亡的猪大多死于败血症。临床上病猪主要表现为稽留热，虚弱，喜卧不愿走动，厌食，有的出现呕吐、结膜充血、便干结，常常附有黏液，部分猪下痢；呼吸加快，黏膜发绀；部分病猪皮肤潮红，继而发紫。病程3～4天，死亡率80%左右。存活猪5～7天体温恢复正常，转为亚急性型或慢性型。

(2)亚急性型：胸、腹背、肩、四肢等部位的皮肤发生疹块，疹块呈方块形、菱形，偶有圆形，稍突起于皮肤表面，大小1厘米至数厘米，从几个到几十个不等(见彩图79)。

(3)慢性型：由急性型、亚急性型转变而来。

慢性关节炎主要表现为四肢关节的炎性肿胀，腿部僵硬、疼痛，关节变形，出现跛行。心内膜炎病猪：消瘦，贫血，全身衰弱，喜卧不愿走动，呼吸急促，通常由于心脏停搏而突然死亡。皮肤坏死：病猪的背、肩、耳、蹄和尾等部位皮肤坏死，如有继发感染，可能出现皮肤坏疽、结痂，病程延长。

2. 病理变化

(1)急性猪丹毒：在各个组织器官都可见到弥漫性的出血。心肌和心外膜上有斑点状出血(见彩图80)。气管内有大量泡沫(见彩图81)。胃肠道具有卡他性—出血性炎症变化，尤其是胃底部和幽门部出血明显，胃浆膜面也有出血点。脾脏充血、肿胀明显，呈樱桃红色。肾脏瘀血、肿大，外观呈暗红色，皮质部有出血点。肺脏充血、水肿。淋巴结充血、肿大。

(2)慢性猪丹毒：主要病变是增生性、非化脓性关节炎。关节腔含有大量的浆液性血样浑浊滑液，偶尔可见心瓣膜上的疣状增生物(见彩图82)。

(三)诊断和防治

1. 诊断

(1)常规诊断：根据流行病学、临床症状、病理剖检变化等可做出初步诊断。

(2)实验室诊断(涂片镜检)：可取病猪血液或病死猪的心、肺、肝、脾、肾、关节滑液等涂片染色、镜检。接种动物(小鼠、鸽子)后分离病原也可以诊断该病。

2. 防治

(1)受威胁猪场或是该病频发的猪场可以使用活疫苗免疫。活疫苗可以通过注射、口服、气雾等方式接种。免疫程序：初生仔猪断奶后接种免疫；种猪春、秋季各免疫一次。

(2)通过对近年分离菌的药敏实验跟踪，青霉素与阿莫西林仍是主要敏感药物。因此，发病猪使用青霉素治疗，每千克体重注射5万单位，每天1～2次，直到症状消失后再治疗2天。健康猪群饲料中添加5%爱乐新和阿莫西林，连续使用7天。用抗生素治疗，不能停药过早，否则容易复发或转为慢性。用青霉素无效时，可改为金霉素、红霉素、土霉素等治疗。

(3)发现病猪后要立即进行隔离治疗。对猪群、饲槽、用具等要彻底消毒,粪便和垫草进行烧毁或堆积发酵;对病死猪、急宰猪的尸体及内脏器官进行无害化处理或化制,同时严格消毒病猪及其尸体污染的环境和物品。与病猪同群的未发病猪用青霉素注射,连续3~4天,并注意消毒工作。必要时考虑紧急接种预防;慢性病猪应及早淘汰。

第三节 猪主要寄生虫病的防治

一、猪鞭虫

猪鞭虫病是由猪鞭虫(猪毛尾线虫)引起的一种猪传染病,又称猪毛尾线虫病。主要危害仔猪,严重时可引起猪的死亡。

(一)流行特点

(1)本病主要发生于仔猪,1.5月龄的仔猪即可检出虫卵,4月龄的猪粪便中虫卵数很高。

(2)由于卵壳的保护,虫卵的抵抗力极强,可在土壤中存活5年。

(3)本病一年四季均可感染,夏季发病率最高。

(二)临床症状和病理变化

感染轻者一般无明显症状。若寄生几百条即可出现症状,轻度贫血、间歇性腹泻、日渐消瘦、被毛粗乱。感染严重(虫体达数千条)时精神沉郁、食欲减少、结膜苍白、贫血、顽固性腹泻、粪稀薄,有时夹血丝或血便(见彩图83)。死前排水样血色粪,带黏液。最后因呼吸困难、脱水、极度衰竭而死。

解剖:肝脏上有灰白色虫斑(见彩图84),盲肠、结肠充血、出血,结肠黏膜上肉眼可见白色细针尖样虫体(见彩图85)。盲肠和结肠出现出血性坏死、水肿和溃疡。

(三)诊断和防治

1. 诊断

通过粪便检查虫卵,可见腰鼓样两端有栓塞的棕黄色鞭毛虫卵;尸体解剖时,可在盲肠内检查到鞭虫,即可做出诊断。

2. 防治

选用特效的药物进行治疗,同时加强清洁、消毒工作。

(1)用伊维菌素—芬苯哒唑预混剂,饲料中加入500克/吨,连用5~7天进行治疗;同步用广谱抗生素氟苯尼考配合治疗,以减少细菌感染引起并发症;另在饲料中加入多种维生素,增强猪的体质。

(2)加强饲养管理:改饲料直接撒在地面为料具喂料,减少饲料受含有鞭虫虫卵粪便的污染;及时清除猪粪,保持猪舍清洁干燥,使之不利于虫卵的发育,粪便集中堆放发酵。

(3)加强猪场环境、猪舍、饲具的清洁卫生消毒工作,认真做好每批猪出栏后的清洗消毒工作,保持猪舍的清洁干燥;定期做好灭鼠、灭蚊蝇工作,控制场内野猫进出,禁养与猪无关的动物。

(4)猪场发生猪鞭虫病经驱虫药物治愈后,要在以后相当长的一段时间内进行预防性投喂驱虫药物。公母猪每3个月1次,断奶猪在进保育舍前1周,育肥猪在进育肥舍前1周。

二、猪结肠小袋纤毛虫病

猪结肠小袋纤毛虫病是由结肠小袋纤毛虫寄生于猪的大肠内所引起的肠道原虫病。主要危害保育和育肥前期的仔猪。病猪表现食欲不振、喜饮水、下痢、衰弱、消瘦,并因脱水而导致死亡。

(一)流行特点

(1)本病可发生于各种年龄的猪,但以断奶后仔猪的易感性最强,感染率20%~100%不等。

(2)病猪和带虫猪是本病的主要感染源;而其他带虫动物(牛、羊、犬等)也可传播病原。

(3)本病主要通过消化道而感染;其发生多与饲养管理不良、季节变化、猪体抵抗力降低、肠道发炎等因素有关。

(4)本病多呈散发性,少见流行性;一年四季均可发生,但以寒冷的冬季和早春多见。

(二)临床症状和病理变化

1. 临床症状

仔猪精神沉郁,体温不定,食欲减退或废绝,喜躺卧,有颤抖现象;有不同程度的拉稀,粪便先半稀,后为水泻样,粪便中常带有黏膜碎片和血液,恶臭,颜色多为灰色或灰黑色(见彩图86)。成年猪除粪便附有血液和黏液外,一般无明显的临床表现。

2. 病理变化

特征性病理损伤是卡他性、出血性乃至糜烂、溃疡性的大肠炎(见彩图 87);偶尔可引起肠穿孔及腹膜炎等严重并发病。

(三)诊断和防治

1. 诊断

检出虫体是诊断本病的主要依据。本病的生前诊断可根据临床症状和粪便检查的结果进行判断,即在粪便中检出滋养体或包囊就可确诊(见彩图 88)。死后剖检时应着重观察大肠有无溃疡性肠炎变化;

2. 防治

本病可用恩拉霉素、痢菌净进行治疗。

注意:用本药治疗大多服药 1 天后即停止腹泻,病猪出现食欲,但未断根,如果就此停药,往往复发,故一定要连服 3 天。严重腹泻或患病时日过长、已引起脱水的病猪,应尽早补糖(葡萄糖)、补盐(食盐和氯化钾)、补碱(小苏打)、补水,加速仔猪早日康复,减少损失。可用:①自制口服补液盐作饮水;②腹腔注射 5% 葡萄糖氯化钠注射液 20 ~40 毫升、维生素 C 5 毫升。根据脱水程度确定用药次数,一般每天 2 ~4 次,连注 2 ~3 天。

本病虽然可以治疗,但有很易复发。因此,做好本病的预防工作使非常重要的。预防本病应着重搞好猪场的环境卫生和消毒工作;搞好猪粪便的发酵处理,避免含有滋养体和包囊体的粪便对饲料和饮水的污染。

三、猪弓形体病

弓形体病是猪场中常见的一种寄生虫病,猫是终宿主。弓形体主要可以引起肥育猪发病与死亡,也是一种人畜共患病,对育肥猪群及养猪人员均有较大危害。

(一)流行特点

(1)传染源:带虫猪、猫、老鼠都可能成为传染源。

(2)传播途径:消化道是主要的传播方式。

(3)发病情况:弓形体一般在夏秋多发,特别是天气突变常常可以成为猪场中弓形体发生的诱因。近年来,我国弓形体发病较过去呈增长的趋势,发病急、病死率高。发病猪日龄范围扩大,哺乳猪、保育猪也可见典型临床病例;病猪皮肤发绀症状没有以前明显;表现明显的耐药性,常规治疗剂量磺胺药的疗效差。

(二)临床症状和病理变化

1. 临床症状

(1)病猪初期持续高热41℃以上;

(2)精神不佳,食欲减退至废绝;

(3)便秘;

(4)腹式呼吸,有的有咳嗽和呕吐现象,流少量鼻液;

(5)身体下部及耳部出现瘀血斑,或较大面积发绀;

(6)母猪往往会发生流产和死胎。

2. 病理变化

(1)全身淋巴结肿大、充血、出血(见彩图89);

(2)肺瘀血、出血、水肿(间质增宽)(见彩图90),气管内充满泡沫性液体(见彩图91);

(3)肝脾肿大,有点状灰白色坏死灶(见彩图92);

(4)部分猪肾脏有时也可见灰白色坏死灶(见彩图93);

(5)心包积液,腹腔积液(见彩图94)。

(三)诊断和防治

1. 诊断

(1)常规诊断。根据流行病学:母猪、肥猪多发,应激条件下多发;根据临床症状:体温升高、皮肤发绀、呼吸困难;根据病理变化:肺脏水肿、实变;淋巴结、肝脏和脾脏肿大;肺脏、脾脏和肾脏的灰白色坏死。

(2)实验室诊断。瑞氏染色后显微镜下观察虫体:肺门淋巴结。弓形体循环抗原(免疫学检测)、PCR检测。

2. 防治

(1)饲料中定期添加磺胺类药物(尤其是气温突变时);

(2)发现疑似病后,饲料中可添加胺磺氯哒嗪钠,连用5~7天。病猪可静脉或肌肉注射10%磺胺六甲。

第七章 现代猪场建设及工艺模式

猪场工艺模式设计及建设事关生物安全、生产效率和环境保护等，是实现现代猪场高效经营管理的基本前提。根据国情和区域养殖环境，选择合适并具有前瞻性的养殖模式，因地制宜优化猪场布局，从细节入手做好养殖工艺设计、猪舍设计和设施设备、生产管理的有机结合，创造最佳生产和生态微环境，实现猪、人和环境的各得其所和和谐统一，是发展现代养猪业的永恒追求。

第一节　现代猪场工艺模式设计

一、场址选择与规划布局

(一)场址选择

合理选择猪场建场地，对猪场安全生产、高效运行、节能增效和环境保护具有十分重要的意义。猪场建设首要考虑生物安全和环保问题，应符合畜牧业区域发展规划，了解清楚各地划定的畜禽养殖禁养区、限养区和可养区，尽量不占农田或耕地，严格执行国家《畜禽规模养殖污染防治条例》的相关精神。对可养区内新建、改建、扩建的养猪场,还应进行环境影响评价,重点包括:畜禽养殖产生的废弃物种类和数量,废弃物综合利用和无害化处理方案和措施,废弃物的消纳和处理情况以及向环境直接排放的情况,最终可能对水体、土壤等环境和人体健康产生的影响以及控制和减少影响的方案和措施等。在猪场选址时,重点关注以下几点。

(1)地形地势:地形应开阔整齐,有足够的生产经营土地面积。地势较高、干燥、背风向阳、平坦或稍有坡度、排水良好。场址至少高出当地历史洪水水位线以上,其底下水应在2米以下。

(2)水源水质:猪场水源主要有地面水和地下水(井水),以地下水为主。要求水量充足,水质符合国家生活饮用水卫生标准(GB5749—2006),便于取用和进行卫生防护。不同生长期每日大致需水量见表7-1,可大致根据猪群结构计算猪群每天水的消耗量,再加上其他用水量(清洗、降温、生活等)。在初步选址后,选择水源种类,确定水量、水质符合要求后,再行基建。

表7-1 猪在不同生长期的估计每日水消耗量

阶 段	每日耗水量(升)	阶 段	每日耗水量(升)
哺乳期仔猪	平衡仔猪饲料即可	育肥猪(35~100千克)	3.8~7.5
保育猪(5~10千克)	1.3~2.5	空怀母猪、后备母猪和种公猪	13~17
生长猪(10~35千克)	2.5~3.8	泌乳期母猪	18~23

(3)土壤特性:要求土壤透气性好,透水性强,毛细管作用弱,吸湿,导热性小,质地均匀,抗压性强,以沙壤土最理想。

(4)场地面积:猪场占地面积依据猪场生产的任务、性质、规模和场地的总体情况而定。生产区面积一般可按每头繁殖母猪40~50平方米或每头上市商品猪3~4平方米计算。猪舍总建筑面积按每头生产母猪需15~20平方米,猪场的其他辅助建筑总面积按每头生产母猪需2~3平方米,如考虑后续发展则可留有余地。

(5)周围环境:养猪场选址既要交通方便又要与交通干线保持距离,距铁路、公路干线应不少于1千米。位于居民区常年主导风向的下风向或侧风向,与居民点距离,一般猪场不少于500米,大型猪场应少于1千米。场址周围3千米内无大型化工厂、矿区、皮革加工厂、屠宰场、肉品加工厂、垃圾及污水处理场和其他种类畜禽的饲养场,对当地的动物疫情应有准确的了解和评判。周围要有粪污进行处理后(达到排放标准)排放的水系或用于生态循环种养结合的耕地或林、果、草地。

(6)电力和能源的供应:猪场2~5千米以内应有380伏以上的高压电源,燃料就近供应。规模猪场,为了防止停电,一般还要准备小型的发电机组。

(二)场地规划和建筑布局

场地选定后,须根据有利防疫、方便生产管理、节约用地等原则,考虑当地气候、风向、场地的地形地势和周边环境、猪场工艺模式、建筑设施的功能和彼此逻辑关系,做好全场的分区规划和建筑布局。

1. 猪场场区区域规划

中、小型养猪场一般可分为生活管理区、辅助生产区、生产区和隔离、粪污处理区(见图7-1)。按照夏季主导风向和地势对各区进行合理布局,一般要求管理区应位于生产区的上风向和地势较高处,并间隔一定的距离,管理区和生产区一般相隔50~100米,隔离区位于生产区的下风向和地势较低处,各区之间用隔离带或围墙隔开,界限要清晰,并设置专用通道和消毒设施。而大型规模养猪场则可建成全封闭连体式,或者按"三点式"布局,把种猪生产区和保育区、育成育肥区分别布局在"三点"(每点距离1千米以上,不少于250米);或按"二点式"布局,种猪生产区布局在一点,保育、育成、育肥区布局在另一点。

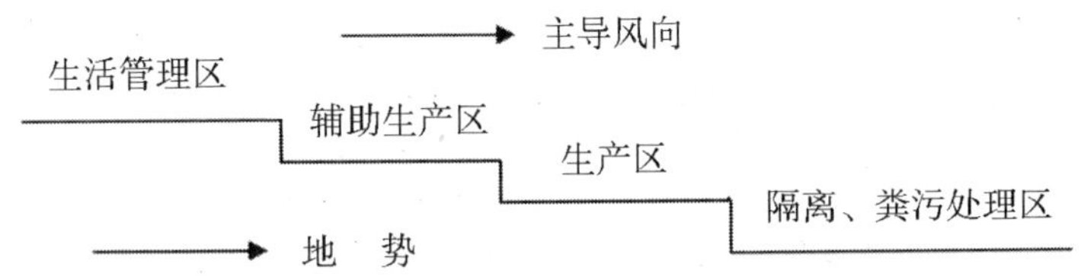

图7-1 猪场的分区规划示意图

(1)生活管理区:包括办公室、接待和会议室、财务室、技术检测室、食堂、宿舍等,这是管理人员和职工日常生活的地方,应单独设立。一般设在生产区的上风向,或与风向平行的一侧,地势较高处,位于场区主要出入口接近交通干线。

(2)辅助生产区:包括供水、供电、供热、维修和仓库等建筑物,是保证猪场正常生产的后勤部门。位于生产区上风向或侧风向,位置适中,便于联系生活管理区和生产区,卸料口设于辅助生产区内,取料口设于生产区内,杜绝外来车辆进入生产区。

(3)生产区:是猪场的核心部分,位于全场的中心地带。包括各类猪舍和生产设施,是猪场中的主要建筑区,一般建筑面积占全场总建筑面积的70%~80%。各类猪舍的排列顺序依次是配种舍、妊娠舍、分娩哺乳舍、保育舍、育成舍、肥育舍。要求种猪舍与其他猪舍相对隔开,形成专门的种猪区。种公猪在种猪区的上风向,防止母猪的气味对公猪形成不良刺激,而可利用公猪的气味刺激母猪发情。分娩舍既要靠近妊娠舍。育肥猪舍应设在下风向,且离出猪台较近。与生活管理区和辅助生产区之间应设有围墙和必要的隔离设施,在生产区的入口处,应设专门的洗澡间、消毒间或消毒池,以便进入生产区的人员和车辆进行严格的消毒。

(4)隔离、粪污处理区:包括兽医院(室、间)、堆粪场、粪污处理设施、病畜隔离舍及病死猪处理设施等,设置在生产区的下风向,地势最低,且远离生产区。与生产区之间应保持适当的卫生间距和绿化隔离带,与生产区和场外区的联系应有专用的大门和道路。粪污处理设施是猪场必不可少的项目,从建场伊始就要统筹考虑,主要规划内容包括:粪便收集(即清粪)、粪污运输(管道或车辆)、粪污处理场的选址及其占地规模的确定、处理场的平面布局、粪污处理设备的选型与配套、粪污处理工程构筑物的形式与建设规模。

2. 猪场建筑物布局

在于正确安排各种建筑物的位置、朝向、间距。布局时需考虑各建筑物间的关系、卫生防疫、通风、采光、防火、节约占地等。

(1)场内道路:净道与污道分开,净道的功能是人行和饲料、产品的运输,污道为运输粪便、病猪和废弃设备的专用道。

(2)猪舍的朝向:综合主风及光照对畜舍的影响,猪舍应朝南允许向东偏转15°左右。

(3)猪舍的间距:一般猪舍间距可为舍高的3~5倍,而小型单栋猪舍之间的距离前后间距可为12~15米(2倍脊高是有效又经济的猪舍间距),上限用于多列式猪舍或炎热地区双列式猪舍,其他情况一般为10~12米。两头间距5米,中间可植树木或绿化等。

(4)猪场绿化:绿化应纳入猪场总体规划,包括场界四周绿化、道路两旁绿化和运动场绿化。做到常青树种与落叶树种、速生树种与慢生树种、高杆与矮杆合理搭配,花、草、林结合。绿化不能影响猪舍采光和通风。

(5)猪场排水系统设计:养猪场区的排水包括雨水、生活污水、生产污水(粪污和清洗废水)。排水方式采用雨污分流制,即雨水和污水分别采用两个独立系统。场区内的雨水通过明沟汇集由南向北排入场区界外的总排水沟渠。污水则采用暗埋管道集中排到场区东侧的粪污处理池,进行无害化处理。排水坡度不小于0.5%,为了整个场区的环境卫生和防疫需要,采用暗埋管道排放,当管道长度超过200米时,中间应增设沉淀井,以免污物淤塞,影响排水。

二、猪舍建筑类型

选择养猪场猪舍建筑类型,要根据饲养规模、资金投入、设备条件、基建用地的数量和地形、配套“消纳”粪污的耕地或林地面积等情况,因地制宜,科学决策。对于多数养猪场而言(尤其中小型养猪场)适宜采用小型单栋猪舍,具备大量耕地(包括林地、青饲料种植地)"消纳"沼液的大型养猪场,也可设计建筑大栋小单元猪舍或联体猪舍。

(一)小型单栋猪舍

一般每栋猪舍宽 10~12 米,长 40~60 米。这种类型猪舍全年大部分时间靠自然通风,节省能源,运行成本低;采用各种形式的"干清粪"清洁生产工艺,处理污水的工程量最少,沼液量少,易于"消纳";通风、降温、保温技术日趋成熟,加上屋面、墙体(指分娩母猪舍和保育舍的墙体)采取隔热保温措施,猪舍小气候可有效控制;遇有疫病便于清理并隔离消毒。存在的主要问题占地较多,土建成本增加,劳动效率较低。根据清出粪便方式的不同,小型单栋猪舍栏面以下设计各异。

(1)干清粪平地猪舍:猪舍为平地栏面,靠人工清扫铲出粪便,在猪舍内设一条 0.3 米宽的粪尿沟(加盖漏缝地板),或在墙外设粪尿沟(宽 0.25~0.3 米)排出污水。

(2)干清粪半漏逢地板猪舍:采用高床半漏逢地板设计,猪舍栏面的 1/2~2/3 为漏逢地板,其余 1/2~1/3 为实心地板。实心地板和猪舍中间的工作走道高出地面 1 米左右,漏逢地板下呈斜坡状,粪尿从斜坡落入粪尿沟,粪尿沟按 1% 放坡流向猪舍一端,污水流向排污总管。留在斜坡上的干粪用工具扒在粪尿沟,然后铲入运粪车辆送至肥料加工厂。清粪工作由清粪工在猪舍外进行,饲养员只养猪不清粪(见图 7-2)。

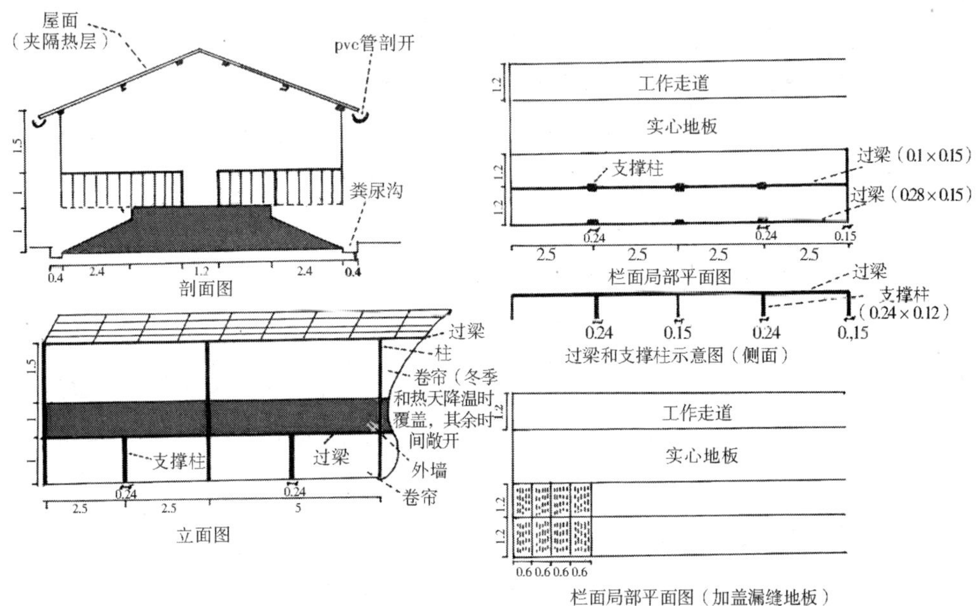

图 7-2 舍外干清粪栏面设计示意图

(3)刮粪板清粪猪舍:栏面以下采用半漏逢地板,漏逢地板占栏面的 1/2~2/3,

实心地板占1/2~1/3。漏逢地板下为刮粪沟。刮粪主机由电机和减速装置连成一体,安装在猪舍一端,1台主机管2条刮粪沟的刮粪板牵引。猪粪由刮粪板刮至舍一端墙外的贮粪池,由吸粪管吸入运粪车,送至肥料加工厂。为了不让漏逢地板下刮粪沟的臭气上升至猪舍,要构建地沟排气管网。这种建筑设计劳动效率明显提高,饲养员不负责清扫粪便,减少了传播猪病的风险。刮粪板清粪示意见图7-3。

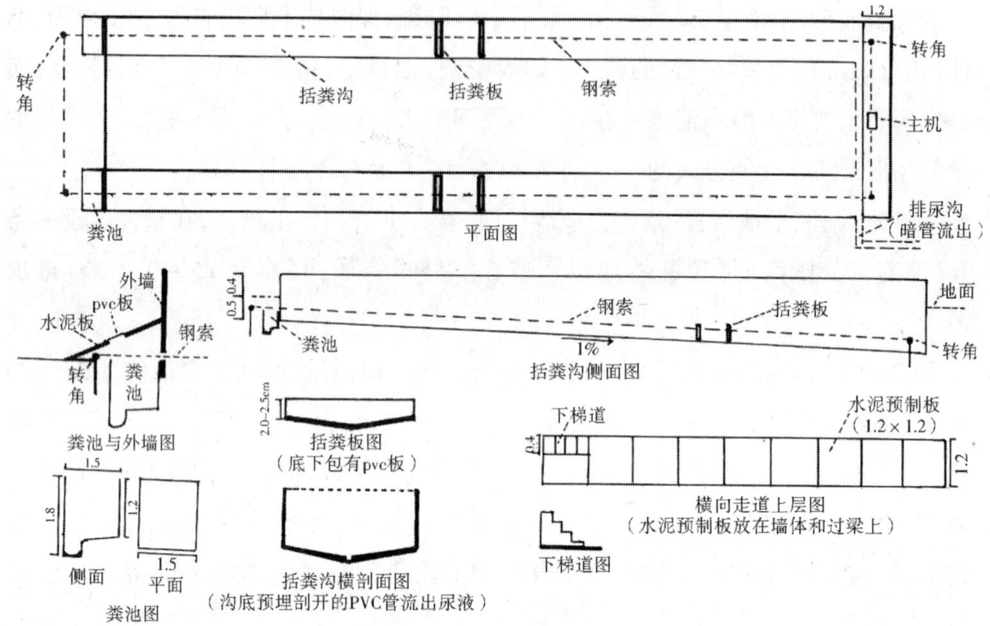

图7-3 刮粪板清粪示意图

(4)水泡粪漏逢地板猪舍:采用水泡粪工艺饲养,也可设计小型单栋猪舍。栏面以下设粪尿池,漏缝地板铺在粪尿池上。粪尿池一般为浅地(池深0.8~1.2米),设在地面以上(粪尿池底与地面平),也可以深挖,栏面与地面持平。前者在猪舍两端设4个排气窗,通过排气窗和地沟排气管排除粪尿池的污浊气体。粪尿排出猪舍外可采用两种设计:一是暗管排污,在粪尿池底预埋好排污管道(pvc管),安装T字形管件或黏合桩管件,拨出阻挡器(塞子)便产生自然真空,粪污排出;二是明沟排污,在粪尿池底适当位置构建纵走明沟,流向猪舍一端的窨井,明沟至窨井之间改接pvc管,在窨井接弯头,插入pvc管堵住粪尿,拨出pvc管时粪尿流入窨井,流向排污总管。这种设计建设的养猪场虽无需人工清扫运送粪便,但污水难以处理,必须配套有大片农田“消纳”沼液,在日趋严峻的环保要求下,水泡粪设计模式需慎重采用。

(5)高床发酵型生态养猪舍:针对传统冲水式养猪弊端重重,为解决养殖生产与环保的矛盾而新尝试的一种猪舍设计和养殖模式。主要做法是设计两层结构的高床猪舍,其中第二层养猪,第一层利用微生物好氧发酵原理,以锯木屑等有机垫料消纳养猪过程中产生的猪粪尿,最终变成有机肥料。具体技术工艺为猪舍第二层养猪生产设施中采用温控通风设备，地面采用全漏缝地板结构，养猪生产过程中不冲水，产生的猪粪尿通过漏缝板落入第一层垫料中；猪舍第一层高度为2.5米，建设有机肥生产车间，铺设锯木屑等垫料消纳生产过程中产生的猪粪尿，垫料厚度60~70厘米，采用机械每天对垫料进行翻堆处理，养猪废弃物在好氧微生物作用下发酵降解，转变成有机肥料。这类猪舍模式前期投入大，需要专门的发酵床翻耕机械，但可大量节约用水，减少猪群与粪便的接触，有利猪群健康，是环保型养猪模式的一种有益探索。

（二）大栋小单元猪舍

每栋猪舍宽20米左右，长100米左右，每栋猪舍内根据需要分割成若小单元，以便于"全进全出"饲养。如按"二点式"布局，一个3000~5000头母猪的养猪场，在"一点"上需建配种母猪舍（含空怀母猪、后备母猪）1栋，妊娠母猪舍1栋，分娩母猪舍1栋。精液由供精站供应，推行人工授精技术。在另"一点"上建保育舍1栋，育成育肥舍3~4栋。

这类猪舍一般采用水泡粪工艺模式，构建栏面以上建筑物前必须先建好粪尿池。粪尿池可设计为浅池（池深0.8~1.2米）或深池（池深2.5~3米）。粪污排出猪舍外可设计为暗管排污或明沟排污。

通风降温是大栋小单元猪舍设计的关键。设计水帘降温、负压通风，结合屋檐下进风，地沟风机抽风，要根据猪不同生长发育阶段和不同生产阶段对温度、湿度、空气卫生质量和通风量、风速的不同要求，采用智能化控制设备，形成猪舍气候的自动调控系统，达到及时排除污浊潮湿气体，流入新鲜空气。见图7-4是大栋小单元猪舍的分娩母猪舍图。

建设大栋小单元猪舍节约用地，节省土建经费，劳动效率高，采用机械化、自动化、智能化通风降温系统，可以营造舒适的小气候环境，提高猪的生产力。存在的主要问题是设备投资较多；能耗高，运行成本高；但现在 ·般不建议采用水泡粪工艺，因其处理粪污的工程量最大，而且必须配备大量耕地"消纳"沼液。而是可以结合刮粪板清粪工艺模式。

（三）联体式猪舍

将一个生产单元猪舍联在一起建设，甚至将多个生产单元的猪舍联在一起建设，减少一面墙体。例如将分娩母猪舍与配种、妊娠母猪舍联为一体，保育猪联为一体，育成育肥猪舍联为一体。全封闭联体式猪舍内每个单元内可以安排2~3列猪舍，长度30米左右；在屋顶还可安装透明瓦，以解决光线来源，并辅以灯光照明。联体猪舍过去一般采用水泡粪工艺饲养，因此构建栏面以上建筑物前必先建设粪尿

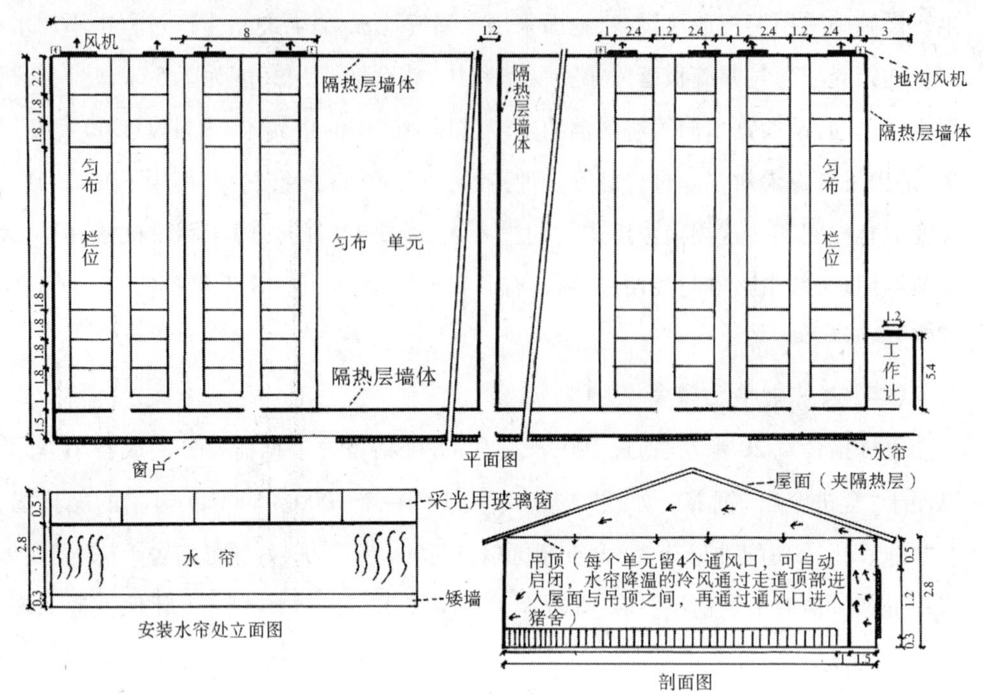

图7-4 大栋小单元猪舍式分娩母猪舍示意图

池，在粪尿池上铺设漏缝地板。一般粪尿池底即为地面，粪尿池深1米左右，栏面离地面高出1米左右。但现在也可以结合刮粪板清粪工艺模式进行设计。联体式猪舍可采用常规负压通风系统，猪舍一端安装水帘降温，相反一端安装见机负压通风，并结合在屋顶构建排气窗抽气；也可采用源自欧美发达国家的全封闭垂直通风系统或弥散式顶棚通风系统。（见彩图95）

建设联体猪舍，节约用地，节省土建经费，劳动效率较高，屋面和墙体采取隔热保温措施并配以通风降温系统，舍温易于控制。存在的主要问题是能耗较多，运行成本较高；如采用水泡粪工艺，处理粪污的工程量大，而且必须配套有大量耕地"消纳"沼液。

三、各类猪舍建筑设计

不同性别、不同饲养和生理阶段的猪对环境及设备的要求也不同，设计猪舍内部结构时应根据猪只的生理特点和生物学习性，甚至考虑动物福利，合理布置猪栏、走道和合理组织饲料、粪便运送路线，选用适宜的生产工艺模式和饲养管理方式，充分发挥猪只的生产潜力，同时提高饲养管理工作效率。

猪舍涉及的基本单元是猪栏，公猪栏、空怀母猪栏、妊娠母猪栏、分娩哺乳母猪栏、保育栏和生长育肥栏之分,对根据饲养数量的多少分为单体栏、限位栏和群养大栏。公猪栏一般为单体栏,成年公猪常用单体栏(3 米×2.4 米×(1.2~1.4)米),后备公猪则常用限位栏;空怀、妊娠母猪栏多为限位栏,有时空怀和妊娠前期母猪也要采用小群饲养栏位(饲养 5~6 头母猪),母猪分娩和哺乳则一般用产床(见彩图 96)。

(一)公猪舍设计

公猪舍设计要考虑维护肢蹄健康,符合睾丸对环境气温的要求,使公猪每天有适度的运动。一般为单列式或双列式,单栏饲养,栏高 1.3~1.4 米,每头占栏面积 9~12 平方米。应配有防暑降温设施,在屋顶铺设隔热材料,安装水帘降温、负压通风,甚至装设空调设备。每间围栏采用栏杆围成,以利通风。若设计敞开式猪舍,南北墙 1.3 米以上敞开,安装卷帘,常温时可自然通风。

公猪舍地面不可太过粗糙,避免使用条状地面,而采用不过滑或过粗之水泥地面或高压水泥砖地面,地面坡度 1%~1.5%;如有肢蹄不良之公猪则可采用部分沙土地面。有条件的猪场可在栏舍外设运动跑道,公猪每天要有适度的运动。

采用人工授精技术,小场设 1 间采精室,大场设 2 间采精室,采精室通过消毒推拉玻璃窗将采集的精液送到检验分装室。

(二)空怀及妊娠母猪舍的设计

空怀、妊娠母猪舍可为单列式(可带运动场)、双列式、多列式等几种。空怀母猪多小群饲养(每间养猪 6~8 头母猪),也可采用限位栏,便于观察发情;空怀栏可设计公猪走道,便于公猪来回走动诱情或作发情鉴定。妊娠栏则可采用大群饲养栏(多见使用智能化母猪群养管理系统)或单体限位栏。单体栏由金属材料焊接而成,一般栏体长 2 米,栏宽 0.60~0.70 米(根据品种、经产合初产等情况选择),栏高 1 米。优点是可按个体情况控制用料、管理,母猪之间不致“打斗”,缺点是有悖“动物福利原则”,肢蹄易损坏,使用时间缩短。群养则有利于实施“动物福利”原则,锻炼肢蹄,延长母猪使用年限栏栅式结构。群养栏一般高 1~1.2 米,按 2.5~3 平方米/头计算,每栋设 1~2 间特护栏饲养“问题”母猪。

空怀及妊娠母猪舍若设计敞开式猪舍,南、北墙体 1 米以上敞开,悬吊卷帘,常温时卷帘收起,自然通风。高温季节放下卷帘,密闭,水帘降温、负压通风。

(三)分娩母猪舍的设计

分娩母猪舍构建“单元式”猪舍,实行“全进全出”饲养。“单元式”猪舍内三走道双列式,为防止仔猪被压死,应采用防压架和限位栏。产床的尺寸与选用品种有关,一般长为 2.2~2.4 米,宽为 1.8~2.0 米。其中母猪限位栏的宽度一般为 0.6~

0.7 米,高 1.0 米。仔猪活动围栏每侧的宽度一般为 0.6 ~0.7 米,高 0.5 米,栏栅间距 5 厘米。仔猪活动区内设仔猪补饲槽和保温箱。分娩母猪舍使用的条状、网状或铸铁板地面,要注意不要伤到猪体,且能使猪粪尿易于掉落在粪尿沟。

分娩母猪舍通风降温采用冷风机降温、正压通风(通过风管),对着母猪头颈部吹风,结合头颈部滴冷水。也可采用水帘降温、负压通风。

(四)保育舍的设计

保育舍按"全进全出"的要求,1 个单元内的哺乳仔猪转入 1 个单元内的保育舍,采用地面或网上群养。仔猪断奶后转入保育舍,一般是原窝饲养,每窝占 1 栏;也可以 2 窝并 1 栏(见彩图 97)。保育栏的面积可按每头保育猪占 0.3 ~0.4 平方米计算(表 7 -2)。

网上群养采用金属编织网漏粪地板或金属编织镀塑漏粪地板(后者的效果好于前者),漏粪地板通过支架设在粪尿沟上或实体水泥地面上,相邻两栏共用一个自动食槽,每栏设一个自动饮水器。仔猪保育栏的长、宽、高尺寸,视猪舍结构不同而定,栏高一般为 0.6 米,栏栅间距 5 ~8 厘米。小型猪场保育猪也可采用地面群养方式,在寒冷季节用红外灯或加热地板等给仔猪局部供暖。

表 7 -2　各类猪只占用面积

猪只类别	每头占床面积(平方米/头)
种公猪	9.0 ~12.0
后备公猪	4.0 ~5.0
后备母猪	2.0 ~3.0
空怀妊娠母猪	2.5 ~3.0
哺乳母猪	4.2 ~5.0
保育仔猪	0.3 ~0.4
生长育肥猪	0.8 ~1.2

(五)育成育肥猪舍的设计

为减少猪群周转次数,把育成和育肥两个阶段合并成一个阶段饲养,育成育肥猪舍多设计为双列开放式,有利于夏季的防暑降温,但在冬季需注意防寒保温,用卷帘封闭猪舍。采用地面群养,地板多为混凝土实心地面或水泥漏缝地板,也有采用 1/2 漏缝地板,1/2 混凝土实心地面。混凝土实心地面坡度 1.5% ~2%。育成育肥栏的栏高一般为 1 米,采用栏栅结构,栏栅间距 8 ~10 厘米。一般每栏不超过 25 头为宜,每头占栏面积为 0.8 ~1.2 平方米,采食宽度为 35 ~40 厘米。

第二节　猪舍内部环境控制技术

根据猪的生物学特性,小猪怕冷,大猪怕热,大小猪都不耐潮湿,还需要洁净的空气和一定的光照,这些因素又是互相影响、相互制约的。例如,在冬季为了保持舍温,门窗紧闭,但造成了空气的污浊,而通风换气又要防止贼风;夏季向猪体和猪圈滴水或喷雾可以降温,但增加了舍内的湿度。因此,规模化猪场猪舍的结构和工艺设计都要围绕着营造舍内适宜的内部小气候来考虑,以创造一个有利于猪群生长发育的环境条件。

猪舍内部小气候控制的核心是温度、湿度、光照、空气卫生(有害废气及尘埃等)、噪声、微生物及虫害等的管控。因品种、性别、年龄、生产力水平、生理阶段和个体间的差异,对所要求的舍内小气候环境不尽相同,可参考国家标准《规模猪场环境参数及环境管理(GB/T17824.3—2008)》。猪舍内部环境管理主要应对措施有通风换气、防暑降温和防寒保温等。

一、通风系统

猪场夏季通风的主要目的是防暑降温,而冬季通风则主要是换气、除尘、除湿、改善空气质量。根据猪舍的类型,通风的方式有自然通风和机械通风两类。建有开放或半开放猪舍的中、小型猪场平时一般采用自然通风,夏季高温时则辅以机械通风;而工艺较为先进的现代大中型规模化猪场,为调控舍内适宜环境、提高生产效率,多采用机械通风。

猪场通风根据进出风口位置的设置,一般可有屋顶通风、横向通风和纵向通风三种。

(1)屋顶通风:可以选择在屋顶开窗、安装屋顶无动力风扇或安装屋顶风机等方式。

(2)横向通风:如果采用自然通风或在墙壁上安装风扇,则主要用于开放式和半开放式猪舍的通风,进风口一侧由玻璃窗和卷帘组成,安装卷帘时要使卷帘与边墙有8厘米左右的重叠,这样在冬天能防止贼风进入;同时还要在卷帘内侧安装防蝇网,防止苍蝇、老鼠等进入以保证生物安全;卷帘最好能从上往下打开,在秋冬季节时,可以让废气从卷帘顶端排出,平衡换气和保温;横向通风如果采用机械通风系统,风机则可设在屋顶风管内、两纵墙上设进风口,或风机设在两纵墙上、屋顶风管进风,也可在两纵墙一侧设风机、另一侧设进风口。

(3)纵向通风:纵向通风通常采用机械通,分正压纵向通风和负压纵向通风两种。正压通风,即将舍外空气用离心式或轴流式风机通过风管压人舍内,使舍内空气压力高于舍外,在舍内外压力差作用下,舍内空气由排气口排出;正压纵向通风主要用于密闭性较差的猪舍。负压纵向通风则用于密闭性好的猪舍,通过风机将舍内空气抽出,形成负压,使舍外空气在大气压的作用下通过进风口进入舍内,从而达到通风换气的目的。纵向通风时风机设在猪舍山墙上或靠近该山墙的两纵墙上,进风口则设在另一端山墙上或远离风机的纵墙上。

猪舍做好通风需要注意几个问题:一是冬天通风换气时要防止贼风。俗话说"不怕狂风一片,只怕贼风一线",当气流速度达到0.3米/秒的贼风即可使温度下降达到5℃,当寒冷季节传统猪舍保温与通风发生矛盾时,可向猪舍内定时喷雾过氧化类的消毒剂,其释放出的氧能氧化空气中的硫化氢和氨,起到杀菌、去臭、降尘、净化空气的作用。二是冬天在最小通风状态下,要尽量保证猪舍干燥,注意防潮和舍内湿度加大。三是通风要均匀,特别是粪沟上不要留死角。四是避免纵向通风猪舍过长(一般长度不宜超过60米),影响通风效果,同时应避免临近进风口风速过大而对猪只造成不利影响,进风口与猪只之间要预留一定距离(一般1.5米左右)。

值得一提的是,我国一些全封闭西式猪场,开始使用源自于国外的垂直通风或弥散式通风技术(图7-5),新鲜空气进过过滤、冷却或加温后,从屋顶天花板空气出口均匀地吹到舍内每个角落,风程短,且没有死角,能时刻保持全猪舍新鲜空气是一类有效的通风技术。

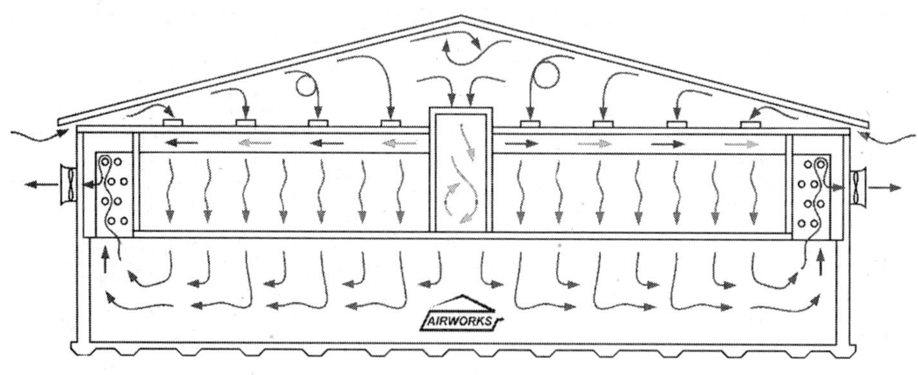

图7-5 全封闭猪舍垂直通风系统示意图

二、温度和湿度控制系统

猪舍内温度的高低取决于猪舍内热量的来源和散失的程度。在无取暖设备条件下，热的来源主要靠猪体散发和日光照射的热量，热量散失的多少则与猪舍的结构、建材、通风设备和管理等因素有关。在环境温度超出猪只适宜温度，如在夏季高温天气，应做好防暑降温；而在寒冷季节应做好增温、保温措施。

（一）猪舍降温措施

大猪耐热性能较差，当气温超过 30℃，猪的采食量明显下降，饲料报酬降低，生长速度缓慢，公猪性欲和精液品质下降。在南方夏季持续高温高湿气候下，对猪舍进行降温除湿十分必要。

猪舍降温应从猪舍建设设计与材料、降温设施、饲养管理等几个方面系统考虑。

（1）猪舍建设设计方面：猪舍应建在干燥、通风的地方，南方炎热地区，考虑考虑夏季主风向设置猪舍猪舍朝向。开放式或半开放式猪舍建设时，猪舍跨度不宜过大。猪舍内栏圈间不宜设隔山墙，各圈间隔墙、尤其是圈舍与通道间的隔墙可以用铁栅栏代替；同时，对于开放式或半开放式猪舍可考虑遮阳板隔热和舍外绿化防热等措施。

（2）猪舍隔热设计方面：主要是考虑屋顶和墙面板的隔热性能，如使用彩钢泡沫或聚苯复合板等，隔热屋顶的材质通常最外层（舍外侧）导热系数大、最里层（舍内侧）导热系数小、中间层则蓄热系数大。

（3）降温设施方面：首要是做好通风降温，但当环境温度接近甚至高于体温时，条件相对简易的猪舍则可采用直接喷淋、滴水或喷雾降温，这种方法虽然投资小操作相对简单，但在现代环保清洁生产系统中，存在耗水、效果有限、劳动繁杂等不足。对于工艺较为先进的猪舍，上述方法只偶尔在极端高温情况下作为辅助手段，而是较常用湿帘降温系统或湿帘冷风机系统，配合通风进行降温。在具备智能化环境控制系统的全封闭猪舍，可综合空气过滤系统（图 7－6）、湿帘、变速风机、智能温湿度控制器、负压通风模式等，以同时达到降温、除湿和净洁空气的目的。

（二）猪舍保温措施

在寒冷季节，大猪的舍温要求不低于 10℃，保育舍应保持在 20℃为宜。2～3 周龄的哺乳仔猪需 26℃左右，而 1 周龄以内的仔猪则需 30℃的环境。温度过低会导致猪只生长缓慢、饲料报酬下降、患病甚至死亡等。

现代猪舍防寒保温和降温类似，也应首先从猪舍建设设计与用材着手，在屋顶可采用铺设保温层，墙体可用空心砖或填充隔热材料的空心墙体，或者直接采用新

图7－6 Bioevolutis™空气过滤系统

型建材，如外侧为波形铝板，舍内侧为防水胶合板并贴有聚乙烯薄膜，中间填充玻璃棉保温层的新型墙板，地面采用水暖地面等。同时，保暖设施方面，在猪舍内设置热风炉、燃气暖风机等设备提供热源，对仔猪用仔猪电热板、红外线灯泡等加热设备为仔猪保育箱提供额外热源。在饲养管理方面，要保持猪舍干燥、防止贼风、地面加垫草或木屑等、提高饮水温度、增加饲喂餐数、调教猪只定点排泄、换气时利用舍内温度预热冷空气等。

（三）猪舍除湿措施

猪的适宜湿度范围为65%～75%。为了防止湿度过高，首先要减少猪舍内水气的来源，少用或不用大量水冲刷猪圈，保持地面平整，避免积水，设置通风设备，冬季在做好保暖前提下，做好通风换气，以降低室内的湿度。

三、光照系统

适当的光照可促进猪的新陈代谢，加速其骨骼生长并杀菌消毒。试验证明，繁殖母猪的光照增至60～100勒克斯（光照强度单位），可使繁殖率提高4.5%～8.5%，使新生仔猪窝重增加0.7～1.6千克，使仔猪的育成率提高7.7%～12.1%。乳仔猪和育成猪的光照度提高到60～70勒克斯，可使仔猪的发病率下降9.3%；哺乳母猪栏内每天维持16小时光照，可诱使母猪早发情。一般母猪、仔猪和后备猪猪舍的光照度应保持在50～100勒克斯，每天光照14～18小时，公猪和育肥猪每天应保持光照8～10小时，但夏季要尽量避免阳光直射到猪舍内。

在做好猪舍内部小气候控制的同时，还应注意猪舍防蚊蝇、防鼠、防鸟以及防病原菌的内环境控制，保证社内清洁安全的生产环境。在猪场建设时要平整猪舍外围周边的环境，做好绿化或用鹅卵石在墙体雨水沟外侧铺设1～2米，以控制舍外蚊蝇滋生和鼠穿行藏身；在猪舍内外所有的窗口或屋檐缺口安装铁丝或尼龙网，形成小鸟进入;做好人员洗澡、消毒通道以及物品进入熏蒸消毒通道。

第三节　规模化猪场养殖设施设备

一、猪场养猪设施与设备

现代养猪已逐渐从传统庭院式养殖、半机械化养殖向机械化乃至工厂化模式转变。本节主要介绍机械化和工厂化新涉及的规模猪场地板、饲喂、饮水、环境调控、清粪等养猪设施设备。

(一)猪栏地板

猪栏地板的选择和设计,影响到养猪的人工成本、地板成本以及猪在地板上生活的舒适性。因此应该根据猪的生活特点、大小及习性进行设计或者选购,下面介绍猪栏地板。

栏舍地板主要作用是承载猪的自身重量,也是猪活动、采食、躺卧和排粪尿的地方。栏舍地板的选择和设计直接影响到猪只生活的舒适度和粪尿的排泄方式。猪舍地板要求保温、坚实、平整、不滑且不刮伤肢蹄子、便于清洗和消毒等。地面一般应保持1% ~2%的斜度,这有利于地面保持干燥。目前猪舍多采用全部实心水泥地面或全漏缝地板地面,也有前端水泥地面和后端漏缝地板相结合的方式。

水泥地面坚实耐用、平整,易于清洗消毒,但保温性能差。为克服水泥地面传热快的缺点,可在地表下层用孔隙较大的材料(如炉灰渣、膨胀珍珠岩、空心砖等)增强地面的保温性能,或者在下面铺设循环水系统。

直接采用地面的,需要通过人工清扫方式清理猪尿粪,其工作量远较漏粪板大。采用漏粪板的,可以利用刮粪机进行自动刮粪(后面将详细介绍刮粪机这一设施)。这完全取决于猪场规模及当初的设计规划。

漏粪板也可以分为多种类型。按材料分,有复合塑料的漏粪板,水泥板和扁铁或者铸铁漏粪板(见彩图98)。当然,漏粪板的设计和选用,需要根据所饲养猪群的体形大小选择适当参数的漏粪板,在确保漏粪板孔不会伤到猪脚的前提下,尽量选用漏粪孔大的漏粪板,这有利于漏粪板上猪粪的清理。

(二)饲喂设施

1. 食槽

食槽是猪养殖过程中必备的设备,其种类非常多,根据材料分有青石、水泥、铸铁、工程塑料、不锈钢等食槽。而根据所喂养猪群有公猪用、母猪用、仔猪用及生长育肥猪食槽等。成年猪的食槽差异小,更多需要考虑其食量和栏舍,便于放置和安装即可,彩图99为常见的公猪食槽,其特点是比一般猪的食槽大而厚重,这是因为公猪体积大,采食量也大。

母猪和公猪一样多数都是单只饲养,各类母猪食槽设计基本相同,只是材质不同,大小不同。常见的母猪食槽有铸铁和不锈钢母猪食槽。猪场的母猪舍、妊娠母猪舍多采用铸铁母猪食槽。母猪食槽稳重,经久耐用。而不锈钢母猪食槽也非常常见,这需要将薄板冲压成型后的母猪食槽固定安装在猪栏上,以免被母猪拱翻,不锈钢母猪食槽规格大小与铸铁母猪食槽一样(见彩图100)。

仔猪食槽有很多,按材质分有铸铁仔猪补料槽、不锈钢仔猪补料槽、塑料补料槽以及水泥补料槽。由于制造工艺简单,塑料和水泥材料的仔猪食槽便宜。但是塑料食槽其壁薄,耐用性比水泥食槽差,而水泥食槽表面相比粗糙,其清洗相对麻烦。仔猪补食槽的规格为通常为直径260毫米的圆盘形(见彩图101)。

保育仔猪用双面干湿食箱,这类食槽可同时供二栏猪舍40~50头猪敞开进食用。在采食的同时可以饮水,由于集中喂养进食,这样可以节约饲料5%左右。同时这种食槽改变了以往采食后到另一处饮水的弊端,是一项正在积极推广的饲养新技术。其规格通常为0.8米×0.5米×0.65米。

生长、育肥猪可采用双面干湿食箱,这类食槽和保育仔猪用双面干湿食箱比较接近,原理相同,只是食槽大小不一样,通常其规格为1.1米×0.6米×0.7米,可装料50千克;育肥双面干湿食箱规格为1.25米×0.7米×0.8米,可装料50千克(见彩图102)。

2. 自动饲喂料线

猪的喂料设施有自动化料线和传统的人工喂料设施。规模猪场猪干湿饲喂器主要用于保育猪和生长育肥猪的饲喂。该设备是把猪采食和饮水在空间位点上设计在一起的,形状和结构设计充分考虑猪采食行为特点,适于养猪生产机械化且自动化要求的饲喂设备。猪干湿饲喂器把猪的采食和饮水在空间位点上集成在一起,猪无需在采食过程中为饮水而做位移。而传统饲喂设备的自动饮水器常被设计安装在运动场内或猪栏的另一边,在采食过程中,猪需要饮水时,就不得不在饲喂器到饮水器之间往返移动,从而增加了饲料浪费的可能,也多消耗了能量。另外,猪采食时常有拱食、前脚跨入饲槽及争斗行为，而这些行为是引起采食时饲料大量浪费的主要原因。猪干湿饲喂器在饲槽形状、结构设计时充分考虑到了猪采食的不良行为，能使猪改变不良的进食行为，而达到减少饲料浪费的目的。传统喂料设施主要包括从饲料的称量到猪的进料设施，也就是称量饲料的电子磅秤和猪进食的食槽。随着猪场规模化不断增大，用工难、生物安全等问题凸显出来，传统人工饲喂方式已经不再适合大规模化养殖，而自动化料线成为规模化、标准化猪场的选择（见彩图103）。自动喂料系统的稳定性和可靠性是最为重要的，所以通常要求其结构简单以确保其可靠性。并在设计中将喂料方式、食槽的样式等统一。

料线和智能控制系统合成自动饲喂系统，是可通过在每头猪身上安装一个无线射频追踪器，利用饲料从料塔通过管线和刮板移动到定位栏，猪只可以用头顶开自动喂料槽的漏料口，从而获得饲料。

自动饲喂料线系统具有灵活、可靠、操作管理方便、运行费用低等特点。根据专家设置系统饲喂的曲线，自动饲喂系统可以自动按生长天数调节饲料配方，并可将不同配方和配料量的饲料准确地送到不同的猪栏。从而可以对猪场施行多阶段配料，甚至同一阶段不同配料，以改善饲料转化率，并可以有效减少排泄物中氮和磷的含量。自动饲喂系统还具有其他一些优点，如在系统里设置的加药器，可将抗生素、维生素和某些粉状或颗粒状的饲料添加剂精确地加进饲料，治疗疾病，方便快捷。电脑系统存储的大量饲喂数据，可以随时打印出来，便于统计分析，制定最佳饲喂方案。自动饲喂系统是一次性投入大，需要较规范的维护人员。

3. 液态自动饲喂系统

近年来，国外的大量研究和生产实践表明，采取液态饲料饲喂生长育肥猪，其适口性好，消化吸收率高，无粉尘，可加快生长进度，提高饲料转化率 5% ~10%，减少了猪的呼吸道疾病。还可充分利用各种饲料资源（如食品厂的下脚料、酒厂的酒糟等），降低成本。湿喂或饲喂粥状食物是增加采食量的有效方式，将料水以重量比按 1:1 混合时，可以增加仔猪的采食速度。粉料干喂与湿喂相比，日增重和饲料利用率均偏低，采食量也有较大差异。湿喂提高采食量的原因可能是由于刚断奶仔猪尚未适应饲喂和饮水，而湿喂与哺乳方式相似。液态自动饲喂系统结构较复杂，要求有较高的管理水平，而且设备费用高，所以到目前为止，饲料自动饲喂系统在我国规模化猪场的实际应用还较少。这套系统的喂养方式，和传统喂养非常接近。

（三）饮水设施

传统庭院式养殖采用的是盆或者碗盛水，实行无限量供应给动物饮用。现代规模化养殖，这样的饮水方式浪费严重；同时长期盛放的水，不卫生，影响动物健康。

因此有了现在规模化养殖的众多饮水设备和设施，主要有鸭嘴式、乳头式、杯式等供选择（见彩图104）。

1. 鸭嘴式和乳头式饮水器

由于鸭嘴式和乳头式内部结构非常相似，都是需要依靠动物自己通过嘴咬开（或者顶开）阀门，水才能流出，动物才能喝到水。下面以鸭嘴式猪只饮水器进行介绍。饮水器主要由阀体、阀芯、密封圈、回位弹簧、塞盖、滤网等零件组成。阀体、阀芯多用黄铜和不锈钢材料，弹簧、滤网为不锈钢，塞盖选用工程塑料。饮水器整体结构简单，耐腐蚀，工作可靠，不漏水，寿命长。猪饮水时，嘴含饮水器，咬压下阀杆，水从阀芯和密封圈的间隙流出，进入猪的口腔，当猪嘴松开后，靠回位弹簧张力，阀杆复位，出水间隙被封闭，水停止流出，鸭嘴式猪只饮水设备密封性能好，水流出时压力降低，流速较低，符合猪只饮水要求。针对乳猪和保育仔猪，有规格较小的饮水器。其安装可以根据猪栏，猪的大小进行角度、水平高度调整。饮水器安装应远离猪只休息区的排粪区内。

2. 杯式饮水器

杯式饮水器是一种以盛水容器（水杯）为主体的单体式自动饮水器，常见的有浮子式、弹簧阀门式和水压阀杆式等类型。这种类型的饮水器和传统意义上的碗盘式饮水器是一样的，主要是多了一个对水量的监测与控制机构（进水机构），动物能够直接连续饮用到容器里面的水。其主要缺点是对水的浪费，饮水卫生也不能很好保证。

浮子式饮水器多为双杯式，浮子室和控制机构放在两水杯中间。一个双杯浮子式饮水器固定安装在两猪栏间壁处，供两个猪栏使用。饮水器由壳体、浮子阀门机构、浮子室盖、连接管等组成。猪饮水时，推动浮子使阀芯偏斜，水即流入杯中供猪饮用，当猪嘴离开时，阀杆靠回位弹簧弹力复位，停止供水。浮子有限制水位的作用，它随水位上升而上升，当水上升到一定高度，猪嘴就碰不到浮子了，阀门复位后停止供水，避免水过多流出弹簧阀门式饮水器，水杯壳体一般为铸造件或由钢板冲压而成。对于杯式饮水器，当猪饮水时，用嘴顶动压板，使弹簧阀打开，水便流入饮水杯内，当嘴离开压板，阀杆复位停止供水。水压阀杆式饮水器，靠水阀自重和水压作用控制出水的杯式猪只饮水器，当猪只饮水时用嘴顶压压板，使阀杆偏斜，水即沿阀杆与阀座之间隙流进饮水水杯内，饮水完毕，阀板自然下垂，阀杆恢复正常状态。彩图105为几种饮水器实物图。

（四）室内环境控制设施

下面主要介绍通风和温湿度调控设施。

1. 风机

风机的主要作用为通风换气和降温,而且从舒适度来看,风速过大,其表面水分蒸发加快,容易降低猪的体温,所以猪舍需要通风,但是其风速一般在 0.2 ~ 1.0 米/秒为宜。从机械的角度看,涡流风机一般有较大的风速,但是风量小;而轴流风机则有较大的风量,而风速却比较小,所以通常情况下,猪场通风采用的是轴流风机,较少采用涡流风机。彩图 106 为风机图。

2. 水帘

为了同时达到调节温度和湿度的目的,水帘在猪场的应用也是非常常见的。顾名思义,水帘就安装在窗户上提供水的帘子,当然提供水的同时,也调节了温度。其水帘的工作原理是水帘上方水槽盛有一定的水,水慢慢通过纸质或者塑料的渗透性顺流而下,达到调节猪舍温度和湿度的目的。水帘的应用主要是在夏天闷热天气,能较好地达到给猪舍补充水分和湿度的目的。一般情况下,猪舍水帘在冬天会停用。彩图 107 是水帘的实物图。

3. 环保空调机

环保空调或蒸发式降温换气机组,根据"水蒸发吸收热量,蒸发面积影响蒸发效率"这一自然物理现象,使空气经过实际换热面积为表面积多倍的蒸发湿帘,将大量的热量吸收,从而达到降温的目的,实物图如彩图 108 所示。

(五)粪污处理设施

养猪粪污量大,给环境带来巨大压力。按照每头猪每天的采食量为 2 千克计算,一天产生尿 3 千克,猪粪 3 千克左右,对于存栏数量为 1 万头(中等规模)的养猪场,一天产生粪便超过 30 吨。可见废弃物的产量非常大,如果处理不当,容易引发非常严重的环境问题,特别是在温度偏高的春夏季节。

猪粪收集清理方式各猪场不一样,主要有水泡粪、水清粪、干清粪三种。三种清粪方式所需工人和用水量差异大,在不同地区均有应用。

1. 漏缝地板

现代化猪场为了保持栏内的清洁卫生,改善环境条件,减少人工清扫,普遍采用粪尿沟上敷设漏缝地板,漏缝地板有钢筋混凝土板条、板块、钢筋织编、塑料板块、陶瓷板块等。对漏缝地板的要求是耐腐蚀,不变形,表面平,不滑,导热性小,坚固耐用,漏粪效果好,易冲洗消毒,适应各种日龄猪的行走站立,不卡猪蹄。钢筋混凝土板条、板块,其规格可根据猪栏及粪沟设计要求而定,漏缝断面呈梯形,上宽下窄,便于漏缝。金属编织地板网,由直径为 5 毫米的冷拔圆钢编织成 10 毫米 ×40 毫米、10 毫米 ×50 毫米的缝隙网片与角钢,扁钢焊合,再经防腐处理而成,这种漏缝地板网具有漏粪效果好、易冲洗、栏内清洁、干燥、猪只行走不打滑、使用效果好,适于分娩母猪和保育猪使用。塑料漏缝地板,由工程塑料模压而成,可将小块连接组合成大面积,具有易清、洗消毒、保温好、防腐蚀、防滑、坚固耐用、漏粪效果好等特点,适用于分娩母猪和保育仔猪栏。

2. 刮粪机

刮粪机适用于干清粪,也就是从漏粪板漏下来的粪便,通过刮粪机刮走,达到清理的目的。其外形尺寸可以设计调整,常见的如 1500 毫米 ×2000 毫米 ×300 毫米(长×宽×高),功率为 0.75 千瓦。刮粪机的使用能够减少人工作业,而且漏粪板下,作业环境差,难于作业,而采用刮粪机能很好解决这些问题,但是刮粪机的使用对猪舍地基平整度要求高,否则猪粪清理不干净,而且由于地基不平,容易磨损和损害刮粪机,甚至导致刮粪机完全不能作业。通常情况下,刮板拖动速度小于 5 米/分钟,刮净度达到 95%。自动刮粪机有效解决了饲养场劳动力的清粪强度。正常情况下,一个主机可以带动 1 ~4 个粪道刮粪,如需带动 5 ~6 个粪道同时刮粪,需要定做。彩图 109 为刮粪机实物图。

3. 固液分离机

猪场废弃物量大,而且一般都是猪粪和尿混合在一起,所以通常情况下,应将猪粪脱水。对于脱水后的猪粪,可以通过干燥制作成有机肥供农林种植业使用,而脱除的液体废水,需要集中处理。经过这样处理后的猪场废弃物,其处理量小很多,压力小,而且处理速度相比不采用固液分离脱水而直接处理快得多。这种脱水设备主要由滤网、螺旋绞龙、螺旋叶片等组成,且均采用优质不锈钢跟合金经过特殊的工艺制造而成,具有很好的耐腐耐磨等特点。该脱水机自动化水平高、操作简单、易维修、日处理量大、动力消耗低、适合连续作业。由配套的无堵塞液下泵将猪粪水提升送至猪粪处理机内,再由绞龙将猪粪水逐渐推向机器的前方,同时不断提高机器前缘的压力,迫使物料中的水分在边压带滤的作用下挤出网筛,流出排水管。猪粪处理机的工作是连续进行的,其猪粪水不断的提升至猪粪处理机体内,前缘的压力不断增大,当大到一定程度时,就将出料口顶开并挤出挤压口,达到挤压出料的目的,其工作情形如彩图 110 所示。为了掌握出料的速度与含水量,可以调节主机下方的配重块,以达到适当的出料状态。脱水后的猪粪,可以直接晒干或者烘干,作为鱼食料,或者用作有机肥。

(六)其他设施

1. 病死猪处理设备

由于环境要求的提高,近年来,媒体曝光的病死猪事件,引发了社会的高度关注，推动了养殖行业无害化处理设备的推出。传统病死猪处理方式主要是深埋，而这种处理方式存问题，因为病死猪的死因大多是因为感染了病菌，而深埋并不能很好的灭失这些病菌，使得猪病毒通过这样的方式传染到别的地方，甚至深埋入土的死猪流入饮用水，污染了饮水，病毒最终感染到人群。现在的处理方式一般是采用无害化集中处理。集中处理可以分担设备的固定投资，不会浪费设备和场地，其次集中处理对于死猪的病毒传染等有较大的帮助，所以无害化处理设备这几年得到大力的发展和推广。无害化处理的过程，主要是将死猪切碎，然后进入高温炉（200℃左右）蒸煮一定的时间，然后将处理过后的死猪进行干燥，制造有机肥。这一过程，同时获得一些猪油，可以用于生物柴油的炼制，获得一些经济上的利用价值。彩图111 为常见动物无害化处理设备的实物图。

2. 污水处理系统

经过分离后的液体，以猪尿和清理水为主，不能直接排入环境，需要处理后才能减轻对环境的危害。而这一环节的处理，工艺较为复杂。主要包括厌氧和好氧处理，经过这两个环节后，液体中的一些有机质已经分解，基本能够达到国家排放标准要求。厌氧和好氧处理的设备，包括厌氧和好氧处理池及一些辅助的设备。厌氧处理过程主要依靠厌氧菌代谢消耗废液中的有机质及其他营养成分；而好氧池中，则主要依靠压缩机（或者其他设备提供）供给的氧在好氧菌的作用下，将废液中的有机质消耗。厌氧处理设备简单，但是效果差一些，同时成本低；而好氧处理过程效果好，但是过程能耗大，成本高，可能一些小的猪场难于承受。在猪场实际使用过程中，通常先进行厌氧处理，然后进行好氧处理，使废液达到国家标准规定的排放要求。常见厌氧和好氧处理设备如彩图 113 所示。

由于上面提到的这些厌氧和好氧处理设备体积大，同时处理时间长，导致其处理能力受到限制。因此粪污的高效处理设备成为一个重要发展的技术。粪污的高效处理设备，主要是基于阿伦尼乌斯方程，化学反应（厌氧和好氧处理过程均为化学过程）的速度和反应温度成指数关系。温度每提高 5℃，化学反应加快一倍，也就是时间缩短一半，这样将常温下的厌氧和好氧过程提高到 80℃ 下进行，能将常温下需要 2 个月左右的反应时间，缩短为 1 天内完成。近年关于粪污高效处理设备，在国外已经研究多年，有设备在市场应用。新加坡 BIOMAXTECH 公司专利 US20130091912，提出将粪污类有机肥通过微生物发酵，能够确保有机肥在一天之内腐熟，完成发酵，该公司专利技术，已应用于多个工程项目，而且受到客户好评。日本 CHUBU EC 公司开发的粪污处理设备，通过猪场固液分离后进入设备处理，能够在 24 小时内完成处理，出料口最后出料为有机肥，不对外排出另外的物质，也没有臭气排入环境。该设备在国内有猪场使用,其价格高昂。台湾农冠生物科技有限公司生产的有机废弃物处理设备,其设备也能够满足 24 小时出料,将有机废弃物处理为有机肥。总体看,这些设备的工艺差异较小,都是通过采用高温菌(嗜热菌)在高温下加速化学进程,典型设备的图片如彩图 112 所示。

养猪设施种类繁多,且其材料、结构、形状、功能等存在一定差异。在栏舍方面,具体还有非常多类型的地板,如包塑钢地板以及扁铁成型地板。而在自动喂料方面,其实还涉及非常多的精准控制设施以及自动饮水设施。在环境污染控制方面,还涉及死猪处理设备。在栏舍环境控制方面,还有加热地板、沼气炉、沼气锅炉等。

第八章 环境控制与治理技术

第一节　减量化技术

减量化生产是指在生猪养殖的全过程中，通过源头分流与控制，有效地减少生猪废弃物的产生，从而将生猪粪污排放量减少到最低。为了达到这个目标，可以从很多方面来采取相应的措施，下面主要从生猪日粮营养调控技术、“三改二分”以及发酵床养殖这三个方面进行简单的介绍。

一、日粮营养调控技术

生猪的日粮营养调控技术，主要通过研究生猪日粮理想蛋白质模式和添加植酸酶、合成氨基酸等，来提高饲料中营养物质的利用率，从而降低猪粪尿中氮、磷的排泄量，控制日趋严重的氮磷排放，同时通过改变日粮的理化性质来提高饲料利用效率从而减少粪尿中氮磷排放，最终达到生猪粪污处理减量化生产目的。

（一）采用理想氨基酸模式，减少粪尿中氮的排放

氮是猪粪尿中造成环境污染的主要物质之一。猪饲料中的氮只有部分经过消化后转化成肉而沉积在动物体内，剩余的氮排到环境中。采用“理想蛋白质模式”，从氨基酸平衡着手在生猪日粮配制过程中使用合成氨基酸，能够非常显著地降低生猪饲料粗蛋白质水平，提高日粮中氮的利用率，减少粪尿中氮的排泄量。这样既可以节约蛋白质饲料资源，又可以减轻生猪养殖对环境的氮污染问题。据研究，一头猪从断奶到体重达 100 千克屠宰时，消耗 8 ~ 9 千克氮，其中，被吸收沉积转化为肉的氮不超过 3 千克，而 5 ~ 6 千克氮则被排泄掉，在被排泄的氮中，33% 在粪便中，67% 在尿中。在综合猪场，排入环境中的氮在 70% 以上。减少氮排出量最有效的方法是在保持日粮氨基酸平衡和满足猪生长发育需要的前提下，降低日粮中蛋白质含量。平均而言，每减 1% 的蛋白质，就可以使氮排出量降低 10%，低蛋白日粮至少可以使氮排放量减少 25%，如果饲养阶段设置越多，那么，氮排放量最多能够减少 50%。一个万头猪场一年粪尿的排泄量是 3 万吨（1.7 万吨尿，1.3 万吨粪），采用低蛋白日粮技术后，粪尿的排泄量减少 7000 吨以上。

（二）添加酶制剂，减少粪尿中磷的排放

磷在猪生长发育过程中起着重要作用，如与钙等物质共同形成骨骼和牙齿以及以磷酸根的形式参与各种生命代谢活动，如物质的磷酸化，DNA、RNA 的生物合成及糖代谢等，因此必须从饲料中摄入足够的磷才能保证正常的生长发育。猪饲料中通常含有大量米糠、麦麸、棉粕和菜粕，植酸磷的含量一般可达 0.25% ~0.4%。由于猪自身体内缺乏植酸酶，所以猪对饲料中植物性磷的利用率只有 15% 左右，85% 的磷将随粪便排出体外。我国每年从畜禽粪便中排出的磷达 250 万吨，严重污染环境。有研究表明，在猪饲料中添加一定比例的植酸酶可以代替部分磷酸氢钙，在猪饲料中添加植酸酶，可使磷的利用率提高 50% ~70%，粪磷含量降低 30% ~50%，蛋白质和氨基酸的消化率提高 2% ~5%，排泄量减少 5% ~10%。释放植酸盐中被整合的钙、锌、铜、铁等矿物元素，利用率可以提高 9% ~13%，从而减少了集约化猪场粪磷的排放，减轻环境的磷污染。

同时，饲用酶制剂还能有效地促进生猪对饲料中各种营养物质的消化吸收，减少畜禽排泄物中有机物、氮和磷等的排出量，从而减少排泄物中有机物、氮和磷等对土壤、水体和空气的污染，有利于保护和改善我们赖以生存的生态环境；酶制剂还可以降解饲料中的抗营养因子，所以应用饲用酶制剂不仅可以提高常规饲料的利用率，而且有利于开发非常规饲料资源，扩大饲料资源的选择范围，节约粮食提高经济效益。

（三）添加微生态制剂，降低粪污量

微生态制剂中的有益微生物进入生猪消化系统后可以很好维持生猪肠道微生物区系平衡，而肠道微生物区系平衡在一定程度上决定着生猪的健康状况、生产性能以及营养物质的消化吸收等。

由于微生态制剂可改善猪胃肠道的微生态环境，加之大量有益微生物在饲料和消化道中繁殖可产生大量活性成分，从而保证生猪消化系统对饲料保持良好的消化和利用率。复合微生态制剂中的乳酸杆菌、芽孢杆菌、酵母菌以及放线菌可以显著地提高生长发育猪（28～52 千克）的生长性能、饲料转化率和养分消化率。研究表明，饲粮中添加 0.2% 的微生态制剂，其 ADG 较对照组显著提高（$P<0.05$），F/G 降低（$P>0.05$），饲喂效果与抗生素无显著差异（$P>0.05$）。

二、"三改二分"技术

（一）改水冲清粪为干式清粪

干式清粪简称干清粪，可以尽量防止固体粪便与尿及污水混合，以简化粪污处理工艺及减少设备，为大幅度减少工程投资和运行费用、制作优质有机肥和提高经济效益打下良好的基础。新建、改建、扩建的养猪场，尤其是实施标准化改造项目应大力推行干清粪工艺。

1. 水冲粪与干清粪比较

一个年出栏万头商品猪的规模猪场每日排污量：

水冲清粪：　　150～200 立方米/天；

水泡清粪：　　100～120 立方米/天；

人工干清粪：　　50～60 立方米/天。

采用人工干清粪方式比其他两种方式可减少排污总量的 1/2～1/3（见表 8－1）。

表 8－1　不同清粪方式清粪效果

清粪方式	用水量	固体物料肥效	污水处理有机负荷	粪污处理投入	劳力投入
水冲粪	大	低	大	大	小
干清粪	小	高	小	小	大

2. 猪场废水中的污染物

不同清粪方式的污染物浓度见表 8－2。

表8-2 不同清粪方式的污染物浓度 单位:毫克/升

清粪方式	pH	CODcr	NH3-N	TP	TN
水冲粪	6.30~7.50	1560~4680	127~1780	32.1~293	141-1970
干清粪	6.30~7.50	2510~2770	234~288	34.7~52.4	317~423

3.干清粪设施与排污系统

(1)干清粪设施:包括缝隙地板、污水沟、清粪沟、清粪道、出粪口、舍外集粪池。干清粪缝隙地板的功能不同于传统的缝隙地板,后者是尽量使粪尿污水多落入污水沟,前者则要求尿、水迅速流入污水沟,而粪尽量多地留在地板上,以实现固液分离。管理上应训练猪在排粪区定点排粪尿。

(2)做到饲养员清粪不出舍、清粪工不进舍、运粪车不进场,分三段截断了饲养员推粪去粪场的疫病传播途径,也避免了粪场孳生蚊蝇、恶臭污染大气和随降水流失传染疫病、污染水源和土壤。

(3)干清粪排污系统:包括污水沟、舍内沉淀池、排出管、舍间排污支管、排污干管,最后排至污水净化处理设施,实现暗管排放,防止了明沟造成的雨污混流和对场区空气的污染,保障了污水减量化和污水处理设施的正常运行。

(二)改无限用水为控制用水

(1)推广自动饮水器等节水养殖技术,改进饮水系统、增加防漏装置。

(2)变水冲清粪为干式清粪,减少粪污量。

(3)改露天运动场为封闭式,改用水泥浅排污沟,减少冲洗地面用水。用风机—水帘降温代替喷雾降温。

(三)改明沟排污为暗沟排污

(1)将排污沟改为暗沟,防止雨水混入,减少污水排放。

(2)舍内缝漏沟:沟宽40厘米,沟深20厘米,排污水沟坡降5%。上铺水泥漏缝地板、铸铁漏缝地板、塑料漏缝地板等。

(3)污水的流出顺序应遵循就近的原则,不要让污水在场内绕圈。

(4)猪粪污水→格栅→浓污水集水池→固液分离机→沉淀池→调节池→UASB厌氧池→配水池→SBR好氧池→混凝沉淀池→达标排放。

(四)固液分离

(1)在猪舍内采用一种地面结构处理完成猪粪尿分离的措施。

(2)猪粪尿从漏缝地板落下后,尿流入尿沟中,粪则留在斜面上,由人工利用刮板等工具将其收集在一起,然后装车运走,猪尿则通过尿沟流到舍外的污水管道中,再经汇总后进行处理。

(3)入池前沉淀和过筛分离。污水通过污水沟排入处理池过程中,中间配设沉淀池,在入处理池前经过筛分离,从而达到二次固液分离,有效降低污水浓度。

(4)舍内粪尿分离的优点是减少了冲洗用水量,并且使后续的粪尿处理量大大降低;缺点是劳动生产率低,猪舍的有效使用面积降低。

(五)雨污分流

(1)用地下暗沟排污系统,将猪舍产生的污水排至污水处理设备,可减少舍内湿度和有害气体含量,改善猪舍环境;

(2)场区地面排水则采用明沟排放,实现雨污分流,达到污水减量化的目的,并降低污水处理负荷。

三、发酵床养猪技术

发酵床养猪技术是指用农林业生产的下脚料如锯末、稻壳、秸秆等,混合一定数量的微生物制剂,制成发酵床;将猪饲养在发酵床上面,利用微生物发酵迅速降解、消化猪只排出的粪尿,从而达到免冲洗猪圈、粪污"零排放",实现生态、环保、健康养猪的一项新技术。

(一)猪舍建筑设计

1. 猪舍设计的基本理念

科学的发酵床猪舍应尽可能多地利用阳光、空气、气流、风向等自然资源,尽可能少地使用水、电等现代能源或不可再生资源;尽可能多地利用生物性、物理性转化,尽可能少地使用化学性转化。

2. 发酵床猪舍设计的基本原则

(1)发酵床猪舍的布局应严格按照饲养工艺流程进行安排,如配种舍(种公猪和空怀母猪)→妊娠舍→分娩舍→仔猪保育舍→生长猪舍→育肥猪舍。种猪舍位于上风向,育肥猪舍位于下风向(注意观察当地经常性风向)。要求通风、透光性好,干燥卫生,操作管理方便。南方地区注意防潮、防热和排水,北方地区注意保暖、通风、防雪等,沿海地区注意防风。坐北朝南,根据不同地方特点略有偏差。

(2)注重舍内通风与换气,必要时特别是夏天安装电动排风扇。通过通风与换气,可以调节猪舍内的温度、湿度和有害气体含量。

(3)发酵床养猪冬天容易保温,夏天则要注意防暑降温,如顶部要用不透光和反光的遮阳布,同时为了防止早晚斜阳照射引起温度过高,在猪舍的东西两面,特别是西面,使用帘布或黑篷布遮阳,也可以种植阔叶树木。

(4)发酵床的建筑可以尽量简单化,可以使用大棚式猪舍,例如建造一个150平方米左右的面积,养猪规模 100 头的育肥猪的养猪大棚,只需投资 1 万元左右,如果使用旧猪栏改造成本就更低。

(5)发酵床养猪猪舍也可以在原建猪舍的基础上稍加改造就行。原有猪舍改造时,如果采用地下式或半地下式的发酵床,可以就地打破水泥地面,深挖地下 40 厘米左右(南方浅,北方深),放置垫料至原来水泥池地面高度即可。不提倡采用完全地上式加放垫料养殖,原有的水泥地面一定要至少打破一些孔(每平方米面积不少于 10 个直径为 2 厘米的孔),以增加地气对垫料底层微生物的保存保护,对养猪也有好处。

(6)食槽和饮水器的设置:北侧建自动给料槽,南侧建自动饮水器,这样做的目的是让猪多活动,在来回吃食与饮水中搅拌了垫料。饮水器的下面要设置一个接水槽,将猪饮水时漏掉的水引出发酵床之外,防止漏水进入发酵床中,影响垫料发酵。

(7)注意在猪场中建设一到两栏隔离栏,隔离栏远离发酵床栏舍,一旦发现疑似(传染病)病猪,及时进行隔离饲养,观察并及时治疗。

(二)垫料池的建设

发酵床养猪技术的核心之一就是"发酵床",发酵床制作的成功与否,在很大程度上是由垫料池的建设所决定的,也决定了日后的养猪生产经济效益。

发酵床垫料池主要有三种建设形式:

(1)地上式垫料池。适合地下水位高、雨水容易渗透的地区。此形式管理方便,但地上建筑成本有所增加,靠近池四周的垫料发酵受周围环境影响大。

(2)地下式垫料池。适合地下水位低、雨水不易渗透的地区。此形式地上建筑成本较低,发酵效果相对均匀,但需要挖掘发酵池区域;

(3)半地上或半地下式垫料池。结合了地上式、地下式的优点,地上建筑成本和效果也介于二者之间。

发酵床的面积根据猪的大小和饲养数量的多少进行确定,一般保育猪为 0.3 ~ 0.8 平方米/头,育肥猪 0.8 ~ 1.5 平方米/头,母猪 2.0 ~ 2.5 平方米/头。垫料深度因所饲养猪只及管理规程不同而略有差异,推荐垫料池深度一般为 80 ~ 100 厘米。过浅的垫料池使得发酵床的厚度可调节范围小,容易出现发酵效率低下,垫料使用年限变短。但过深垫料池容易造成垫料的浪费、发酵过强以及增加饲养成本。

垫料池四周一般使用 24 厘米的砖墙,内部水泥挂面。也可使用水泥预制板拼接而成。床体下面直接使用原有土地面,不用硬化处理。一般发酵床在整栋猪舍中相互贯通,不打横格,以增加发酵效率,降低建设成本。

(三)发酵床的制作与管理

1. 垫料原料的选择原则

可以用于制作发酵床垫料的原料有很多,如锯末、木屑、稻壳、甘蔗渣、畜禽粪便等等。我国地域广阔,不同地区的农业和林业资源不同,因此各地可以根据当地自然资源优势,合理选择垫料原料,但要注意遵循以下几条原则:

(1)垫料要有一定惰性,不易被分解。供碳能力均衡持久的原料,垫料利用时间就长。

(2)垫料要有一定的透气性。垫料微生物发酵以好氧发酵方式为主,虽然厌氧发酵和好氧发酵都可以分解粪尿,但好氧发酵的分解效率是厌氧发酵的10多倍,相对比较疏松的垫料,有利于发酵微生物的活动和繁殖,加快粪尿的分解。

(3)垫料要有一定的吸水性。垫料中的水分能够影响发酵效率,水分含量不宜过多或过少,一般要求垫料的含水量为60%左右。

(4)垫料要有一定的硬度或刚性,不至于轻易板结。垫料板结后会影响发酵,并且容易导致垫料腐烂。

(5)垫料的碳氮比要大于25:1。一般来说,微生物繁殖所需的最佳碳氮比为25:1,由于猪粪的碳氮比为12.5:1,是提供氮素的主要原料,而且养猪过程粪尿持续产生,因此垫料原料的碳氮比越高,垫料的使用时间就越长。

(6)选用的所有垫料原料都必须新鲜、无毒、无霉变、不含化学防腐剂等,不得影响微生物发酵。

2. 常用的垫料原料组合

目前生产中最常用、效果最好的垫料原料组合仍为"锯末+稻壳",另外依次还有"锯末+花生壳"、"锯末+棉花秸"、"锯末+稻壳+米糠"等。

3. 微生物发酵菌种的选择

在菌种选择上分为成品菌种和土著菌种。建议初次使用该技术的规模猪场以及广大中小养猪场户,最好还是选择专业单位制作的效果较好商品菌种。下面着重介绍一下土著菌及制作方法。

土著菌种一般由几种有益菌组合而成,包含分解蛋白的丝状真菌、降氮除臭的芽孢杆菌、固定碳素的光合细菌、抑制病害的放线菌、分解糖类的酵母菌、在厌氧状态下有效分解的乳酸菌等。选择菌种的代次越低越好,菌种代次越高,其传代次数越多,产生变异的概率就越高;发生退化的概率越多,分解除臭的能力就越差。这也是发酵床要定期补充菌种的重要原因之一。

(1)原种的采集方法:在当地选择人迹罕至、地势较高、落叶较多的山上,或在刚收割后的稻子、花生茬等地采集。

①落叶区采集法：在高于本地100～200米的山上的乔木、灌木及竹林落叶丰厚区（山上微生物生存环境比较恶劣，生命力顽强，并且受人类活动影响较小，菌种较原始），挖30厘米深坑。用八成熟米饭（俗称夹生饭），不要太湿，放入杉木盒（长、高、宽分别为20厘米、10厘米、15厘米）（或瓷碗代替）中，米饭装7厘米高，用宣纸封好，置于坑内，用树叶和腐殖质土将其埋好，放置10天。采集的最佳季节在春季和秋季，夏季采集只需要5天。另外注意防虫、鼠和狗，可用铁筛扣住，上面再盖以塑料布，用石头压好。10天后米饭上挂满菌丝，饭也变得绵软而湿润，即是采集到的发酵土著菌种原液（原种）。

②田间采集法：秋天刚收割完稻子、花生或豆子后的秸秆茬上，有白色液体溢出，将准备好的杉木饭盒装上有点硬的大米饭，用宣纸封好，反扣在秸秆茬上，这样秸秆茬穿透宣纸接触米饭，1周左右，木盒的米饭变成稀泥状态，即是采集到的发酵土著菌种原液（原原种）。（见彩图114）

③室内采集法：准备采集桶、宣纸、菌种培养皿（最好是杉木盒子）、八成熟米饭，在室外乔木、灌木、竹林等落叶丰富、腐殖质层深厚区域，取落叶、腐殖质土、深层土，按照菌种制作模型（图8－1）填充。将填充好的菌种采集桶置于25℃的菌种制作室，敞开菌种采集桶。7天后取出菌种培养皿，米饭表面以白色菌丝为主、色纯正、菌丝丰富即为土著菌种原原种。

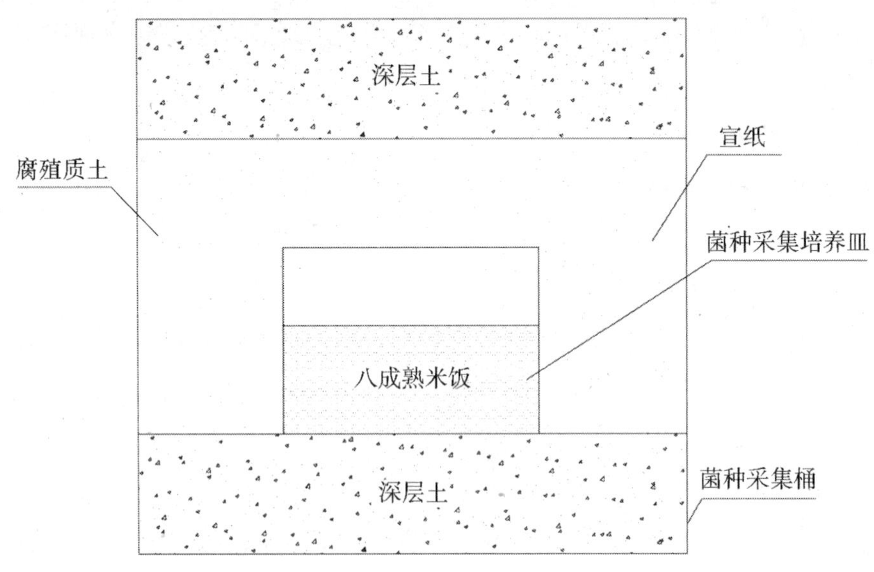

图8－1 菌种制作模型

（2）原种的培养：将长满菌丝的米饭取出，装入缸里或杉木桶里，将长满菌丝的米饭和红糖以2∶1的比例混匀，盖上宣纸封好，在18～20℃（恒温）继续培养，7天后呈浆状，此为土著菌原种。如要保存，再加入1倍红糖混匀，盖上宣纸即可备用，如不立即使用,可在冰箱冷藏保存2年左右。

(3)原种的扩增:将土著菌原种按1:1000的比例溶于40℃水中,在室内与麦麸或米糠(最好用高温熏蒸杀灭杂菌)拌湿。混匀后的含水量为65%~70%,即用手捏时感到稍微有点硬的程度,把拌好的麸皮铺在地面厚约40厘米,然后用尼龙袋或草垫子盖在上面(见彩图115)。

冬季气温较低,不利于发酵。应在地面上铺上20厘米厚的树叶或植物秸秆,再铺以尼龙袋;在有苍蝇的季节要把房间的窗和门封好,以防苍蝇进入并在培养基上产卵生蛆。

控制室内温度20℃左右,掌握好通风换气,2~3天后表面会长满白色的菌丝,此后每隔2天翻一遍备用。

(4)菌种的保存

扩增后的菌种经过7~8天的培养后,即可装袋放在阴凉的房间里备用,一般要求3~6个月使用完,最好现配现用。

4.发酵床制作

发酵池中的混合垫料,需要经过发酵成熟处理(即酵熟)后方可放入生猪进行饲养。酵熟技术处理的目的:一是增殖优势菌种;二是杀死大部分垫料原料中不利于养猪生产的微生物(包括绝大多数病原微生物和真菌)。正常酵熟过程一般在发酵第2天,垫料温度即可上升到40~50℃,4~7天垫料温度可达70℃以上,以后逐渐降温到45℃左右的平衡温度,此时即表明垫料发酵成熟,一般夏天需10天左右,冬天15天左右。夏季制作的垫料由于不添加猪粪等额外营养源物质,故垫料本身的少量营养在发酵中很快消耗。冬季制作的垫料加入了猪粪等丰富的营养源物质,发酵时间加长,温度曲线衰减得慢。

酵熟过程两个关键检查时期为发酵的第2天和发酵平衡温度时间(夏天在第10天左右,冬天在第15天左右),检查垫料温度是否符合垫料酵熟过程温度曲线,否则应尽快查明原因。发酵成熟的垫料,握一把在手中散开,其气味清爽,无恶臭、无霉变气味,如有恶臭等异味,说明发酵不成熟,尚需进一步发酵。酵熟方法有平铺酵熟法和堆积酵熟法。

(1)平铺酵熟法:平铺酵熟法适合分层发酵垫料的酵熟。将分层制作好的垫料,上层均匀混合好后,适当按压整平,上面覆盖一层草苫或麻袋等覆盖物,有发酵香味和蒸汽散出即为发酵成熟。撤掉覆盖物,24小时后即可进猪。

(2)堆积酵熟法:堆积酵熟法适合均匀制作的发酵垫料。将混合好的垫料原料堆积成丘状,然后稍微按压垫料表面,冬季应覆盖透气性好的材料,如麻袋、稻草等,使其升温并达到保温效果。

5.发酵床的维护与管理

发酵床养猪是一项技术要求比较高的养殖方法，一定要改变发酵床养猪是“懒汉养猪”的错误观念。在使用发酵床养猪过程中，必须及时做好发酵床的维护和管理，保证发酵床的使用寿命和生猪的健康生长。

(1)垫料厚度的维护：夏天初建的垫料厚度不能太厚，进猪一段时间后，猪只踏实变浅了，可酌情补充垫料。进入初冬和冬季后，慢慢再添加垫料，最终使垫料的厚度达到60～80厘米。

(2)垫料的补充管理：发酵床一般不需要频繁地补充新垫料。以初建时垫料厚度为60厘米的养殖育肥猪为例，一般第一次补充新垫料的时间为第四个月，补充的厚度为8～10厘米，以后每3～4个月补充一次，最好选择在每批猪出栏后进行。具体实践中的操作，以养殖场实际情况为准。

由于发酵床垫料消耗很少，当发现表面呈细黑土状时可以铲出上层5～10厘米原有垫料，再补充铲出垫料厚度的120%即可(例如铲出了10厘米，补充新垫料12厘米即可)，补充新垫料后要适当喷洒发酵菌液。

(3)垫料的含水量管理：上层垫料由于一直接触空气，与空气的含水量、光照影响很大，表层垫料一般要求保持微微的湿润，含水量一般为30%左右。实际简易测量方法是：手抓一把表层垫料，对着垫料轻轻吹口气，如果不扬尘，说明不需要补水；如果垫料扬尘，说明过干，需要对垫料进行补水。

补水最好将发酵菌用水适当稀释后作为补充水，稀释倍数灵活机动。当垫料分解弱，感觉有氨味或异味时，稀释浓度大一些，增加垫料中的菌种数量，补水量以使垫料表面2厘米湿润即可，补水的同时，实际上是补充了菌种，也保持垫料中充分的菌种活力。补水不是定时、定量、定点的，而是根据实际情况针对不同时间、所需要的补水量、需要补充的区域来灵活决定。

如果发现垫料过于湿润，则可以采取对垫料进行翻挖并开窗透气一定的时间，让湿汽挥发，或补充少量干燥垫料吸附过多的水分。

(4)垫料的翻挖管理：发酵床不需要全部天天翻挖，每间隔15～20天深层翻挖一次即可。但需要每天观察垫料使用状况，将过于集中的猪粪先打碎分散开来，再掩埋到垫料10厘米下层，并对一些局部看起来有些板结的地方进行简单翻挖。垫料的翻挖可以采用人工翻挖，大面积垫料最好采用机械翻挖，提高工作效率。

(5)垫料的更换管理：更换垫料的原则是只有在垫料分解粪尿活力明显下降的情况下才进行更换，如明显感觉到粪便的分解消失情况不如以前，猪舍中臭味比较大了，即使补充活力发酵床复合菌液，进行翻挖垫料，也无法改善这种状况，则有必要进行垫料的更换了。

垫料的使用寿命和更换的频率由多种因素要决定，例如垫料原料组合情况、原料的惰性、饲养密度的大小、垫料日常管理的好坏等。一般“锯末＋稻壳”组合的垫料，只要饲养密度适中、维护管理良好，使用年限应在3年以上。

第二节　固体粪便处理与利用

一、堆肥处理技术

（一）堆肥原理

堆肥是在人工控制水分、碳氮比和通风条件下，通过微生物作用，对固体粪便中的有机物进行生物降解，使之矿质化、腐殖化和无害化变成腐熟肥料的过程。堆肥可划分为升温、高温、降温和腐熟四个阶段。

1. 升温阶段

堆肥初期，主要是以中温性微生物为主，一些易分解的有机物（如简单糖类、淀粉、蛋白质等）开始分解并产热，堆肥温度升高。随着温度的提高，好热性微生物逐渐代替了中温性微生物而起主导作用，温度持续上升。

2. 高温阶段

当堆肥温度上升到45℃以上时，进入高温期，一些较难分解的有机物，如纤维素、木质素也逐渐被分解。此时，嗜热真菌、好热放线菌、好热芽孢杆菌等微生物的活动占了优势，腐殖质开始形成。当温度升到60～70℃时，大量的嗜热菌类死亡或进入休眠状态。在各种酶的作用下，有机质仍在继续分解。热量会由于微生物的死亡、酶的作用减弱而逐渐降低。温度低于70℃时，休眠的好热微生物又开始活动，产生热量，经过反复几次保持在70℃的高温水平，腐殖质基本形成，堆肥趋于稳定。

3. 降温阶段

当纤维素、半纤维素和果胶物质大部分被分解，剩下很难分解的复杂成分（如木质素）和新形成的腐殖质。此时微生物的活动减弱，产热减少，温度逐渐下降。当温度下降到40℃左右，嗜温性微生物又成为优势种类，对剩余性难分解有机物进一步分解，腐殖质不断增多且稳定化，堆肥进入腐熟阶段。

4. 腐熟阶段

为了保持已形成的腐殖质和微量的氮、磷、钾肥等，应使腐熟的肥料保持平衡。

堆肥腐熟后,体积缩小,堆温下降至稍高于气温,应将堆体压紧。有机成分应处于厌氧条件下,防止出现矿质化,以利于肥力的保存。

(二)堆肥方法

根据生猪固体粪便在堆肥处理过程中起主要作用的微生物对氧气需求量的不同,可以将生猪固体粪便堆肥分为厌氧堆肥和好氧堆肥。

1. 厌氧堆肥

厌氧堆肥是依靠专性和兼性厌氧微生物的作用,使有机物降解的过程。厌氧堆肥分解速度慢、发酵周期长,且堆制过程中易产生臭气。

2. 好氧堆肥

好氧堆肥是依靠专性和兼性好氧微生物的作用,使有机物降解的生化过程。好氧堆肥分解速度快、周期短、异味少、有机物分解充分。

目前,生猪固体粪便处理主要采用好氧堆肥,指在有氧条件下,依靠好氧微生物作用使粪便中有机物质稳定化的过程。在堆肥过程中,微生物通过自身的生物代谢活动,对一部分有机物进行分解代谢,即氧化分解获得微生物生长、活动所要的能量,将另一部分有机物转化合成新的细胞物质,使微生物生长繁殖产生更多的生物体。好氧堆肥释放的热量达55℃以上,不仅可以杀灭粪便中的各种病原微生物和杂草种子,使粪便达到无害化,还能生成可被植物吸收利用的有效养分,具有改良和调节土壤作用。猪粪便好氧堆肥工艺流程包括前处理、高温发酵、腐熟、后处理和贮存等一系列过程,具体工艺流程如图 8－2 所示。

(三)好氧堆肥类型及工艺

按照堆肥的形态、通风及设备使用情况,好氧堆肥系统主要分为条垛堆肥、强制通风堆肥和槽式堆肥三大类。

1. 条垛堆肥

条垛堆肥是一种传统的固体粪便堆肥方法。条垛的断面可以是梯形、不规则四边形或三角形等。条垛堆肥操作简单灵活,设备投资较低,堆肥物料混合均匀,腐熟更彻底,而且有利于水分的散失,是应用较多的一种方式。只要求场地防渗漏、防雨,场地面积要与处理粪便量相匹配。主要由预处理、堆制、翻堆三部分组成。

(1)预处理:将猪粪用切短的秸秆或锯末混匀,调节堆肥混合物含水量至60%～65%,碳氮比为20:1～40:1,pH 值在 6～9 之间。

(2)堆制:将混合均匀的物料堆成长条形的堆或条垛(见彩图 116)。堆体的形状主要取决于翻堆设备的类型,在不会导致条堆倾塌和显著影响物料的孔隙容积的前提下,尽量堆高。一般条垛为:垛宽 2～4 米,高 1.0～1.5 米,长度不限。条垛太大,翻堆时有臭气排放;条垛太小时散热快,堆体保温效果不好。

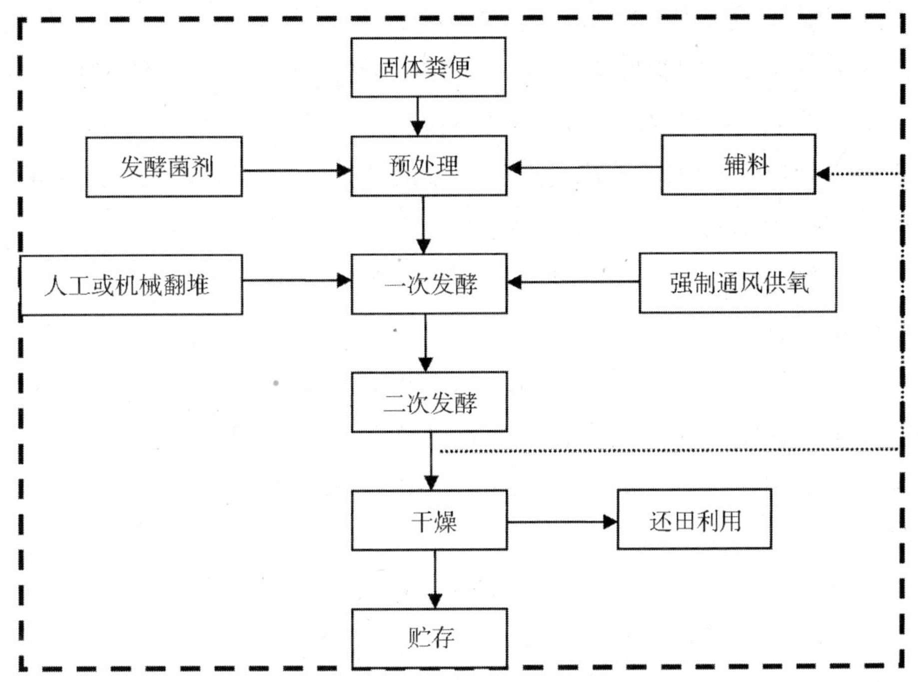

图8－2　好氧堆肥工艺流程图

堆体表面覆盖约30厘米的腐熟堆肥，以减少臭味扩散及保证堆体内较高的温度。

(3)翻堆：采用人工或机械方法进行堆肥物料翻动和重堆。翻堆不仅能保证物料供氧，促进有机质的均匀降解，而且使所有的物料在堆肥内部高温区域停留一定时间，以满足物料无害化处理的需要。翻堆既可以在原地进行，又可将物料从原地移至附近或更远地方重新建堆。翻堆次数取决于条垛中微生物的耗氧量，翻堆的频率在堆肥初期显著高于堆肥后期。一般2～3天翻堆一次，当温度超过70℃时要增加翻堆次数。

条垛堆肥机械设备有斗式装载机或推土机、垮式翻堆机、侧式翻堆机。翻堆设备可由拖拉机等牵引或自行运行。中、小规模的条垛宜采用斗式装载机或侧式翻堆机。垮式翻堆机不需要牵引机械，侧式翻堆机需要拖拉机牵引。美国常用的是垮式翻堆机，欧洲普遍采用侧式翻堆机(见彩图117)。

2. 强制通风堆肥

生猪固体粪便与辅料一起混合堆放在铺设多孔通风管道地面的通风管道系统上，安装鼓风机将空气强制输送至堆体的最底层进行好氧发酵，如果空气供应充足，堆料混合均匀，堆肥过程中一般可以不要进行物料翻堆，堆肥周期3～5周。

(1)堆体高度：根据辅料的透气性、天气条件以及所用的设备能达到的距离来堆制堆体。堆体较高有利于冬季保存热量,另外可在堆体表面铺一层腐熟堆肥,使堆体保湿、绝热、防止热量损失、起到过滤堆体内产生的氨气和其他有害气体的作用。

(2)堆体长度:受堆体中气体输送条件限制,如果堆体太长,距离鼓风机最远的位置氧气可能不足,堆体中形成气流通道,导致空气大部分从堆体原料旁绕过。当这种情况发生时,堆体通气不均一,会产生厌氧区域,部分堆肥不能腐熟。

所需的通风速率、风机选型以及通气管道由堆体大小决定。

3. 槽式堆肥

槽式堆肥系统是将可控通风与定期翻堆相结合起来,整个堆肥的过程全部发生在长槽内。轨道由墙体支撑,在轨道上有一台翻堆机(见彩图 118)。常用翻堆设备有翻抛式、翻倒式。根据猪固体粪便产生量和翻堆设备来确定发酵槽的规格和数量。

(1)槽式翻抛工艺:粪便收集后运至发酵车间,启动搅拌机将生猪固体粪便与一定比例秸秆、微生物发酵菌剂等辅料混合均匀后,由出料口流出,进入发酵区。

辅料添加量视生猪固体粪便的干湿程度而定。一般将湿度调整含水量 60% ~ 65%,即用手握起成团不渗水,松手后团料能点散。翻抛机一边翻抛一边将发酵物料抛向翻抛机后方,空出发酵槽中投料区的空间。

每天启动翻抛机对槽内发酵物翻抛 1 次,有利于透气、散热、腐熟均匀。发酵槽内全部发酵物每天逐步向后移动。前 1 ~ 2 天温度会升至 50℃以上,这时就能杀死大部分寄生虫卵和病原微生物,达到无害化处理要求。7 ~ 10 天后,温度就自然降到 50℃以下,进入第二次发酵,发酵物的水分要控制在 50% 左右。抓一把粪便在手里,握紧成团,手心潮湿,指缝间无水渗出,说明水分合适。经过二次发酵,物料腐熟,含水率一般在 30% 左右,可直接使用。

(2)槽式翻倒工艺:发酵物料入槽后 3 天即可达到 45℃,在槽内要求温度 55℃以上持续 5 ~ 7 天,发酵周期通常为 15 天左右,挥发性有机物降解 50% 以上。一般每隔 1 ~ 2 天物料上下翻倒一次。将发酵槽内的物料运至腐熟区进行二次发酵,剩余有机物进一步分解、后熟、干燥、稳定。

机械翻堆堆肥工艺自动化程度高,生产环境较好,适用于大中型养殖场、养殖小区和散养密集区。槽深 1.5 米、长度 50 ~ 60 米,槽宽根据搅拌机或翻堆机跨度而定。

二、舍外发酵床处理技术

(一)技术原理

舍外发酵床法是把养猪生产与粪污发酵处理分开,在猪舍外建设具有防雨、防渗的发酵床处理场所,并建有一定深度的垫料发酵池,向池内填充锯末、谷壳、粉碎的农作物秸秆等物料,接种高效分解猪粪便的有益菌,建立有益菌生长繁殖的发酵床,采取机械或人工方式将猪粪尿均匀喷洒在发酵床垫料上,并定期翻堆搅拌进行生物有氧发酵的粪污处理方法。其粪便处理技术原理与农田有机肥被分解的原理基本是一致的,是运用土壤微生物迅速降解、消化猪粪便。分解粪便的菌是一个微生物区系,主要有细菌、真菌和放线菌。利用这些微生物区系与垫料构建的发酵床基质,通过发酵床中功能菌的新陈代谢消耗垫料中的纤维素、半纤维素等大分子物质同时分解猪粪便,转化为菌体蛋白和小分子的化合物,从而达到粪污无害化处理的目的。

(二)发酵床设施建设与设计

根据近年来推广发酵床处理粪污技术工艺和原理,结合舍外发酵床处理猪粪污的生产实践,本着简单易行、低廉高效的原则,兼顾舍外发酵床要具备防雨、防渗的功能,目前推荐使用简易塑料大棚和轻钢结构的两种建筑形式。

1. 简易大棚结构

可参照蔬菜塑料大棚结构建造。大棚骨架结构钢管($\Phi 22 \times 1.2$ 毫米)采用热镀锌工艺,零配件采用热镀锌板冲压成型,部分零件经包塑和电泳漆处理,防腐性能强,使用寿命长。

建设规格要求:跨度 6 ~ 8 米,长度按需要定制,钢管间距 1 米,肩高 1.4 ~ 1.5 米,顶高 2.4 ~ 2.5 米。

大棚建设推荐材料选型:

(1)拱杆(纵管(纵梁)、端山墙立柱、卷膜杆):$\Phi 22 \times 1.2$ 毫米热镀锌圆管;

(2)覆盖材料:采用国产 10 丝优质长寿膜,寿命不低于 24 个月。

2. 单坡轻钢结构

单坡轻钢结构(图 8 - 3)建议采用半开放式的建筑形式,其参考跨度 4.3 米,钢构屋檐高度 2.0 米,屋顶高度 2.5 米,排水坡度 20%,排水渠 200 毫米 ×200 毫米。柱体间隔 6 米,钢构长度根据需要建设。

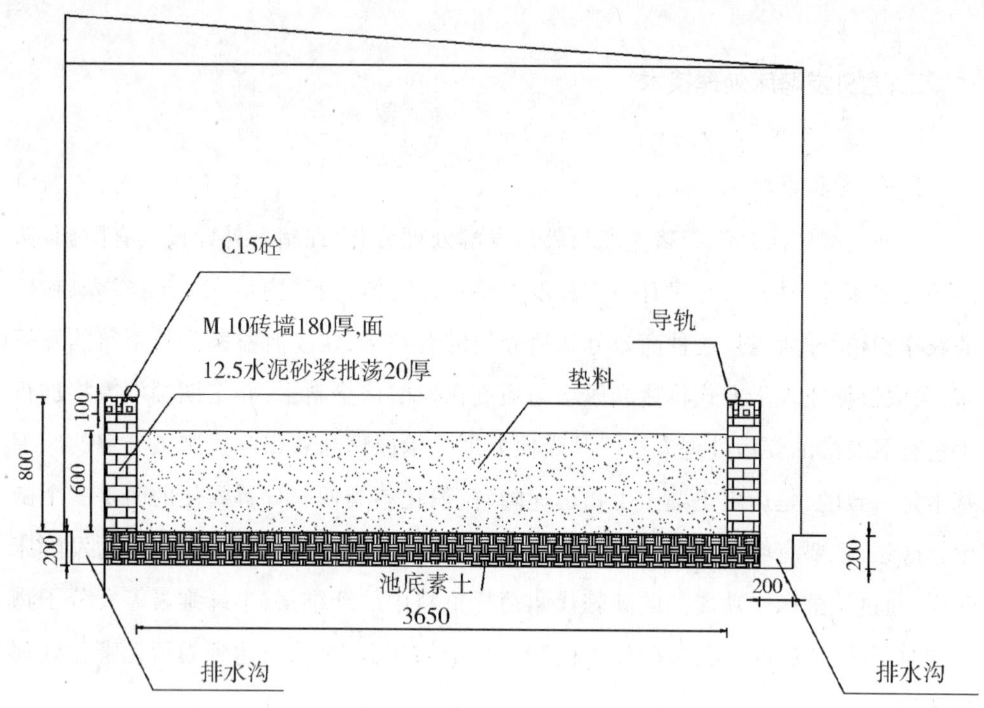

图 8－3　单坡轻钢结构示意图

3. 发酵床

建设规模按每存栏 500 头猪,需要建设发酵床面积为 90～100 平方米。发酵床一般要求沿高 0.75 米,宽度 3.6 米,池壁以砖混结构为主,近上端根据翻耙机的重量确定混凝土结构承重高度,池壁宽 4～4.2 米,池底部以天然土为宜。

4. 导轨式翻耙机

导轨式翻耙机(图 8－4)需建设导轨,导轨建设按图 8－5 所示。

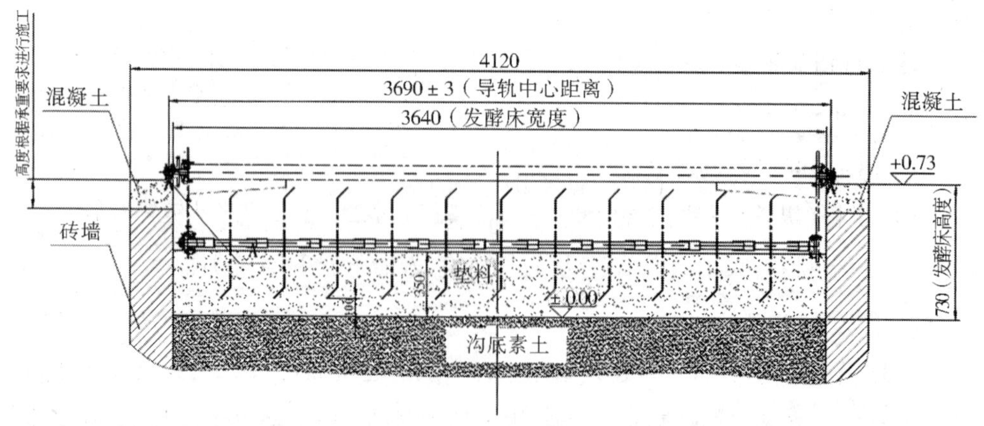

图 8－4　导轨式翻耙机基建

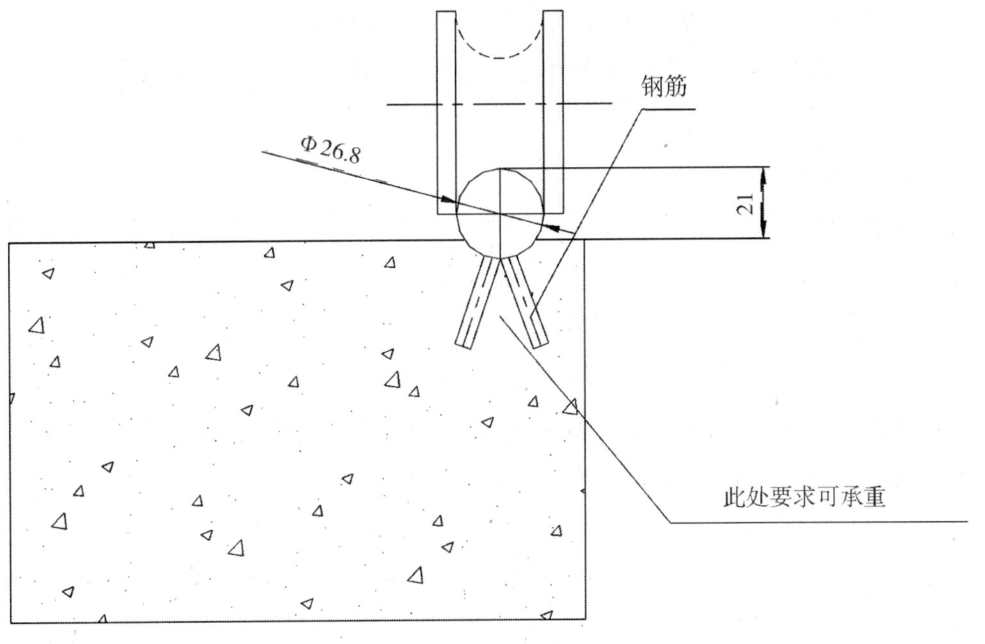

图 8-5　导轨式翻耙机导轨建设

(三)发酵床的制作与维护

发酵床就是在池内填充一定厚度混合有功能微生物、且具有发酵作用的垫料。发酵床良好的运行过程是功能菌正常生长繁殖,并完成粪污降解转化的过程,在这个过程中以有氧代谢反应为主导,以厌氧和兼性厌氧为辅,维持这一过程所需的条件包括垫料中的适宜比例碳氮营养源、相对充分的氧气及合适的温度、水分含量和 pH 值等。因此,垫料的选择、功能菌的选择、发酵床制作与维护都是该项技术的核心。

1. 垫料原料选择

垫料原料要求碳氮比高,木质素含量高,不易被分解、疏松透气、吸附性能强、无毒无霉变、无明显杂质等。在实际生产中,垫料原料要求来源广泛,采集方便,价格低廉。通常垫料中碳氮比应保持在(20~40):1 较为理想。当碳氮比 =(25~35):1 时,发酵过程最快;当碳氮比 <20:1 时,微生物的繁殖因能量不足而被抑制,有机物的分解能力下降;当碳氮比 >35:1 时,有利于发酵过程的升温,但消耗垫料过快。由于猪粪的碳氮比为 12.5:1,是提供氮素的主要原料,因此垫料配方的总碳氮比应大于 25:1。

最常用的垫料是锯末、稻壳等。其中锯末细度不应低于 0.5~1 毫米,稻壳不宜粉碎,否则持水性、透气性较差,影响发酵效果。锯末与稻壳比例一般按 60% 和 40% 混合垫料,这种混合垫料优势在于提高锯末的透气性,降低纯锯末湿润后的黏结性。锯末碳氮比含量高,疏松多孔,保水性好,最耐发酵,可以延长垫料的使用年限。而稻壳、花生壳、玉米芯、蘑菇渣等也是很好的原料，透气性能比锯末好，但吸附性能稍次于锯末，含碳水化合物比例比锯末低，灰分比锯末高，使用效果和寿命不如锯末。

2. 菌种选择

发酵床降解猪粪污过程是通过多功能菌群的协同作用，由多种物质共同参与复杂的生物化学反应过程。因此，理想的发酵床功能菌群要具备自身活性强、休眠性好、对粪尿降解效率高，不产生明显有害物质等特点，是发酵床最重要的组成成分。发酵床功能菌来源有两方面，一是自制土著菌，即在当地选择海拔较高的山上、且落叶或腐殖质丰富区采集土壤中的微生物（山上微生物生存环境比较恶劣，生命力顽强，并且受人类活动影响较小，菌种较原始），进行培养扩繁生产的菌剂。二是商品菌剂。此类菌剂是经人工培养筛选加工而成，可以和垫料及猪粪尿中的有益微生物产生协同功效，实现高效降解粪尿的目的，使用也相对简便。在实际生产中，建议选择商品菌剂。商品菌剂使用按产品说明操作。发酵床功能菌剂使用时一般要先用麸皮或玉米粉等能量饲料稀释活化，以提高其发酵效果。

3. 垫料湿度

将垫料原料、菌种和辅料等搅拌混匀，在搅拌过程中根据原料的湿度适当喷洒洁净水，使垫料湿度达到40% ~60%。感官标准为用手握紧垫料捏成团而指缝无渗水，松开后感觉蓬松，抖落垫料后手心感觉有潮湿但无水珠。

4. 垫料的制作

在发酵床中将垫料原料（锯末、谷壳、菌液及清洁水、麦麸或米糠）充分混合均匀。垫料铺设厚度350 ~450 毫米，每平方米发酵床需垫料3 ~5 包（饲料袋包装）。发酵垫料的制作主要分为分层垫料制作和混合垫料制作两种模式。

（1）分层垫料制作模式：将不同垫料按照先后顺序铺设，每一层均匀撒一定量的垫料（锯末、稻壳、树叶等）、菌种（按其使用说明添加麸皮或玉米粉等稀释，一般是菌剂的5 ~10 倍）混合物，达到预定厚度后即可。该模式操作简单，所需劳力少，但易出现发酵效率不稳定、菌种需求量大等现象。

（2）混合垫料制作模式：将垫料、菌种和辅料（麸皮或玉米粉等，占垫料的2% ~3%）混合均匀，垫料湿度为40% ~60%。正常情况下，垫料发酵6 天后，垫料中心温度可上升到50 ~70℃时，即可摊开为厚35 ~40 厘米发酵床使用。该模式菌种用量少，发酵效果好，但由于需要全面翻动，劳动强度大。混合垫料制作包括垫料池直接制作法和集中统一制作法。

①直接制作法：将制作垫料的各种原料按比例直接倒入垫料发酵池中，用机械混合均匀堆积在一旁或角落发酵即可，适用于中小规模养猪场户。

②集中制作法：在舍外场地由机械混合搅拌均匀后堆积发酵，将完成发酵的垫料再填入垫料池，该法可用较大的机械操作，灵活且效率较高，适用于规模较大的养猪场，新制作垫料通常采用此法。

三、特点

（1）利用能高效降解粪便的菌种与垫料构建发酵床基质，并通过功能菌的新陈代谢消耗垫料中的纤维素、半纤维素等大分子物质同时分解猪粪尿，转化为菌体蛋白，二氧化碳和水等物质，从而使粪污不排出场外。

（2）利用垫料自身的吸附作用，减轻了粪便中游离的有害气体向空气中释放；同时发酵床中的芽孢菌、酵母菌、乳酸菌等有益微生物通过氨基氧化酶、氨基转移酶及分解硫化物的酶，可以将粪便中的氨、吲哚、硫化氢等有害物质转化成水、二氧化碳等无毒无臭的物质。

（3）发酵床粪污处理所需设施设备投入少、操作简单、运行费用低。

四、成效

（1）猪粪尿可较长时间存留在发酵床内，不向猪场外排放粪污，依靠垫料吸附猪粪尿中游离的氨、硫化氢等有害气体及利用活性强的土壤微生物和垫料的协同发酵作用，将粪便降解转化为菌体蛋白、二氧化碳和水等，从而达到猪场粪尿的“零排放”，实现了养猪发展和环境保护的协调统一，具有良好的生态和社会效益。

（2）利用锯末、稻壳、秸秆等农副产品资源作为发酵床垫料，垫料中的有益微生物消化分解粪便后用于果树、农作物的肥料，可实现资源的循环利用；同时，可避免大量农副产品随意堆放或焚烧造成的环境污染等问题的发生。但发酵床垫料的肥料有一定重金属元素的富集，在使用时应测土配方施用。

第三节　有机肥生产技术

一、概述

猪粪成分非常复杂，主要有纤维素、半纤维素、木质素、蛋白质、氨基酸、有机酸、酶和各种无机盐类。猪粪转变成有机肥需经过收集、加入有机物载体、翻堆发酵、粉碎过筛、配料混合和造粒包装等工艺,然后制成有机肥,或加入特定功能微生物生产生物有机肥。

(一)生物有机肥生产工艺

猪粪生物有机肥是指特定功能微生物与猪粪、农作物秸秆等为原料并经无害化处理、腐熟的有机物料复合而成的一类兼具微生物肥和有机肥效应的肥料。其生产工艺是:以腐熟的有机物料为载体,加入功能性微生物菌剂如固氮菌、磷细菌和钾细菌等,经造粒、烘干、过筛和包装,制成生物有机肥成品。

(二)有机肥生产技术

目前猪粪处理最常用的为高温好氧堆肥技术。该技术是利用微生物在一定的温度、湿度和 pH 值条件下,将有机固体废弃物分解为相对稳定的腐殖质物质的微生物过程。高温好氧堆肥工艺流程主要由预处理、好氧发酵、后处理和储存等工序组成。

1. 预处理

堆肥预处理主要是对堆肥原料的水分、pH 值和碳氮比进行调整,并向堆肥原料添加微生物发酵菌剂。将粪便堆积成条垛,推荐条垛高度不超过 1.5 ~2.0 米,宽度控制在 1.5 ~3.0 米。

(1)含水率:将堆肥粪便起始含水率调节至 60% ~70%。水分过低不利于微生物的生长;水分过高则堵塞堆料中的空隙,影响通风,导致厌氧发酵,减慢降解速度,延长堆腐时间。

(2)pH 值:堆肥过程中最适宜的 pH 值应为 5.5 ~8.0。为避免过高的 pH 值,在堆肥过程中可利用硫元素调整堆肥原料的 pH 值。

(3)碳氮比:堆肥原料的碳氮比一般在 25∶1 ~35∶1 之间比较适宜。碳氮比小,温度上升很快,但堆层达到的最高温度低;碳氮比大,堆层达到的最高温度高,但温度上升慢。在实际生产中,将猪粪收集到发酵池后,加入棉花秸秆、锯木屑、油菜秸秆、谷壳等秸秆粉碎物,加入量一般为收集猪粪重量的 45% ~50%,加入有机物后将其与猪粪充分混合均匀。

(4)添加微生物:向堆肥原料中添加微生物发酵菌剂,可加速堆肥原料有机物的分解腐熟,促进有机物料中有效氮的释放,使基质的理化性质更易达到适宜范围。目前堆肥常用的微生物发酵菌剂有 EM、酵素菌、腐秆灵、BM 等微生物菌剂。

2. 好氧发酵

好氧发酵堆肥过程由一级发酵和二级发酵两个阶段组成。

(1)一级发酵:指从温度升高到开始降低为止的阶段,是堆肥发酵的第一阶段。

由于堆肥原料、空气和土壤中存在着大量各种微生物，所以很快进入发酵阶段。发酵初期有机物的分解主要依靠中温微生物（30～40℃），该过程维持3～4天，随着温度的升高，最适宜生活在45～65℃（最高温度不超过75℃）的高温菌逐渐取代了中温微生物，在此温度下，多种病原菌、寄生虫卵、杂草种子等均被杀灭。为了提高无害化效果，这一阶段至少应保持2～3周。为了提高好氧微生物的活性，通常需要向堆肥层或发酵装置中供氧。目前主要采用机械翻堆或强制通风供氧等方法。一般认为堆肥中的空气氧的体积含量保持在5%～15%比较适宜，低于5%会导致厌氧发酵；高于15%则会使堆肥体冷却，导致病菌的大量存活。

（2）二级发酵：将经过一级发酵后的物料送到二级发酵场地继续处理，使一级发酵中尚未完全的分解的、较难降解的有机物质继续分解，并将其逐渐转化为比较稳定和腐熟的堆肥。一般二级发酵堆积高度1～2米，只需要有防雨、通风措施即可。在堆积过程中，第1～2周应进行一次翻堆。一般堆肥内部温度降至40℃以下时就表示此阶段结束，即可以进行堆肥风干和加工。二次发酵的时间长短根据猪粪含水量和添加辅料的性质而定。通常二级发酵时间一般夏季为20～30天，冬季35～45天；但工厂化堆肥发酵要求周期短，一般为8～20天。

（3）堆肥的环境控制：要预防和控制堆肥生产过程中产生的恶臭气味和气悬微粒的污染。据研究发现，粪便中散发气味的气体由121种化合物组成，其中主要化合物为氨、胺化物、硫化物、挥发性脂肪酸、醇、醛、醚等。目前应用较多的除臭技术主要有物理除臭和生物除臭两种。物理除臭技术是向粪便投放吸附剂以减少臭气的散发，宜采用的吸附剂有沸石、锯末、膨润土以及秸秆、泥炭等含纤维素和木质素较多的材料。生物除臭技术是应用生物除臭剂，其原理是通过向粪便接种微生物，利用微生物或微生物产生的酶降解产臭气化合物。

3. 后处理

（1）粉碎过筛：猪粪混合物发酵完成后，要采取自然或烘干设备进行干燥，而后经过粉碎机粉碎，粉碎物需通过30～40目的筛子筛分。

（2）配料混合：将粉碎过筛的猪粪混合物进行养分检测，然后输送到混合机，根据养分检测的情况配制成不同作物所需要的有机肥。

（3）造粒包装：将配制好的猪粪混合物，根据需要进行造粒包装（见彩图119）。一般造粒有挤压造粒和圆盘造粒两种方式。完成造粒后的颗粒肥料再进入烘干车间进一步干燥后，包装贮藏与销售。成品肥料还需进行营养成分检测（见彩图120），其有机质、有效活菌数、水分和pH值等应符合中华人民共和国农业行业标准（NY884—2004）。

二、特点

(1)利用固体粪便堆肥好氧发酵的同时,加入功能菌种加速堆肥原料有机物的分解腐熟,促进有机物料中有效氮的释放。

(2)充分利用发酵产热减少基料内的含水量,且其物理特性大为改变,变黏稠流动性为疏松的固体网状结构,很容易就能够干燥至安全水分。

三、成效

(1)利用猪场排放的粪便生产有机肥,可有效解决规模猪场粪污产生过于集中、利用率低、随意堆积排放所造成的环境污染问题;同时,改善了畜禽粪便堆积所散发的恶臭对空气的污染,抑制了蚊虫等滋生而引起的病原体传播,实现了畜禽粪便的无害化、减量化和资源化。

(2)生物有机肥的使用可提高土壤有机质,降低土壤容重,改善土壤团粒结构,提高土壤肥力,协调土壤中水、肥、气、热的关系,改善了土壤的生态环境。

(3)生物有机肥的施用可减少化肥的使用量,相应地减少因化肥生产消耗的能源,并使氮的利用率得以提高。此外,生物有机肥有效地克服了化肥养分单一和供肥不平衡的弊端,注重生物、有机与无机相结合的养分互补作用,施用后既可提高作物产量,也可有效改善作物品质,提高农产品质量。

第四节　废水处理与利用

一、贮存池

对于小型猪场和具备完全消纳能力养猪场可以建设专门的粪污贮存池,贮存池一定要做防渗处理,贮存池的容积要满足粪污从产生直到施用的全过程(见彩图121)。主要考虑养猪场的常年猪存栏结构、生产工艺、粪便量、粪污养分含量、污水量、储存体积以及储存时间等因素,同时还要根据当地降水量将池体高度增加0.6~0.8米。

二、厌氧处理与利用

(一)主要工艺原理

厌氧处理与利用的主要工艺原理如图 8-6 所示。

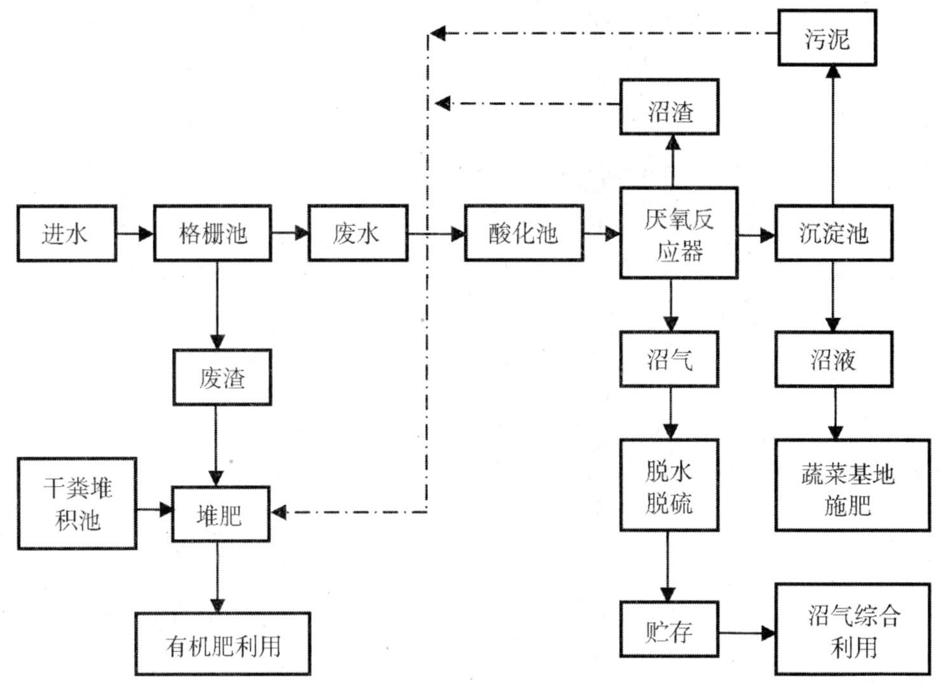

图 8-6 厌氧处理与利用的主要工艺原理

(二)处理方式

1. 全混合厌氧反应器(CSTR)

全混合厌氧反应器(Complete Stirred Tank Reactor)是一种结构简单、适用于高悬浮物浓度的反应器。反应器内设搅拌装置,使发酵原料和微生物处于完全混合状态,与常规消化器相比,活性区遍布整个反应器,其效率比常规消化器有明显提高,故名高速消化器。

该消化器采用连续恒温、连续投料或半连续投料运行,适用于高浓度及含有大量悬浮固体原料的处理。在该消化器内,新进入的原料由于搅拌作用,很快与发酵器内的全部发酵液混合,使发酵底层浓度始终保持相对较低状态,而其排出的料液与发酵液的底物浓度相等,并且在出料时微生物也一起排出,所以出料浓度一般较高。该消化器是典型的水力停留时间(HRT)等于固体停留时间(SRT)和微生物停留时间(MRT),为使生长缓慢的产甲烷菌的增殖和冲出的速度保持平衡,一般要求水力停留时间在 10~15 天或更长时间。

全混合厌氧反应器在不同的温度条件下，其消化率、产气、水力停留时间也不相同。一般在粪污总固形物(TS)8%～12%的条件下，中温(33～35℃)时水力停留时间20～30天，高温(53～55℃)时则为10～20天。

2. 升流式厌氧污泥床(UASB)

升流式厌氧污泥床(Up－flow Anaerobic Sludge Bed)是荷兰学者莱廷格(Lettinga)等人在20世纪70年代初开发的，也是目前国内外研究及应用发展最快的一种厌氧反应器。该消化器结构简单，运行费用低，处理率高，但污水采用UASB进行厌氧消化处理前，必须先经过固液分离。

升流式厌氧污泥床消化器内分为三个区，从下至上为污泥床、污泥层和气液固三相分离器。消化器的底部是浓度很高并具有良好沉淀性能和凝聚性能的絮状或颗粒状污泥形成的污泥床。污水从底部经布水管进入污泥床，向上穿流并与污泥床内的污泥混合，污泥中的微生物分解污水中的有机物，将其转化为沼气。沼气以微小的气泡形式不断释放，并在上升过程中不断合成大气泡。在上升的气泡和水流的搅动下，消化器上部的污泥处于悬浮状态，形成一个浓度较低的污泥悬浮层。消化器的上端有气、液、固三相分离器。在消化器内生成的沼气气泡受反射板的阻挡进入三相分离器下面的气室内，再由管道经水封而排出。固、液混合液经分离器的窄缝进入沉淀区，在沉淀区内由于污泥不再受到上升气流的冲击，在重力的作用下而沉淀。沉淀至斜壁上的污泥沿着斜壁滑回污泥层内，使消化器内积累大量的污泥。分离后的液体，从沉淀区上表面进入溢流槽而流出。

3. 升流式固体反应器(USR)

升流式厌氧固体反应器(Up－flow Solids Reactor)是一种结构简单，适用于高浓度悬浮固体原料消化器。畜禽粪便水从底部进入反应器，与反应器里的活性污泥接触，使之得到快速消化。未消化的生物质固体颗粒和沼气发酵微生物，靠被动沉降滞留于消化器内，上清液从反应器上部溢出，该反应器的固体停留时间(SRT)和微生物停留时间(MRT)通常比水力停留时间(HRT)高得多，固体有机物的分解率和反应器的效率较高。

4. 折流式厌氧反应器(ABR)

折流式厌氧反应器(Anaerobic BaffLted Reactor)内设置竖向导流板，将反应器分隔成串联的几个反应室，每个反应室都是一个相对独立的上流式污泥床，其中的污泥可以以颗粒化形式或以絮状形式存在。水流由导流板上下折流前进，逐个通过反应室内的污泥床层，进水中的底物与微生物充分接触而得以去除。

虽然在构造上折流式厌氧反应器可以看作是几个USAR反应室串联使用，更接近于推流式。在反应室内驯化培养出与该处的环境条件相适应的微生物群落，在I

区驯化产生的是产酸菌,在Ⅱ区驯化产生的是产甲烷菌。这样将产酸菌和产甲烷菌分开,各自驯化培养后对污水进行处理。折流式厌氧是一种新型的二相厌氧工艺。

折流式厌氧反应器因具有结构简单,污泥截留能力强,稳定性高,对高浓度有机废水特别是对有毒、难降解废水处理中有特殊的作用,因而应用较广。

5. 污泥床过滤器(UBF)

上流式污泥床过滤器(Up - flow Blanket Filter)是在厌氧滤器(AF)和上流式厌氧污泥床(UASB)的基础上开发的新型复合式厌氧流化床反应器。UBF具有很高的生物固体停留时间(SRT)并能有效降解有毒物质,是处理高浓度有机废水的一种有效的、经济的技术。

复合式厌氧流化床工艺是借鉴流态化技术处理生物的一种反应器械,它以砂和设备内的软性填料为流化载体。污水作为流水介质,厌氧微生物以生物膜形式结在砂和软性填料表面,在循环泵或污水处理过程中产甲烷气时自行混合,使污水成流动状态。污水以升流式通过床体时,与床中附着有厌氧生物膜的载体不断接触反应,达到厌氧反应分解、吸附污水中有机物的目的。

UBF复合型厌氧反应器,中部为生物挂膜污泥床区、下部布水流化区,厌氧处理中率先采用以砂和设备内部软性填料为载体。设备结构为上部分固液气分离区、下部分循环流化反应区,利用循环泵,使污水和有生物膜的两种载体在中部、下部分流化反应区中进行循环,达到流化的目的。

在厌氧处理中厌氧微生物分解有机物过程中能产生大量的甲烷、二氧化碳等气体,其中甲烷占75% ~85%,产出的甲烷可供锅炉用燃料,也可供民用,是一种很好的能源。

6. IC厌氧反应器

IC厌氧反应器(Internal Circulation Reactor)是一种高效多级内循环反应器,是第三代厌氧反应器的典型代表。

工作原理:整个反应器由第一厌氧反应室和第二厌氧反应室叠加而成。每个厌氧反应室的顶部各设一个气、固、液三相分离器。第一级三相分离器主要分离沼气和水,第二级三相分离器主要分离污泥和水,进水和回流污泥在第一厌氧反应室进行混合。第一反应室有很大的去除有机能力,进入第二厌氧反应室的废水可继续进行处理,去除废水中的剩余有机物,提高出水水质。

与前两代厌氧器相比,它具有占地面积少、容积负荷量高、布水均匀、抗冲击能力强、性能更稳定、操作更简单等多种优势。

彩图122为废水处理设施实景图。

三、沼液的利用

沼液是生物质经过沼气池厌氧发酵后产生的溶肥性质的液体产物，不仅含有较丰富的氮、磷、钾等营养成分，而且含有抑菌和提高植物抗逆性的激素、抗生素等有益物质，具有营养、抑菌、刺激、抗逆等功效。沼液的利用方式有很多，下面重点介绍几种常见的沼液利用方式。

（一）沼液浸种

主要是利用沼液所含的生物活性物质和速效养分，对种子进行预处理，可刺激、活化种内营养物质，促进种内细胞分裂与生长，并为种子提供发芽和幼苗生长所需营养，同时还能消除种子携带的病原体、细菌等，从而达到发芽率高、苗齐、长势旺、抗病能力强、增产增收的目的。

（二）沼液作肥料

沼液是一种优质的有机肥料，经过充分发酵后的沼液可直接存入贮存池用作洒施、喷施和浇施。

1. 洒施作基肥

将沼液及沼渣在耕地前均匀洒入土壤表面，并立即翻耕，以利于沼液沼渣与土壤结合，使养分吸附在土壤肥力防止养分损失。

2. 浇施作追肥

结合农田灌溉浇施沼液，使肥料中的养分与水结合在一起，均匀施到土壤中，有利于作物吸收，并节省施肥用工。要求土壤平整，施肥时在水渠口将沼液均匀地浇到灌溉水中，浇施的数量与流速要配合好，以达到要求的施肥量。如沼液用于蔬菜追肥时，可以结合蔬菜灌水同时进行，即在灌水时依据蔬菜的种类、长势等兑入一定量的沼液，随水追施，每亩（1 亩 =667 平方米）的施肥量为 1000 ~ 2000 千克。

3. 喷施作叶面肥

沼液喷洒在农作物上可以被叶面直接吸收利用，能加快叶绿素的生成，提高光合效率，促进农作物体内的物质和能量代谢，提高蔬菜吸水、吸肥的能力，增强抗逆性及抗病能力，使之生长健壮，从而提高产量。

（三）沼液防治病虫害

沼液所含有机酸中的丁酸和植物生长激素中的赤霉素、吲哚乙酸以及维生素 B_{12} 等，能够破坏单细胞病菌的细胞膜和体内蛋白质，有效控制有害病菌的繁殖；沼液中氨、铵盐和抗生素能抑制红蜘蛛等病虫害的呼吸系统，从而达到驱虫、杀虫、杀菌的作用。同时，沼液中的胶质类物质能在农作物的茎秆、枝叶等处形成一层胶类膜,可防御病虫害对农作物的侵入。

1. 防治虫害

(1)蚜虫、蜘蛛:沼液50千克,加入2.5%敌杀死乳油10毫升,搅匀,喷施或灌心叶。

(2)水稻螟虫:取沼液50千克,加清水50千克,混合均匀,泼浇。

(3)稻飞虱:沼液50千克,加清水50千克,混合均匀,喷施。

2. 防治植物病害

(1)大麦黄花叶病、叶锈病:用沼液浸泡大麦种子,可以明显减轻这种病害,且病害随沼液浓度的增加而减少。

(2)西瓜枯萎病:每亩施沼液2000~2500千克作基肥;用20倍沼液浸种8小时后,在催芽棚中育苗移栽,并在生长期叶面喷施10~20倍沼液3~4次,基本上可控制重茬西瓜地枯萎病大面积发生。在西瓜膨大期,结合叶面喷施沼液,用沼渣进行追肥,不但枯萎病得到控制,而且获得较高的产量,西瓜品质也有所提高。

(3)小麦赤霉病:使用沼液原液喷施效果最佳,使用量以每亩喷50千克以上效果最好。盛花期喷1次,隔3~5天再喷1次,防治率可达81.53%。

第五节　种养一体化模式要点

下面以四个案例来分析"猪—沼—菜""猪—沼—果(茶)""猪—沼—苗木"三种代表性的猪场粪污处理模式实际应用效果。

一、"猪—沼—菜"循环模式

1. 猪场概况

江西乐平金园牧业有限责任公司养殖基地面积218亩,年产商品猪3万头。公司分三处共建厌氧发酵池3500立方米,粪污处理投资总额为465万元。公司发展突出环保、质量、效益,加大投入,完善设施,配套生产,综合管理,发展"猪—沼—菜"生态农业循环经济,以生猪为基础,以沼液为纽带,发展绿色蔬菜生产。

2. 技术特点

该公司经过10余年的探索,综合利用沼液种植水芹菜。沼液经厌氧发酵(ABR)和氧化塘处理后,经沟渠排到水芹菜种植田用于灌溉水芹菜(见彩图123)。

水田采取水稻和水芹菜轮作方式,即4~9月种植水稻,10月至次年3月种植水芹菜。

3. 成效

水芹菜在9~10月进行移栽,年前收获第一茬,亩产量约3000千克,平均售价5元/千克,收益约1.5万元。3~5月收获第二茬,平均产量约4000千克,平均售价2元/千克,收益约0.8万元。每户农户种植3亩水芹菜,年收入可达7余万元。乐平梅岩种猪场水芹菜总种植面积超400多亩,在利用消纳猪场沼液的同时,还解决了近300名农村劳动力的就业。

二、"猪—沼—果(油茶)"循环模式

(一)"猪—沼—果"循环模式

1. 猪场概况

新余市渝州生态农业有限责任公司是一个以生猪良种繁育为主的省级农业龙头企业,猪场采用全自动喂料系统、全自动温控系统和通风系统,实现"猪—沼—果"有机结合的生态养殖模式。公司存栏法系纯种母猪1600头,年销售种猪1万余头,出栏优质商品猪18000余头,承包了周边2000亩土地用于种植新余蜜橘,猪场废水经厌氧发酵(USR + ABR)处理,其沼液用于浇灌蜜橘,沼气用于发电,干粪经发酵后用于给蜜橘施肥。

2. 技术特点

该场生产工艺采取水泡粪和干清粪相结合的工艺:母猪栏舍粪污收集方式采用水泡粪工艺,粪污通过漏缝地板储存于装有一定水的粪沟中,定期通过地下管道将粪污自流排到粪污收集池;商品猪粪污收集工艺采用干清粪工艺,粪尿分离后的猪尿通过排污暗道自流进入粪污收集沉淀池(见彩图124)。

粪污收集沉淀池的粪污通过污水管道自流进入匀浆池,经匀浆池搅拌均匀的粪污通过泵抽入容积为650立方米的升流式固体厌氧反应器(USR)(见彩图125)和折流式厌氧反应器(ABR)进行厌氧发酵,生产沼气,沼气储存于发酵罐顶端半球形容器(储气罐)。厌氧出水经过沉淀后进入贮液池贮存,用于蜜橘浇灌施肥。为防止沼液的二次污染,贮液池采用防渗材料防渗,防止沼液渗入地下污染地下水(见彩图126)。厌氧发酵产生的沼气通过沼气干燥脱硫装置(见彩图127)处理达到沼气综合利用标准。猪场配备一台50千瓦时的沼气发电机组,每天发电15小时,提供厂区饲料加工、USR保温、猪舍保温以及其他生产生活用电(见彩图128)。

猪粪和沼渣储存于做了混凝土防渗处理的沼渣储存池内(见彩图129),经过堆

肥处理后制成的有机复合肥用于周围果园施肥(见彩图 130)。

3. 成效

据调查,该猪场粪污处理设施设备投资总额为 240 万元,投产后每年运行经费 22 万元,以猪粪及沼液为主要有机肥料,种植新余蜜橘 2000 亩,年产值 500 万元,沼气发电产值 16 万元。

(二)"猪—沼—油茶"循环模式

1. 猪场概况

江西盛源牧业有限公司蒋家猪场位于江西万年石镇蒋家村东南,占地面积 120 亩。该猪场总建筑面积 13340 平方米,其中母猪舍 10 栋,计 5200 平方米;肉猪舍 12 栋,计 6100 平方米;其他绿化等配套设施 2500 平方米。蒋家猪场现有美系杜洛克公猪 9 头、丹系长白 2 头,英系大约克母猪 50 头、优质二元杂交母猪 600 头,年提供后备母猪 400 头,年出栏商品猪 10000 头。该场采取"猪—沼—油茶"有机结合的生态养殖模式,实现废物综合利用。

2. 技术特点

猪场采取标准化生产技术措施,通过雨、污水分流和废弃物干湿分离,以减少处理量,并采用半干物与水液分类处理,猪粪及沼渣堆沤翻堆发酵处理,尿液及栏舍冲洗废水实行厌氧发酵处理,在高山建立储液池,沼液通过管道对周边 3000 亩油茶树喷灌追肥,生猪固体粪便通过堆肥做成初级有机肥种植油茶等,形成一个封闭的、多功能的资源循环和经济循环。

猪场采取干清粪工艺,一般不用水冲,场区的粪尿和少量废水自流到专用污道,通过污水管集中到栏栅池(见彩图 131),经固液分离预处理后进入水解酸化池(见彩图 132),再经水解酸化后进入地下式厌氧处理。厌氧发酵采用"斗墙布水折流厌氧发酵工艺",就是利用空心黏土或水泥砖错缝砌筑,进行布水,根据沼气污泥比水重的原理,废水在发酵池内呈"W"上下折流,废水经过多次折流充分厌氧发酵后形成沼液,进入沉淀池进行二级沉淀处理,沉淀后的沼液通过污水泵送到各油茶林进行喷灌(见彩图 133 至彩图 136)。沼气通过专用管道经汽水分离、脱硫后进入贮气罐。

3. 成效

据调查,该猪场粪污设施投资 180 多万元,年产沼气 12 万立方米、沼液 4 万吨、有机肥 400 吨,年直接收益可达 50 万元。为谋求合作双赢,带动农民增收致富,采取"企业投资经营,农民用荒山入股"的合作模式,即油茶籽收成后,按 3∶7 的比例分成,农户得 30%,公司得 70%。2009 年种植的油茶树,到 2013 年茶籽产量 500 千克/亩,茶籽鲜果 2 ~ 2.4 元/千克,按 6 千克茶籽鲜果产 1 千克茶油计算,油价 80

元/千克,成本 40 元/千克,年收益 1000 万元,预计 2015 年可达丰产期,年产茶籽 1000 千克/亩,年收益可达 2000 万元。

三、"猪—沼—苗木"循环模式

1. 猪场概况

万安县青稿塘养殖场位于万安县窑头镇坪头村,是部级生猪养殖标准化示范场。占地面积 1500 亩,其中猪场占地 100 亩,名贵苗木基地占地 300 亩,高产油茶基地占地 1100 亩。目前该场拥有栏舍面积 7000 平方米,办公楼及员工宿舍等 2000 平方米,存栏基础母猪 500 头。猪场大型沼气工程于 2012 年 3 月开工建设,2012 年 8 月初竣工并投入运行。该工程建有厌氧发酵池 1200 立方米(其中折流式反应器和升流式反应器各 600 立方米),储气柜 270 立方米,沼液储存池 400 立方米,干粪棚 200 平方米,氧化塘 15000 平方米等设施,同时还配备了一台 50 千瓦的沼气发电机组。

2. 技术特点

该场依据地形,构建独立的排水、排污系统,将雨水从明沟排向雨水集中池,而不流入污水处理系统,用于种植的青饲料浇灌以及屋顶降温。粪、尿等污水通过专门的排污管道进入污水处理系统。采用干清粪工艺和粪尿污水集中池经过固液分离除渣后,固形物运至粪便发酵车间,废水进行厌氧发酵处理(见彩图 137)。其产生的沼气通过收集后贮存在储气柜,经脱硫后用于生活和发电等(见彩图 138);产生的沼液在沼液暂存池贮存后,及时用高压污水泵至隔壁苗木基地山顶 450 立方米沼液储存池(见彩图 139),兑水后,用于花卉苗木的浇灌,实现资源化利用(见彩图 140、彩图 141)。

3. 成效

该猪场粪污处理系统投资总额为 202 万元,每年运行经费(包括折旧费、维修和管理费)12 万元,每年可沼气发电和替代生活能源收益 6 万元;同时,每年可以生产沼液有机肥 1.2 万吨、沼渣有机肥 800 吨,相当 160 吨有机质、64 吨腐殖质、11.3 吨全氮、7.3 吨全磷、13.1 吨全钾优质有机肥,替代和节约肥料 46 万元。

第六节　病死猪处理与利用

做好病死猪无害化处理是有效防止动物疫病传播,确保畜牧业健康可持续发展，保障公民身体和维护公共卫生的重要工作。目前，在病死猪无害化处理方面，我国尚缺少规范的无害化处理方法、技术和相应的组织实施措施，监管和执法不到位，现状不容乐观。按照《病死及死因不明动物处置办法》和《病害动物和病害动物产品生物安全处理规程》（GB16548—2006）要求，下面将现阶段应用较多、较为成熟的深埋法、化尸窑处理法、堆积发酵法和高温生物降解法四种处理方法介绍给大家。

一、深埋法

深埋法是处理病死猪尸体的一种常用、可靠、简便的方法。也是现阶段养殖场主要处理病死猪方法之一。深埋主要包括以下步骤：

（一）选址

病死猪掩埋地应远离学校、公共场所、居民住宅区、村庄、动物饲养和屠宰场所、饮用水源地、河流等地区。距离城镇居民区、文化教育科研等人口集中区 3000 米以上，位于主导风向的下方；同时禁止在生态功能区、生活饮用水水源保护区、风景名胜核心区、自然保护区的核心区及缓冲区进行病死猪掩埋处理。

（二）挖坑

病死猪处理掩埋坑大小主要取决于掩坑机械、场地和所需掩埋病死猪及副产品数量等方面来综合确定，通常按每头成年猪约需 1.5 立方米的填埋空间，掩埋物的顶部距离埋坑的上表面要在 1.5 米以上。

（1）埋坑的深度：埋坑应尽可能地挖到 2 ~ 4 米深，同时确保埋坑底部高出地下水位 1 米以上，坑壁尽可能要垂直（见彩图 142）。

（2）埋坑的宽度：埋坑的宽度应能让机械平稳地水平填埋处理物品。在任何情况下，都不允许人员下到坑中整理病死畜，以防止中毒或出现意外，确保处理人员的生命安全。

（3）埋坑的长度：坑的长度则应由填埋物品的多少来决定。

（三）掩埋前处理

掩埋前应对需掩埋的病死猪的尸体和病死猪的产品实施焚烧处理；或用 10% 漂白粉上清液、次氯酸钠等消毒液喷雾动物尸体表面，每平方米在 200 毫升以上，作用 2 小时。

（四）掩埋

在掩埋前先用 40 厘米厚的土层覆盖病死猪尸体，然后再放入 2 ~ 5 厘米厚未分层的熟石灰或按每平方米 20 ~ 40 克干漂白粉，然后覆土掩埋，平整地面，覆盖土层厚度不应少于1.5米。

深埋点的覆土表面应高出地面20厘米，防止雨水灌入及自然下沉形成坑洞，平整后对深埋点及四周进行彻底消毒。

（五）注意事项

（1）石灰或干漂白粉切忌直接覆盖在尸体上，因为在潮湿的条件下熟石灰会减缓或阻止病死猪尸体的分解。

（2）对个体较大的病死种公猪、种母猪尸体，适宜开膛的可先进行开膛。开膛要在掩埋坑边进行（任何情况下都不允许人到掩埋坑内去处理动物尸体），让腐败分解的气体逃逸，避免因尸体腐败产生的气体导致未开膛尸体的鼓胀，造成坑口表面的隆起甚至尸体被挤出。

二、化尸窑处理法

化尸窑处理法是在专门的猪场隔离区和病死猪处理区内建设专用的尸体窖，将病死猪尸体抛入窖内，利用生物热的方法将尸体发酵分解，以达到病死猪无害化处理的目的。

（一）化尸窖（池）的建造

病死猪化尸窑（池）（见彩图143）选址要求距离村庄、学校、医院等公共场所500米以上，交通较方便；处在猪场生产区的下风处，地势较低；不受地面径流影响，雨水不会流入进料口。为避免造成地下水污染，应远离饮用水源；以土质较疏松、渗水性较好的沙质土或沙壤土为宜；地下水位应低于池底。

（二）化尸窖（池）及其设施设备的管理

投料口必须带锁，牢固可靠，平时处于锁住状态；病死猪无害化处理窖（井）周围应明确标出危险区域范围，设置安全隔离带等设施，避免无关人员靠近；病死猪无害化处理窖（井）周边应设置“无害化处理重地，闲人勿进”、“危险！请勿靠近”等醒目警告标志。

当病死猪投放累加高度距离投放口下沿0.5米时，处理池满载，应予封闭停用。

（三）化尸窖（池）外消毒

病死猪无害化处理窖（池）外表面及其处理场地每天至少消毒一次，可采用下列之一的方法喷洒消毒：

（1）氯制剂（如消特灵、消毒威等）按1∶500稀释喷洒。

（2）氧化剂类（如过氧乙酸）按0.1%～0.5%浓度喷洒。

(3)季铵盐类(如百毒杀等)按1:600比例稀释喷洒。

(4)漂白粉按10% ~20%混悬液喷洒或直接干剂撒布。

病死猪无害化处理运输工具每装卸一次必须消毒一次,消毒方式同设施、场地的消毒。

三、堆积发酵处理法

病死猪堆积发酵处理法,又叫堆肥法。作为一种新型的现代化病死猪尸体处理手段,目前已经在美国等国家(地区)养猪场获得应用,且收效良好。堆肥法是在可控制的条件下,利用微生物对固体有机废物(死猪、胎衣、死胎等)进行分解,使之成为一种可贮存、可利用的物质。

(一)工艺原理

病死猪堆积发酵处理技术,即将病死猪尸体与锯末、稻壳、秸秆等农林副产物组成的垫料混合,使用自源微生物或接种专用微生物菌种,营造有益微生物良好的生活环境,通过体内外微生物共同作用来分解病死猪尸体,同时所产生的大量热量将病原微生物和寄生虫虫卵杀灭的一项无害化生物环保技术。

(1)升温阶段:堆肥初期,常温细菌分解有机物中易分解的糖类、淀粉和蛋白质等产生能量,使堆层温度迅速上升。

(2)高温阶段:当温度超过50℃时,常温菌受到抑制,活性逐渐降低,呈孢子状态或死亡,此时嗜热性微生物逐渐代替了常温性微生物的活动。有机物中易分解的有机质除继续被分解外,大分子的半纤维素、纤维素等开始分解,温度可高达60 ~70℃。

(3)降温阶段:又称腐熟阶段。温度超过70℃时,大部分嗜热性微生物已不适宜,微生物大量死亡或进入休眠状态,微生物活动减弱,产生的热量减少,温度逐渐下降,常温微生物又成为优势菌种,将残余物质进一步分解,堆肥进入降温和腐熟阶段

(二)堆肥地点选择

(1)与地表水和饮用水井的距离,为了避免堆肥过程中径流对地表水和地下水的污染,堆肥箱应远离湿地或洪水泛滥的平原,与饮用水源、溪流、湖泊或池塘保持至少60米的距离。

(2)地下水深度,堆肥不能对地下水资源产生负面影响,随着季节性变换而地下水位变高的区域不能进行堆肥,除非堆肥操作是在一个完全不透水的地表面且有渗滤液收集措施的区域,要做到雨污分流。

(3)与居民生活区、学校和其他公共场所应保持至少150米的距离。

(4)尽量控制堆肥产生的气味和堆肥场地的美观性,不要影响附近的居民。

(5)要有一些基本的堆肥设施,可以管理好堆肥过程中产生的渗透液,要进行雨污分流。

(6)堆肥的场地应该位于居民生活区的下风口。

(7)选择堆肥的场地时要考虑以后潜在的扩张。

(三)堆积发酵场地设计和建设

(1)为了保证足够的堆肥空间,堆积发酵场地的总容积需基于生产周期中预期的每日损耗和尸体完全分解所花时间来设计(见彩图144)。

(2)堆积发酵场地大多采用砖混结构,地面做防渗处理并高出周围地面10~20厘米;堆肥间一般设计成4~5间,每间的宽度与所使用的机械相配套,大多2.4~3米,长度和高度可根据总容积和便于操作的原则自行设定;堆肥间应加盖屋顶,并设置通风窗。

(3)堆积发酵场地通用设计:长5米,宽3米,墙体高2米,顶棚高2.5~3米,这样每个堆肥空间就有30立方米;使用三面墙体,要求地面水泥厚12厘米并做防渗处理,避免污水进入到地表层(见彩图145);屋顶使用彩钢瓦或普通屋顶,要坚固防风。

(4)堆积发酵场地要考虑防雨水功能避免雨水侵入,周边设有围墙严禁狗猫等进入。

(四)堆积发酵具体操作

(1)选用含20%水分的锯末屑,地面铺30厘米厚,放入尸体覆盖20~30厘米厚,尸体避免太靠近堆肥墙壁,至少间隙25厘米,便于锯末屑有效覆盖并围绕尸体各个侧面;体重大的死猪可以先解剖后再放入,避免尸体产生胀气撑开覆盖的锯末。

(2)堆肥内湿度保持40~60%。堆肥应该是潮湿的但不应透湿,如果堆肥材料能挤出水,它需要混合干燥点的锯木屑,如果水含量不合适,堆肥效果就不理想。

(3)依次放入不同体重的死猪并覆盖,20千克以下猪只和胎衣、死胎可以一起堆放后覆盖;不可将大量尸体叠堆一起,否则会导致堆积发酵分解效果下降。

(4)刚开始使用时需定期测量堆肥的温度是否达到一定的温度,正常情况下内部温度要经常达到50~65℃。这个温度范围能加速尸体腐烂的嗜热菌的快速生长。另外暴露于高温下有助于杀死致病微生物,提高堆肥的安全性。

(5)如果整个堆积发酵的都是大体型母猪,那需要在堆肥90天时候进行机械性移动破坏堆肥,重新分配多余水分,引入新的氧气供给。

(6)堆积发酵全程需要经过6个月的堆肥发酵,尸体通常分解到只剩下骨头,没有软骨组织,避免了气味的产生和吸引昆虫。

(7)覆盖一定要严密才能达到堆积发酵效果,防止啮齿类和食腐动物进入堆积发酵场区。

(8)在堆积发酵场地满仓后,每10天在堆肥表面喷洒水分,表面喷湿即可。许多因素影响堆肥过程,但是水分含量往往是最重要的。

四、高温生物降解法

高温生物降解法是利用成套设备对病死猪尸体进行高温蒸煮和外加有益微生物菌种综合处理的方法。其技术原理是在密闭环境中,通过高温灭菌,配合好氧生物降解处理病死猪尸体及废弃物,转化为可产生优质有机肥原料,进一步加工可制成优质有机肥,达到无害、环保和资源循环利用的目的。

(一)设备工艺原理

1. 设备主要结构

病死猪无害化处理系统主要包括上料系统、处理系统、气体处理系统、液体处理系统等。

2. 技术参数

病死猪无害化处理系统的技术参数如表8-2所示。

表8-2　病死猪无害化处理系统的技术参数

序号	规格	参数
1	处理器容积	350升/500升/1000升
2	装机容量	15千瓦/20千瓦/30千瓦
3	工作温度范围	50~160℃
4	主机转速	8转/分钟
5	主机功率	5.5千瓦/8千瓦/10千瓦
6	处理量	100千克/150千克/200千克
7	额定电压	380伏
8	加热功率	9.5千瓦/12千瓦/20千瓦
9	重量	2.0吨/2.5吨/3.0吨

3. 设备安装要求

设备安装要求如表8-3所示。

表 8-3 设备安装要求

厂房净空高度	≥4.5 米
使用占地面积	≥30 平方米
厂房大门	宽≥2.8 米,高≥3.5 米
地面	水泥(或水磨石)地面
固定水源	自来水
电压	380 伏,50 赫兹

(二)设备操作

将需要处理的畜禽等有害物料投入提升斗内,倒入处理器内,投料顺序为先主料后辅料,然后密封处理器,开始对物料均匀加热,并不断搅拌物料,防止物料黏结成块。通过处理器内的均匀分布的切割搅拌装置,将物料不断破碎分解。处理过程中的气体经过循环冷凝系统的冷却,气体中含有的有害物质、病毒、细菌随着冷却液进入生物降解系统(见彩图 146)进行分解杀菌和消毒,处理后的无害气体通过专用过滤装置,去味、去杂后排放到大气中。处理过程中,处理器内部始终保持在一定的温度范围之内,通过自控装置,根据物料自身的具体工艺要求所设定的参数进行标准化加工。经过一段时间的充分搅拌和降解,彻底杀灭有害病菌和病毒。这样经过处理的物料就成为优质的有机肥原料,经过二次发酵,可以形成富营养物质的有机肥料。

(三)生物降解处理技术

将病死猪尸体与锯末、稻壳、秸秆等农林副产物组成的垫料混合,使用自源微生物或接种专用有益微生物菌种,营造有益微生物良好的生活环境,通过体内外微生物共同作用来分解病死猪尸体,同时所产生的大量热量将病原微生物和寄生虫虫卵杀灭的一项无害化生物环保技术。

在这个过程中,锯末、稻壳、秸秆等材料中碳素物质主要用于为微生物活动提供碳源,而动物尸体提供主要氮源,在微生物作用下分解尸体有机物,生成微生物、二氧化碳和水等,同时释放能量。

影响生物降解的因素就是影响微生物活动的因素:

一是水分,以最大持水量的 60% ~75% 为宜;

二是通气,保持堆中有适当的空气,有利于好氧微生物的繁殖和活动,促进有机物分解;

三是碳氮比,要考虑微生物对有机质正常分解作用的碳氮比为 25:1,同时又要考虑该系统的长期使用。

第九章
生猪质量与安全控制技术

第一节　猪肉中有毒有害物残留及检测

中国是养猪大国，也是猪肉消费大国。控制好生猪的质量与安全可以促进经济发展、农民增收、人民健康、社会和谐。

β2 受体激动剂是一类人工合成药物，主要用于防治人、兽支气管炎，哮喘和支气管痉挛等病症。它能促进动物体内蛋白质的合成和脂肪的分解，β2 受体激动剂在我国已经被严禁在动物饲料中添加。盐酸克伦特罗、莱克多巴胺和沙丁胺醇是我国饲料中主要检测的三种 β2 受体激动剂(俗称瘦肉精)。

抗生素残留是影响猪肉安全的重要问题，抗生素残留会导致毒性、致敏性与超过敏反应。比如氯霉素会产生再生障碍性贫血；链霉素会导致药物性耳聋；磺胺会使肾脏中毒；有些抗生素还会产生致命的过敏反应。同时，抗生素残留还会增加致病菌的抗药性。

重金属是相对密度在 5 以上的金属，对食品安全形成威胁的重金属主要是指汞、镉、铅、铬等。其中铅的污染可以伤害人的神经系统、造血器官和肾脏;汞的污染会对神经系统造成损害;镉的污染对巯基酶有强抑制作用,损害肾脏、消化系统和骨骼。铬是一种毒性很大的重金属,容易进入人体细胞,对肝、肾等内脏器官和 DNA 造成损伤,在人体内蓄积具有致癌性并可能诱发基因突变。

病原微生物可能污染饲料,也可能在畜产品加工、运输、销售过程中污染畜产品。病原菌污染是疾病传播的重要途径,沙门氏菌、金黄色葡萄球菌、单增李斯特菌在猪肉中时有检出。

一、β2 受体激动剂的残留及检测

(一)盐酸克伦特罗的残留检测

盐酸克伦特罗残留检测方法主要包括仪器分析法、免疫学分析法等。哈婧等利用固相萃取—流动注射化学发光法测定猪肉中盐酸克伦特罗,结果表明,采用所建立的方法测定盐酸克伦特罗线性范围为 0.05 ~ 1.0 纳克/毫升,检出限为 0.026 纳克/毫升,相对标准偏差为 1.16%,用于测定肉样品中的盐酸克伦特罗,平均回收率为 91.96%。孙来玉等建立克伦特罗残留检测免疫芯片技术,实验结果表明,盐酸克伦特罗的质量浓度与光子信号关系成负相关性,线性范围在 0.5 ~ 16.0 纳克/毫升,对盐酸克伦特罗残留检测限为 0.10 纳克/毫升、定量限为 0.30 纳克/毫升。李怀民等建立基于荧光硅球的克伦特罗快速定量免疫层析试纸条的研制,在最优条件下,试纸条线性范围为 0.28 ~ 3.3 毫克/升;猪尿样品克伦特罗加标回收率为 81.7% ~ 101%,定量检测范围为 0.28 ~ 3.3 毫克/升。

(二)沙丁胺醇的残留检测

沙丁胺醇的检测方法主要包括仪器分析法、免疫学方法、电化学分析法等。张静等建立快速检测沙丁胺醇的 ELISA 方法,得出沙丁胺醇的检测线性范围为 0.1 ~ 128 微克/升,最低检测限为 0.2 微克/升,加标回收率为 83.8% ~ 89.7%,变异系数小于 11%。郭柏雪等建立了简便、快捷、实用的沙丁胺醇直接竞争酶联免疫分析方法,以猪肉为例,确定了肉类食品的基质的处理方法,用稀释的方法消除基质可有效消除基质影响,实际样品的检出限为 0.60 微克/千克,猪肉中加标回收率在 85% ~ 100% 之间。Lin 等利用碳纳米管与全氟磺酸(Nafion)结合形成复合物,采用微分脉冲伏安法进行测定,对沙丁胺醇的最低检测限值为 0.1 微摩尔,猪肉加标沙丁胺醇得到回收率分别为 97.1%。吴珺等制备一种新型纳米金—石墨烯修饰的复合纳米免疫传感器,并对电极表面修饰材料进行了表征;应用循环伏安法研究沙丁胺醇在修饰电极表面的电化学行为,用差分脉冲伏安法对其检测范围进行实验研究,结果表明:差分脉冲伏安法所得电流差与沙丁胺醇质量浓度在 $1\times10^{-6}\sim5\times10^{-3}$ 克/升内呈良好的线性关系,检测限为 2×10^{-7} 克/升;对猪肉、猪肝中的沙丁胺醇含量分别进行测定,平均回收率在 91.2% ~102.2% 之间。

(三)莱克多巴胺的残留检测

莱克多巴胺的残留检测方法主要包括仪器分析法、传感器法、免疫学方法等。翟淑平等建立液相色谱—串联质谱法测定猪肉中的莱克多巴胺残留,在 0.1 ~20 纳克/毫升浓度范围内,呈良好的线性关系。在 0.5 微克/千克、2 微克/千克、10 微克/千克三个添加水平,平均回收率为 75.2% ~97.6%,批内变异系数为 5.5% ~12.3%,批间变异系数为 7.8% ~14.7%,检测限为 0.1 微克/千克。郑红等采用自行研制的生物传感器和芯片,建立了 SPR 生物传感器检测猪肉中莱克多巴胺残留的方法,得出检测时间为 5 分钟,平均回收率为 99%,检测限为 0.6 微克/千克。Ren 等建立了免疫层析方法快速检测猪尿中的莱克多巴胺,检测限为 0.13 纳克/毫升;在浓度为 0.2 纳克/毫升、0.4 纳克/毫升、0.8 纳克/毫升条件下,批间加标回收率为 92.97%、97.25%、107.41%,同时相应的批内加标回收率为 80.07%、108.17%、93.7%。刘道峰等建立了莱克多巴胺荧光微球免疫层析检测方法,以荧光微球作为新型标记物,检测限为 2.5 纳克/毫升。

(四)应用实例

1. 液相色谱—串联质谱法检测猪肉中沙丁胺醇、莱克多巴胺、克伦特罗的残留

(1)适用范围:本方法适用于猪肉中沙丁胺醇、莱克多巴胺、克仑特罗残留检测的制样和液相色谱—串联质谱测定。

(2)制样:取适量新鲜或冷冻的猪肝和猪肉空白或供试组织,绞碎并使均质。

(3)测定方法:①酶解:准确称取 2 克测试样品于 50 毫升离心管内,加入 0.2 摩尔/升乙酸胺溶液(pH =5.2)8.0 毫升,再加入 β - 盐酸葡萄糖醉苷酶/芳基硫酸醋酶 40 微升,涡旋混匀,于 37℃下避光水浴振荡 16 小时。

②提取:酶解后放置至室温,涡旋混匀,10000 转/分钟高速离心 10 分钟,倒出上清液于另一 50 毫升离心管内,加入 0.1 摩尔/升高氯酸溶液 5 毫升,涡旋混匀,用高氯酸调 pH 至 1.0 ±0.2,10000 转/分钟离心 10 分钟后,将上清液转移至另一 50 毫升离心管内。用 10 摩尔/升 NaOH 溶液调 pH 至 9.5 ±0.2,加入乙酸乙酯 15 毫升,涡旋混匀,并振荡 10 分钟,5000 转/分钟离心 5 分钟,取出上层有机相至另一 50 毫升离心管内。再在下层水相中加入叔丁基甲醚 10 毫升,涡旋混匀,并振荡 10 分钟,5000 转/分钟离心 5 分钟,合并有机相,50℃下用氮气吹干,再用 2% 甲酸溶液 5 毫

升溶解，备用。

③净化：MCX 固相萃取柱依次用甲醇、水、2% 甲酸溶液各 3 毫升活化，取备用液全部过柱，再依次用 2% 甲酸溶液、甲醇各 3 毫升淋洗，抽干，用 3% 氨水甲醇溶液 2.5 毫升洗脱；洗脱液在 50℃下用氮气吹干。残余物用甲醇—0.1% 甲酸溶液（10 + 90，V/V）0.2 毫升溶解，涡旋混匀，15000 转/分钟高速离心 10 分钟，取上清液适量，供液相色谱—串联质谱仪测定。

④测定：取试料溶液和空白添加标准溶液，作单点或多点校准，用外标法计算。试料溶液及空白添加标准溶液中，沙丁胺醇、莱克多巴胺和克仑特罗峰面积均应在仪器检测的线性范围之内。

（4）检测方法的灵敏度、准确度和精密度：

①灵敏度：沙丁胺醇、莱克多巴胺、克仑特罗在猪肝、猪肉中的检测限为 0.25 微克/千克，定量限为 0.5 微克/千克。

②准确度：本方法在 0.5 ~2 微克/千克添加浓度范围内，用空白添加标准校正，其回收率范围为 70% ~120%。

③精密度：本方法批内相对标准偏差≤20%，批间相对标准偏差≤20%。

2. 酶联免疫（ELISA）快速检测试剂盒

（1）原理：酶联免疫试剂盒采用间接竞争 ELISA 方法检测样品中的 β2 受体激动剂（沙丁胺醇、莱克多巴胺、克仑特罗）。在微孔板上包被检测抗原，样品中的 β2 受体激动剂将和酶标板上的检测抗原竞争结合抗体，加入酶标二抗溶液，洗涤后用 H_2O_2 – TMB 底物系统显色，微孔板吸光值与样品中 β2 受体激动剂含量成负相关，与标准曲线比较即可得出 β2 受体激动剂的含量。

（2）操作步骤

①试剂准备：1 × 洗涤液。将 10 × 浓缩洗涤液和蒸馏水（或去离子）按 1∶9 充分混匀，临用前配制。

②编号：将 β2 受体激动剂标准品和待测样品对应微孔按序编号，建议每个标准品和待测样品均做重复孔。

③加样：每孔加标准品或样品 80 微升，然后分别每孔加入酶标二抗溶液 40 微升，最后分别每孔加入 40 微升 β2 受体激动剂抗体溶液。

④温育：轻轻振荡混匀 1 分钟，用封板膜封板后置于 37℃环境反应 30 分钟。

⑤洗涤：小心揭开封板膜，用 1 × 洗涤液每孔 250 微升洗涤微孔板，连续洗涤 5 次，并在吸水纸上拍干。

⑥显色：底物溶液 A 和底物溶液 B 以 1∶1 混合，轻轻振荡混匀，每孔加入混合后

的底物溶液100微升,37℃环境避光显色10分钟。

⑦测定:每孔加入50微升终止液,轻轻振荡混匀,加入终止液后5分钟内测定450纳米处吸光度值。

(3)结果判定:

①计算 B/B_0:所获得的标准溶液或待测样品的吸光度值除以0标准品的吸光度值(B_0)再乘以100%,即百分吸光度值。

$$\text{百分吸光度值}(\%) = \frac{B}{B_0} \times 100\%$$

式中:B——标准溶液或待测样品溶液的吸光度平均值;

B_0——0标准品的吸光度平均值。

②绘制标准曲线,计算样品中β2受体激动剂浓度:以6个β2受体激动剂标准品浓度为 X 轴,对应的百分吸光度值为 Y 轴,在半对数坐标纸上绘制标准曲线。相对应每一个样品的浓度,可以从标准曲线上读出。也可以用回归方程法,计算出样品中β2受体激动剂的浓度。

$$\beta 2\text{受体激动剂实际含量(ppb)} = C \times D$$

式中:C 为稀释后样品提取液中β2受体激动剂含量(ppb);D 为样品稀释倍数。

③试剂盒检测灵敏度:0.1ppb。

3.胶体金试纸条法

胶体金试纸条法是一种不需要任何仪器设备的快速检测法,最适合对猪尿样中的β2受体激动剂进行现场快速检测。

(1)检测原理:该方法应用了竞争抑制免疫层析的原理,样本中的β2受体激动剂在流动的过程中与胶体金标记的特异性单克隆抗体结合,抑制了抗体和NC膜检测线上β2受体激动剂—BSA偶联物的结合。如果样本中β2受体激动剂含量大于3微克/升,检测线不显颜色,结果为阳性;反之,检测线显红色,结果为阴性。

(2)操作步骤以及结果判读:

①测试前将未开封的检测卡和尿样标本恢复至室温。

②从原包装铝箔袋中取出检测卡,在1小时内使用。

③将检测卡平放,用塑料吸管垂直滴加3滴无气泡尿样(约70微升)于加样孔。

④反应5分钟,根据示意图判定结果(图9-1)。

⑤质控线显色,检测区出现红色条带为阴性;质控线显色,检测区不出现红色条带为阳性。

⑥若质控线不显色或只有检测线显色,说明操作过程不正确或检测卡失效。

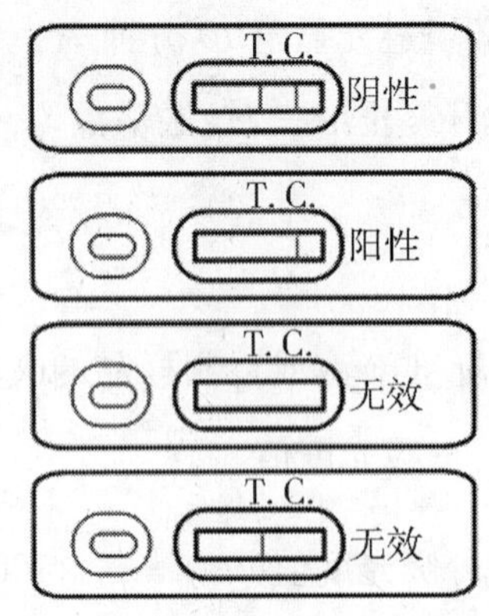

图 9-1 胶体金试纸条法检测结果示意图

二、抗生素的残留及检测

(一)氯霉素类抗生素的残留检测

祝伟霞等建立了高效液相色谱—串联质谱同时检测肌肉、肝脏、肠衣、蜂蜜中氯霉素残留的方法,最小检测浓度为 0.05 微克/千克,检测限为 0.01 微克/千克,该方法的平均回收率为 72.0% ~90.0%,相对标准偏差为 2.1% ~9.7%。Que 等建立在均相中利用胶体金纳米颗粒对硝基苯酚的催化定量检测氯霉素的残留,主要原理是利用紫外可见吸收光谱测定溶液中对硝基苯酚的全光谱吸光度,从而间接测定氯霉素的残留,最低检测限为 0.03 纳克/毫升,线性范围 0.1 ~100 纳克/毫升,批内差及批间差分别为 5.5%、8.0%,加标回收率在 92% ~112% 之间。Shi 等建立基于核酸适配子利用上转换纳米荧光生物传感器测定氯霉素,优化条件后得到线性范围 0.01 ~1.0 纳克/毫升,最低检测限为 0.01 纳克/毫升。Pilehvar 等利用电化学阻抗适配子生物传感技术平台,灵敏高效地检测氯霉素;当 ssDNA 寡核苷酸适配子与目标分子结合后引起电极的界面属性改变;试验中得到氯霉素的检测线性范围为 1.76 ~127 纳摩尔,最低检测限为 1.76 纳摩尔。

(二)大环内酯类抗生素残留检测

杨震等建立毛细管电泳—电化学发光联用检测大环内酯类抗生素,基于阿奇霉素、罗红霉素和琥乙红霉素对联吡啶钌电化学发光增强效应,结合毛细管电泳高效分离技术,建立了生物体液中这三种典型的大环内酯类药物阿奇霉素、罗红霉素和琥乙红霉素的毛细管电泳—电化学发光检测新方法。通过对检测和分离条件的优化,实现了对该三种药物的同时快速灵敏检测,检测限分别为 35 纳克/毫升、60 纳克/毫升、174 纳克/毫升。HORIE 等采用 HPLC - MS 方法测定动物组织和鱼类中大环内酯类抗生素的残留,平均回收率为70.4% ~93.2%,猪肉和鱼最低检测限0.01微克/克。孙雷等采用超高效液相色谱—串联质谱法检测了动物组织中大环内酯类药物残留,检测限均为1微克/千克。田苗等利用高效液相色谱法测定猪肠衣中大环内酯类抗生素残留量,试样中用乙腈提取,C_{18}固相萃取柱净化,高效液相色谱测定,外标峰面积法定量,方法的回收率范围为70.2% ~94.6%,室内相对标准偏差3.2% ~8.9%,四种大环内酯类抗生素的检出限均为0.5毫克/千克。赵东豪等建立了以高效液相色谱—质谱检测猪肉中大环内酯类抗生素的多残留分析方法,加标回收率为62.2% ~102%,相对标准偏差为2.7% ~16%。

(三)应用实例

1. 液相色谱—串联质谱法检测猪肉中四环素类药物残留

(1)适用范围:本方法适用于猪肉组织中四环素、土霉素及金霉素单个或混合物残留检测的制样和高效液相色谱—串联质谱的测定。

(2)制样:取适量新鲜或冷冻的空白或供试组织,绞碎并使均匀。

(3)测定方法:①试料的制备:取绞碎后的供试样品,作为供试试料:取绞碎后的空白样品,作为空白试料;取绞碎后的空白样品,添加适宜浓度的标准工作液,作为空白添加试料。

②提取:取10000转/分钟匀浆1分钟的试料(2 ±0.05)克,置50毫升离心管中,加McIlvainc - Na_2EDTA缓冲液8毫升,涡动充分混匀,8000转/分钟离心10分钟,取上清液于另一离心管内。重复提取一次,合并上清液,备用。

③净化:HLB固相萃取柱依次用甲醇5毫升、水5毫升预洗。取备用液8毫升过柱,用水5毫升,5%甲醇水溶液5毫升淋洗,减压抽干。用甲醇5毫升洗脱,氮气吹干洗脱液。用甲醇—水(3 +7)1.0毫升溶解残余物,过滤膜后作为试样溶液,供高效液相色谱—串联质谱仪测定。

④标准曲线的制备:精密量取标准储备液适量,用甲醇—水(3 +7)溶液稀释成含四环素、土霉素和金霉素分别为10纳克/毫升、20纳克/毫升、50纳克/毫升,100纳克/毫升、200纳克/毫升、400纳克/毫升的系列工作液,供高效液相色谱—串联质谱仪测定。

⑤测定:取试样溶液和相应的标准溶液,作单点或多点校准,按外标法以峰面积计算,即得。对照溶液及试样溶液中四环素、土霉素和金霉素的响应值均应在仪器检测的线性范围之内。

(4)检测方法的灵敏度、准确度、精密度:

①灵敏度:四环素、土霉素和金霉素在猪肉组织中的检测限为5纳克/克,定量

限为 10 纳克/克。

②准确度:本方法在 50~200 纳克/克添加浓度的回收率为 60%~120%。

③精密度:本方法的批内变异系数≤20%,批间变异系数≤20%。

2. 胶体金磺胺试纸条法

(1)检测原理:磺胺快速检测试纸条应用了竞争抑制免疫层析的原理,样本中的磺胺在流动的过程中与胶体金标记的特异性单克隆抗体结合,抑制了抗体和 NC 膜检测线上磺胺-BSA 偶联物的结合。如果样本中磺胺含量大于 5 微克/升,检测线不显颜色,结果为阳性;反之,检测线显红色,结果为阴性。

(2)猪肉样品处理方法:取切碎的组织样本,于均质机 10000 转/分钟均质 1 分钟;称取 1.0 克均质物置于离心管中,加入 4 毫升乙腈,涡旋振荡 5 分钟;室温下 4000 转/分钟离心 5 分钟,移取 1.25 毫升上清液至另一新离心管中,55℃下用氮气吹干或用电吹风吹干;往残留物中加入 1 毫升正己烷,旋转振动 30 秒,再加入 1 毫升 0.02 摩尔、pH7.4 的 PB,旋转振动 1 分钟;室温下 4000 转/分钟离心 10 分钟,取下层液相,用 0.02 摩尔、pH7.4 的 PB 稀释 4 倍后检测。

(3)操作步骤以及结果判读:测试前将未开封的检测卡及待检样品溶液恢复至室温;从原包装铝箔袋中取出检测卡,在半小时内使用;将检测卡平放,用塑料吸管垂直滴加 3 滴无气泡样本(约 70 微升)于加样孔;反应 5 分钟,根据示意图判定结果。质控 C 线显色,检测区出现红色条带为阴性;质控 C 线显色,检测 T 线不出现红色条带为阳性;若未出现质控 C 线,说明操作不当或检测卡失效。

三、食源性致病菌的残留及检测

(一)单增李斯特菌的残留检测

张赛等建立荧光免疫层析法结合免疫磁珠分离技术快速检测单增李斯特菌,结果表明:荧光免疫层析试纸条对纯培养单增李斯特菌的检测限为 4×10^5 菌落数/毫升,联合检测方法 10 倍、100 倍浓缩时,检测限分别为 4×10^4 菌落数/毫升和 1×10^4 菌落数/毫升。石磊等建立环介导等温扩增法快速检测单增李斯特菌,以单增李斯特菌的 *hlyA* 基因作为靶基因,设计特异性引物,利用实时浊度监测仪,65℃保温反应 60 分钟,检测该菌纯培养物的灵敏度达 13 菌落数/反应管。检测人工污染样品的灵敏度达 13 菌落数/反应管,检测实际肉类样品的实验表明:与 GB4789.30—2010 培养方法比较,环介导等温方法(LAMP)的符合率为 96.67%,结合前增菌的 LAMP 方法的符合率为 100%。毛燕等报道利用免疫磁分离技术与免疫传感器的结合来检测猪肉中的李斯特菌残留，在 3 个小时内检测结果为 10^4 菌落数/毫升以上可以被检出。Kawasaki 等应用多重 PCR 技术同时检测肉类中的沙门氏菌、李斯特菌和大肠杆菌 O157: H7，以通用预增菌肉汤作增菌培养基，通过增菌后检测敏感性可以达到 40 菌落数/千克。Hudson 等研究表明，利用免疫磁性分离技术与 PCR 结合，可在 24 小时内检出火腿中的单增李斯特菌，检出低限为 11 菌落数/克。Ye 等通过实时逆转录 PCR 快速检测在冷却猪肉中单增李斯特活菌的方法，在纯培养和人为污染的冷却猪肉样品中得到的检测限为 10^0 菌落数/毫升。Garrido 等报道了一种新的多重实时 PCR 方法检测食品和环境样品中的单核细胞增生李斯特氏菌，试验中得到的检测限为 5 菌落数/25 克。

（二）沙门氏菌的残留检测

杜雄伟等研究肉制品中沙门氏菌 *inv*A 基因实时荧光定量 PCR 检测方法的建立，针对沙门氏菌 *inv*A 基因设计一对特异引物，建立 SYBR Green 实时荧光定量 PCR 检测方法，并进行特异性敏感性重复性检测。结果表明，所建立的沙门氏菌实时荧光定量 PCR 检测方法，特异性良好，组间组内重复性良好，沙门氏菌检测下线为 10^1 菌落数/毫升。Lazaro 等建立实时 PCR 技术检测猪肉中的沙门氏菌，该方法完全兼容欧洲标准，提供更快速和更有效的结果，检测限为 2 菌落数/25 克。陈思强等报道了自动酶联荧光免疫分析系统检测冻肉中沙门菌。自动酶联荧光免疫分析系统用于冻肉沙门菌检测的灵敏度为 100%，特异性为 99%。黄金海等建立食品中沙门氏菌环介导等温扩增技术（LAMP）快速检测方法。结果表明，该方法仅对沙门氏菌产生特异性扩增，灵敏度高达 336 个/毫升，食品样品经细菌富集培养后，检测灵敏度高达 8.25 个/克。

（三）应用实例

1. 平板计数法测定菌落总数

（1）检验程序：菌落总数的检验程序见图 9－2。

（2）操作步骤：①样品的稀释：称取 25 克猪肉样品置盛有 225 毫升磷酸盐缓冲液或生理盐水的无菌均质杯内，8000～10000 转/分钟均质 1～2 分钟；或放入盛有 225 毫升稀释液的无菌均质袋中，用拍击式均质器拍打 1～2 分钟，制成 1∶10 的样品匀液。用 1 毫升无菌吸管或微量移液器吸取 1∶10 样品匀液 1 毫升，沿管壁缓慢注于盛有 9 毫升稀释液的无菌试管中（注意吸管或吸头尖端不要触及稀释液面），振摇试管或换用 1 支无菌吸管反复吹打使其混合均匀，制成 1∶100 的样品匀液。制备 10 倍系列稀释样品匀液。每递增稀释一次，换用 1 次 1 毫升无菌吸管或吸头。根据对样品污染状况的估计，选择 2～3 个适宜稀释度的样品匀液（液体样品可包括原液），

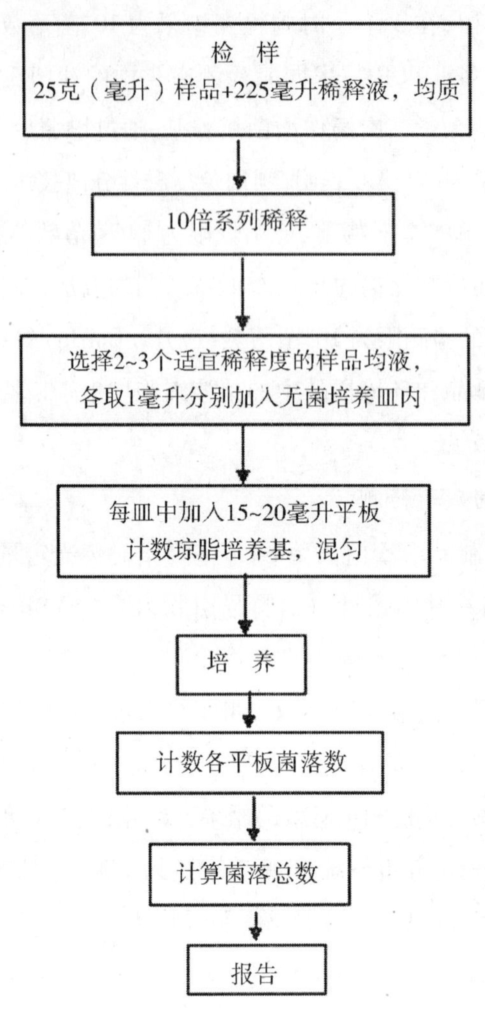

图 9－2　菌落总数的检验程序

在进行 10 倍递增稀释时，吸取 1 毫升样品匀液于无菌平皿内，每个稀释度做两个平皿。同时，分别吸取 1 毫升空白稀释液，加入两个无菌平皿内作空白对照。及时将 15～20 毫升冷却至 46℃的平板计数琼脂培养基倾注平皿，并转动平皿使其混合均匀。

②培养：待琼脂凝固后，将平板翻转，36±1℃培养 48±2 小时。

③菌落计数：选取菌落数在 30～300 菌落数之间，无蔓延菌落生长的平板计数菌落总数。低于 30 菌落数的平板记录具体菌落数，大于 300 菌落数的可记录为多不可计。每个稀释度的菌落数应采用两个平板的平均数。其中一个平板有较大片状菌落生长时，则不宜采用，而应以无片状菌落生长的平板作为该稀释度的菌落数；若片状菌落不到平板的一半，而其余一半中菌落分布又很均匀，即可计算半个平板后乘以 2，代表一个平板菌落数。当平板上出现菌落间无明显界线的链状生长时，则

将每条单链作为一个菌落计数。

(3)结果与报告:菌落数小于100菌落数时,按“四舍五入”原则修约,以整数报告。菌落数大于或等于100菌落数时,第3位数字采用“四舍五入”原则修约后,取前2位数字,后面用0代替位数;也可用10的指数形式来表示,按“四舍五入”原则修约后,采用两位有效数字。若所有平板上为蔓延菌落而无法计数,则报告菌落蔓延。若空白对照上有菌落生长,则此次检测结果无效。称重取样以菌落数/克为单位报告。

2. 大肠菌群计数法(MPN计数法)

(1)检验程序:大肠菌群MPN计数的检验程序见图9-3。

(2)操作步骤:①样品的稀释称取25克猪肉,放入盛有25毫升磷酸盐缓冲液或生理盐水的无菌均质杯内,8000~10000转/分钟均质1~2分钟;或放入盛有225毫升磷酸盐缓冲液或生理盐水的无菌均质袋中,用拍击式均质器拍打1~2分钟,制成1:10的样品匀液。用1毫升无菌吸管或微量移液器吸取1:10样品匀液1毫升,沿管壁缓缓注入9毫升磷酸盐缓冲液或生理盐水的无菌试管中(注意吸管或吸头尖端不要触及稀释液面),振摇试管或换用1支1毫升无菌吸管反复吹打,使其混合均匀,制成1:100的样品匀液。根据对样品污染状况的估计,按上述操作,依次制成10倍递增系列稀释样品匀液。每递增稀释1次,换用1支1毫升无菌吸管或吸头。从制备样品匀液至样品接种完毕,全过程不得超过15分钟。

②初发酵试验:每个样品,选择3个适宜的连续稀释度的样品匀液(液体样品可以选择原液),每个稀释度接种3管月桂基硫酸盐胰蛋白胨(升ST)肉汤,每管接种1毫升(如接种量超过1毫升,则用双料升ST肉汤),36±1℃培养24±2小时,观察导管内是否有气泡产生。24±2小时产气者进行复发酵试验,如未产气则继续培养至48±2小时。未产气者为大肠菌群阴性。

③复发酵试验:用接种环从产气的升ST肉汤管中分别取培养物1环,移种于煌绿乳糖胆盐肉汤(B克LB)管中,36±1℃培养48±2小时,观察产气情况。产气者,计为大肠菌群阳性管。

④大肠菌群最可能数(MPN)的报告:按③确证的大肠菌群升ST阳性管数,检索MPN表,报告每克(毫升)样品中大肠菌群的MPN值。

3. 单核细胞增生李斯特氏菌检验方法

(1)检验程序:单核细胞增生李斯特氏菌检验程序见图9-4。

(2)操作步骤:

①增菌:以无菌操作取样品25克加入到含有225毫升LB_1增菌液的均质袋中,

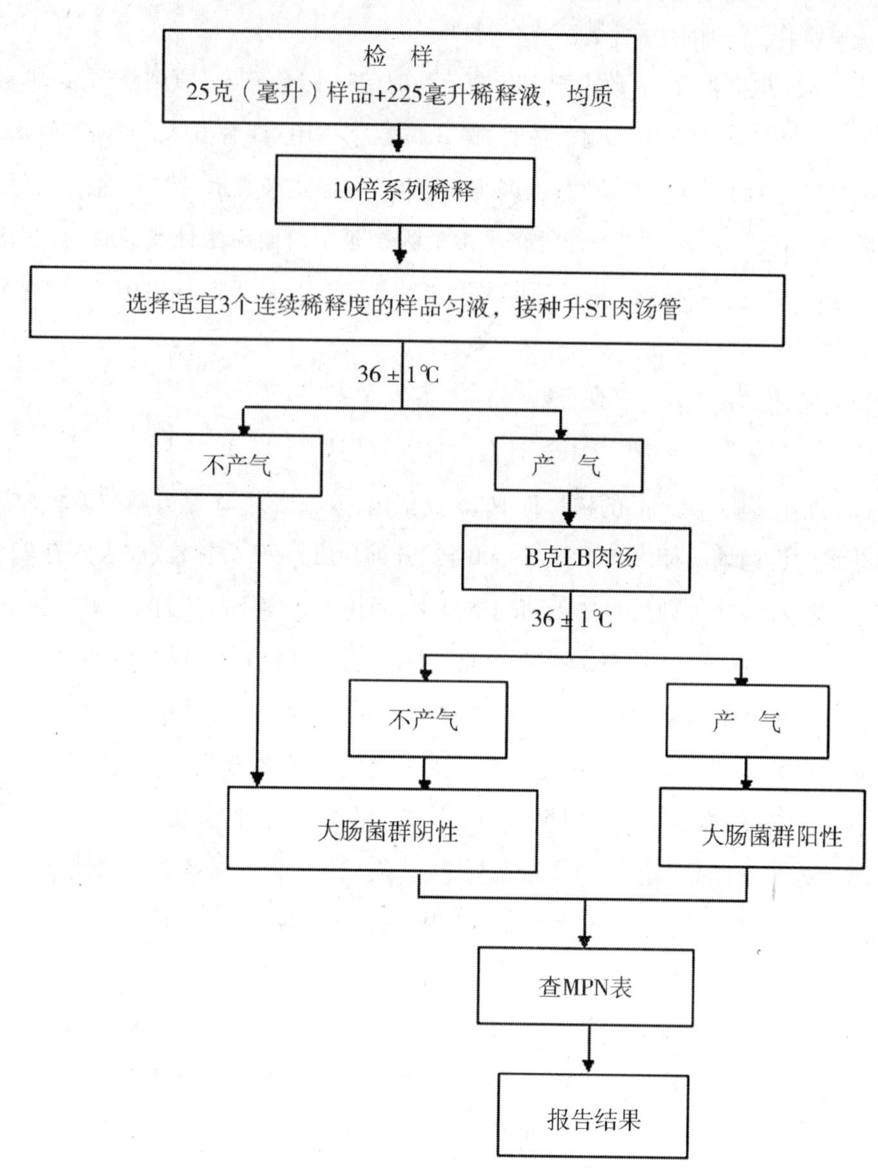

图 9－3　大肠菌群 MPN 计数法检验程序

在拍击式均质器上连续均质 1～2 分钟；或放入盛有 225 毫升 LB_1 增菌液的均质杯中，8000～10000 转/分钟均质 1～2 分钟。于 30±1℃ 培养 24 小时，移取 0.1 毫升，转种于 10 毫升 LB_2 增菌液内，于 30±1℃ 培养 18～24 小时。

②分离：取 LB_2 二次增菌液划线接种于 PALCAM 琼脂平板和李斯特氏菌显色培养基上，于 36±1℃ 培养 24～48 小时，观察各个平板上生长的菌落。典型菌落在 PALCAM 琼脂平板上为小的圆形灰绿色菌落，周围有棕黑色水解圈，有些菌落有黑色凹陷；典型菌落在李斯特氏菌显色培养基上的特征按照产品说明进行判定。

③初筛：自选择性琼脂平板上分别挑取 5 个以上典型或可疑菌落，分别接种在

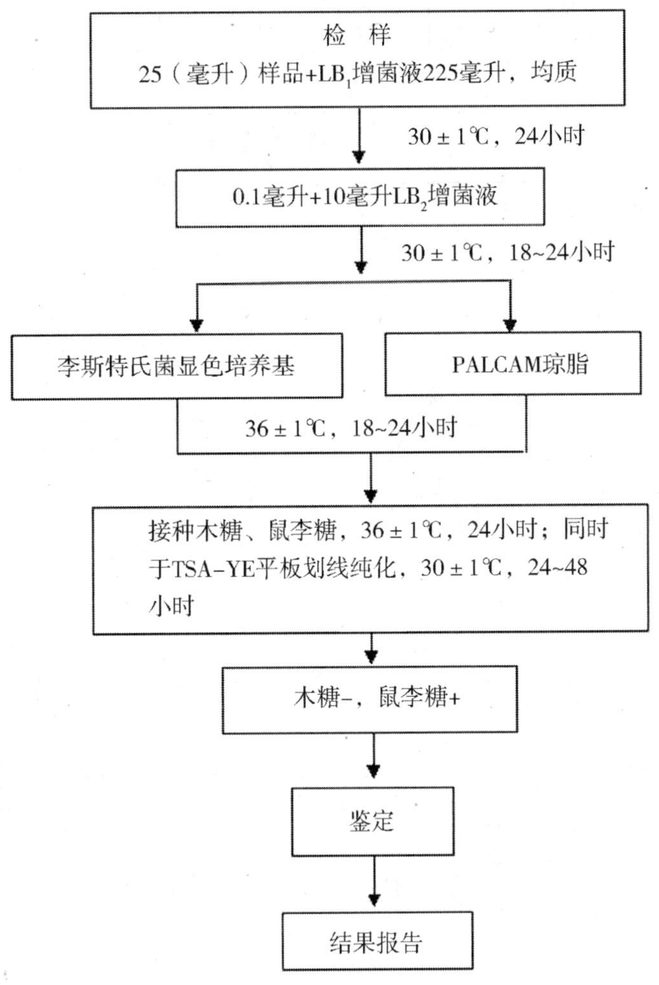

图 9－4　单核细胞增生李斯特氏菌检验程序

木糖、鼠李糖发酵管，于 36±1℃培养 24 小时；同时在 TSA－YE 平板上划线纯化，于 30±1℃培养 24～48 小时。选择木糖阴性、鼠李糖阳性的纯培养物继续进行鉴定。

④鉴定：通过染色镜检、动力试验、生化鉴定、溶血试验、协同溶血试验、生化鉴定试剂盒、小鼠毒力试验对其进行鉴定。

(3)结果与报告：综合以上结果，报告 25 克(毫升)样品中检出或未检出单核细胞增生李斯特氏菌。

4. 沙门氏菌检验方法

(1)检验程序：沙门氏菌检验程序见图 9－5。

(2)操作步骤：

①前增菌：称取 25 克猪肉样品盛有 225 毫升 BPW 的无菌均质袋中，用拍击式均质器拍打 2 分钟。无菌操作将样品转至 500 毫升锥形瓶中，如使用均质袋，可直接进行培养，于 36℃培养 8～18 小时。如为冷冻产品，应在 45℃以下不超过 15 分

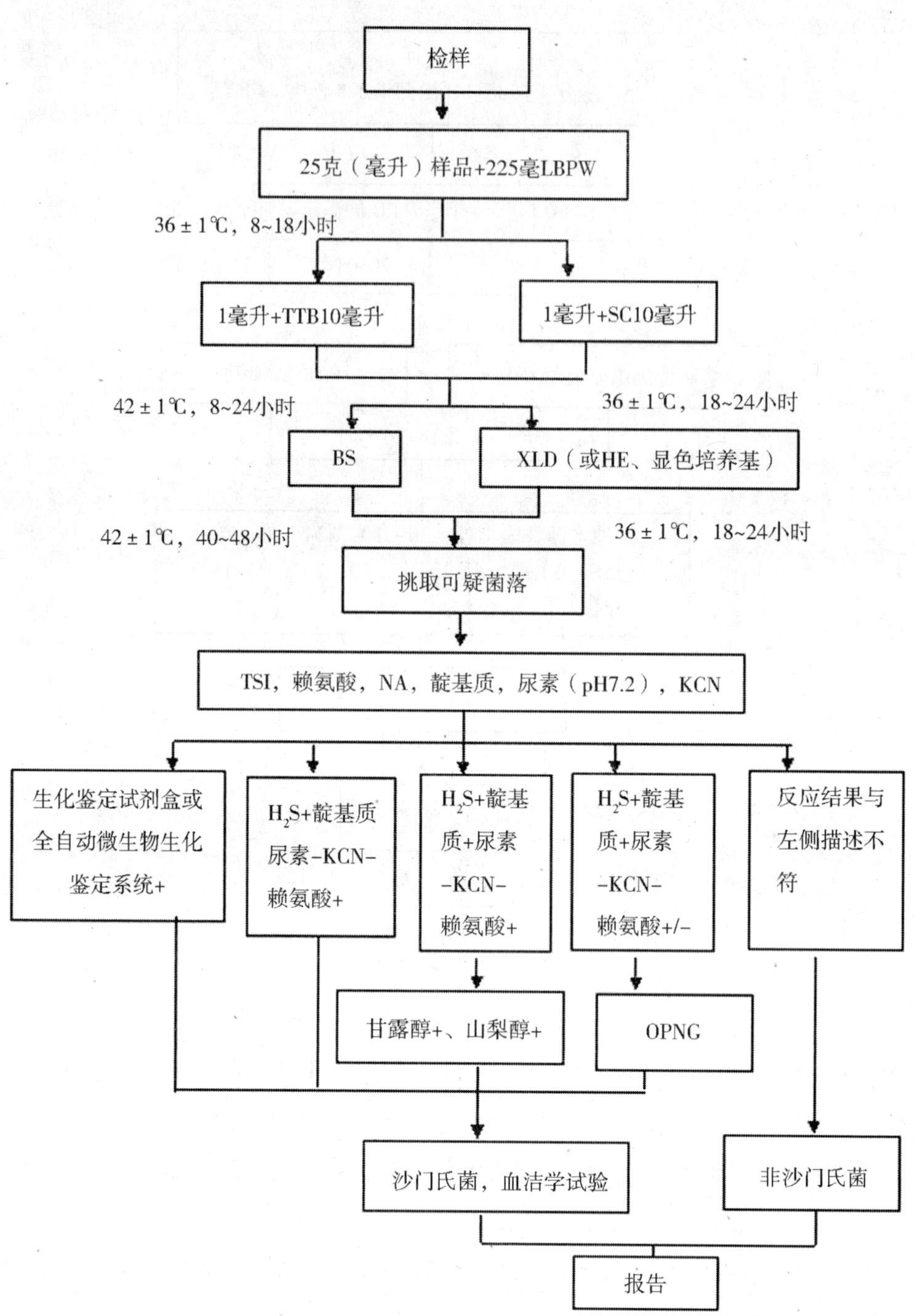

图9－5　沙门氏菌检验程序

钟，或5℃不超过18小时解冻。

②增菌：轻轻摇动培养过的样品混合物，移取1毫升，转种于10毫升TTB内，于42℃培养18～24小时。同时，另取1毫升，转种于10毫升SC内，于36℃培养18～24小时。

③分离：分别用接种环取增菌液1环，划线接种于一个BS琼脂平板和一个XLD

琼脂平板(或HE琼脂平板、沙门氏菌属显色培养基平板)。于36±1℃分别培养18~24小时(XLD琼脂平板、HE琼脂平板、沙门氏菌属显色培养基平板)或40~48小时(BS琼脂平板),观察各个平板上生长的菌落。各个平板上的菌落特征见表9-1。

表9-1 沙门氏菌属在不同选择性琼脂平板上的菌落特征

选择性琼脂平板	沙门氏菌
BS琼脂	菌落为黑色金属光泽、棕褐色或灰色,菌落周围培养基可成黑色或棕色:有些菌株形成灰绿色的菌落,周围培养基不变
HE琼脂	蓝绿色或蓝色,多数菌落中心黑色或几乎全黑色:有些菌株为黄色,中心黑色或几乎全黑色
X升D琼脂	菌落呈粉红色,或者不带黑色中心,有些菌株可呈现大的带光泽的黑色中心,或呈现全部黑色的菌落:有些菌落为黄色菌落,带或不带黑色中心
沙门氏菌属显色培养基	按照显色培养基的说明进行判定

④生化试验:自选择性琼脂平板上分别挑取2个以上典型或可疑菌落,接种三糖铁琼脂,先在斜面划线,再于底层穿刺;接种针不要灭菌,直接接种赖氨酸脱羧酶试验培养基和营养琼脂平板,于36℃培养18~24小时,必要时可延长至48小时。在三糖铁琼脂和赖氨酸脱羧酶试验培养基内,沙门氏菌属的反应结果见表9-2。

表9-2 沙门氏菌属在三糖铁琼脂和赖氨酸脱羧酶试验培养基内的反应结果

三糖铁琼脂				赖氨酸脱羧酶	初步判断
斜面	底层	产气	硫化氢		
K	A	+(-)	+(-)	+	可疑沙门氏菌属
K	A	+(-)	+(-)	-	可疑沙门氏菌属
A	A	+(-)	+(-)	+	可疑沙门氏菌属
A	A	+/-	+/-	-	非沙门氏菌
K	K	+/-	+/-	+/-	非沙门氏菌

注:K表示产碱,A表示产酸;+表示阳性,-表示阴性;+(-)表示多数阳性,少数阴性;+/-表示阳性或阴性。

接种三糖铁琼脂和赖氨酸脱羧酶试验培养基的同时,可直接接种蛋白胨水(供做靛基质试验)、尿素琼脂(pH7.2)、氰化钾(KCN)培养基,也可在初步判断结果后从营养琼脂平板上挑取可疑菌落接种。于36℃培养18~24小时,必要时可延长至48小时,按表9-3判定结果。

表 9-3 沙门氏菌属生化反应初步鉴别表

反应序号	硫化氢（H_2S）	靛基质	pH 7.2 尿素	氰化钾（KCN）	赖氨酸脱羧酶
A1	+	-	-	-	+
A2	+	+	-	-	+
A3	-	-	-	-	+/-

注：+表示阳性；-表示阴性；+/-表示阳性或阴性。

反应序号 A1：典型反应判定为沙门氏菌属。如尿素、KCN 和赖氨酸脱羧酶 3 项中有 1 项异常，按表 9-4 可判定为沙门氏菌。如有 2 项异常，为非沙门氏菌。

表 9-4 沙门氏菌生化反应初步鉴别表

pH7.2 尿素	氰化钾	赖氨酸脱羧酶	判定结果
-	-	-	甲型副伤寒沙门氏菌（要求血清学鉴定结果）
-	+	+	沙门氏菌 VI 或 V（要求符合本群生化特性）
+	-	+	沙门氏菌个别变体（要求血清学鉴定结果）

注：+表示阳性；-表示阴性。

反应序号 A2：补做甘露醇和山梨醇试验，沙门氏菌靛基质阳性变体两项试验结果均为阳性，但需要结合血清学鉴定结果进行判定。

反应序号 A3：补做 ONPG。ONPG 阴性为沙门氏菌，同时赖氨酸脱羧酶阳性，甲型副伤寒沙门氏菌为赖氨酸脱羧酶阴性。

⑤血清学鉴定：在玻片上划出 2 个约 1 厘米 ×2 厘米的区域，挑取 1 环待测菌，各放 1/2 环于玻片上的每一区域上部，在其中一个区域下部加 1 滴多价菌体（O）抗血清或多价鞭毛抗原（H）抗血清，在另一区域下部加入 1 滴生理盐水，作为对照。再用无菌的接种环或针分别将两个区域内的菌落研成乳状液。将玻片倾斜摇动混合 1 分钟，并对着黑暗背景进行观察，任何程度的凝集现象皆为阳性反应。

（3）结果与报告：综合以上生化试验和血清学鉴定的结果，报告 25 克（毫升）样品中检出或未检出沙门氏菌。

四、重金属的残留及检测

（一）铅离子的残留检测

铅离子的残留检测方法主要包括微流控光学法、光学生物传感器法、荧光法等。

Fe 纳克等建立微流控光学为基础的 DNA 结构竞争力信号现场快速检测铅离子,条件优化后,线性范围 1.0～300.0 纳摩尔/升,最低检测限 0.22 纳摩尔/升。Yildirim 等建立一种基于便携式脱氧核酶的光学生物传感器高灵敏度和选择性检测铅离子,条件优化后,线性范围 2～75 纳摩尔/升,检测限 1.03 纳摩尔/升(0.21 纳克/毫升)。Ratnarathorn 等建立酸官能化的金纳米粒子高度敏感比色检测铅离子,在条件优化后,得到线性范围 0.0～10.0 微克/升,在 15 分钟内裸眼能看到的最低检测限为 0.5 微克/升。Taghdisi 等建立基于荧光核酸适配体功能化碳纳米管超灵敏检测铅离子,条件优化后得到检测限 0.42 纳摩尔/升。Zhang 等建立一个通过诱导的克—四链体 DNA 适体荧光各向异性法敏感的检测铅离子,条件优化后,得到线性范围 10～2.0 微摩尔/升,最低检测限 1.0 纳摩尔/升。Lin 等建立利用核酸适体偶合物荧光检测铅离子,条件优化后,得到线性范围 3.0～50 纳摩尔/升,最低检测限 1.0 纳摩尔/升。

(二)镉离子的残留检测

镉离子的残留检测方法主要包括微波消解法、电化学传感器法、三电极的微型芯片法等。许昆明等以硝酸—过氧化氢作氧化剂,微波消解食品样品后,用原子荧光光谱法测定样品中的镉;该方法的检出限镉为 0.007 微克/升,镉的定量检测限分别为 0.022 微克/升;测定的相对标准偏差(RSD),镉为 1.65% ～4.8%;加标回收率为 97.0% ～119.5%。Wu 等建立基于多壁碳纳米管和石墨烯纳米片电化学传感器的对比研究灵敏检测镉离子,全氟磺酸(Nafion)使石墨烯表面改性得到得到一种新型的纳米复合材料,这种复合材料作为一种超灵敏检测镉离子的平台,检测线性范围 0.25～ 5 微克/升,最低检测限 3.5 纳克/升。Promphet 等建立基于石墨烯/聚苯胺/聚苯乙烯纳米纤维修饰电极测定镉的电化学传感器,线性范围 10～500 微克/升,最低检测限 4.43 微克/升。王志强等研制了一种高灵敏度、低成本的 Cd^{2+} 电化学传感器,实验结果分析表明利用分子导线制作的碳糊电极具有较好的导电性和电化学活性,在最优检测条件下,传感器的线性工作范围为 1.0～80.0 微克/升,线性回归方程为 $i_p = -0.2065 + 0.3621c$(i_p:UA,c:微/克),检测限为 0.13 微克/升。Wen 等建立三电极的微型芯片的 PDMS 设备与振动电机的溶出伏安检测重金属离子,得到 Cd^{2+} 的检测限达到 0.11 微克/升。Hui 等建立基于三维的石墨烯的碳纳米管复合电极材料超灵敏检测重金属镉离子,Cd^{2+} 的线性校准曲线范围 0.5～30 微克/升,Cd^{2+} 的检测限为 0.1 微克/升($R_{SN}=3$)。Nadèje Tekaya 等建立基于钝顶节旋藻中磷酸酶酶的活性抑制作用对重金属的超灵敏检测,Cd^{2+} 的检测限为 10^{-20} 摩尔/升,Cd^{2+} 最低检测限值为 10^{-19} 摩尔/升。

（三）汞离子的残留检测

汞离子的残留检测方法主要包括传感器法、荧光检测法、石墨烯量子点法等。Hao 等建立基于寡核苷酸荧光传感器同时检测重金属离子的快速检测方法，在水溶液中对 Hg^{2+} 的最低检测限为 2.5 纳摩尔/升，符合环境保护局和世界卫生组织的要求。Guo 等建立基于基于 γ－聚谷氨酸复合材料酸性石墨烯鲁米诺复合物和寡核苷的电化学发光生物传感器对汞离子检测，在线性范围 0.01～100 纳摩尔/升汞离子可以被检测到。Peng 等通过荧光 DNA/银纳米团簇在富含鸟嘌呤的 DNA 杂交物中检测汞离子，得到线性范围 6.0～160.0 纳摩尔/升，检测限为 2.1 纳摩尔/升。Long 等建立可重复使用的倏逝波生物传感器快速、高度敏感、选择性检测汞离子，在 6 分钟内得到检测限为 2.1 纳摩尔/升，传感器的表面在没有显著的性能劣化的时候可以用 0.5% SDS 溶液（pH1.9）再生 100 次以上。Li 等使用石墨烯量子点的荧光开关同时检测汞离子和半胱氨酸，在石墨烯量子点的存在下，汞离子的阳离子通过静电相互作用方式吸附在带负电荷的表面，石墨烯量子点荧光因为荧光的转移将会明显淬灭，当加入半胱氨酸，在水溶液中汞离子与半胱氨酸结合荧光会有一个明显的增强，这是因为强的金属键形成取代了微弱的静电相互作用，从而使荧光增强。该方法对汞离子的检测限为 0.439 纳摩尔/升。

（四）应用实例

1. 猪肉中铅的测定（石墨炉原子吸收光谱法）

（1）原理：试样经灰化或酸消解后，注入原子吸收分光光度计石墨炉中，电热原子化后吸收 283.3 纳米共振线，在一定浓度范围，其吸收值与铅含量成正比，与标准系列比较定量。

（2）分析步骤：

①试样预处理：肉类等水分含量高的鲜样，用食品加工机或匀浆机打成匀浆，储于塑料瓶中，保存备用。

②试样消解：称取 1～2 克试样于聚四氟乙烯内罐，加硝酸 2～4 毫升浸泡过夜。再加过氧化氢 2～3 毫升（总量不能超过罐容积的 1/3）。盖好内盖，旋紧不锈钢外套，放入恒温干燥箱，120～140℃保持 3～4 小时，在箱内自然冷却至室温，用滴管将消化液洗入或过滤入 10～25 毫升容量瓶中，用水少量多次洗涤罐，洗液合并于容量瓶中并定容至刻度，混匀备用；同时作试剂空白。

③测定：吸取上面配制的铅标准使用液 10.0 纳克/毫升、20.0 纳克/毫升、40.0 纳克/毫升、60.0 纳克/毫升、80.0 纳克/毫升各 10 微升，注入石墨炉，测得其吸光值并求得吸光值与浓度关系的一元线性回归方程。分别吸取样液和试剂空白液各 10

微升,注入石墨炉,测得其吸光值,代入标准系列的一元线性回归方程中求得样液中铅含量。对有干扰试样,则注入适量的基体改进剂磷酸二氢铵溶液消除干扰。绘制铅标准曲线时也要加入与试样测定时等量的基体改进剂磷酸二氢铵溶液。

(3)精密度和检出限:在重复性条件下获得的两次独立测定结果的绝对差值不得超过算术平均值的20%。石墨炉原子吸收光谱法检出限为0.005毫克/千克。

2.猪肉中总汞的测定

(1)原理:试样经酸加热消解后,在酸性介质中,试样中汞被硼氢化钾(KBH_4)或硼氢化钠($NaBH_4$)还原成原子态汞,由载气(氩气)带入原子化器中,在特制汞空心阴极灯照射下,基态汞原子被激发至高能态,在去活化回到基态时,发射出特征波长的荧光。其荧光强度与汞含量成正比,与标准系列比较定量。

(2)分析步骤:

①试样消解:猪肉用捣碎机打成匀浆,称取匀浆1.00~5.00克,置于聚四氟乙烯塑料丙罐中,加盖留缝放于65℃鼓风干燥烤箱或一般烤箱中烘至近干,取出,称取0.10~0.50克试样于消解罐中加入1~5毫升硝酸,1~2毫升过氧化氢,盖好安全阀后,将消解罐放入微波炉消解系统中,至消解完全,冷却后用硝酸溶液(1+9)定量转移并定容至25毫升,混匀待测。

②标准系列配制:低浓度标准系列。分别吸取100纳克/毫升汞标准使用液0.25毫升、0.50毫升、1.00毫升、2.00毫升、2.50毫升容量瓶中,用硝酸溶液(1+9)稀释至刻度,混匀。各自相当于汞浓度1.00纳克/毫升、2.00纳克/毫升、4.00纳克/毫升、8.00纳克/毫升、10.00纳克/毫升。

③测定:设定好仪器最佳条件,在试样参数画面输入以下参数:试样质量(克或毫升),稀释体积(毫升),并选择结果的浓度单位,逐步将炉温升至所需温度,稳定后测量。连续用硝酸溶液(1+9)进样,待读数稳定之后,转入标准系列测量,绘制标准曲线。在转入试样测定之前,再进入空白值测量状态,用试样空白消化液进样,让仪器取其均值作为扣底的空白值。随后即可依法测定试样。测定完毕后,选择"打印报告"即可将测定结果自动打印。

(3)精密度、检出限及最佳线性范围:在重复性条件下获得的两次独立测定结果的绝对差值不得超过算术平均值的10%。检出限0.15微克/千克,标准曲线最佳线性范围0~60微克/升。

第二节　无公害生猪生产技术

无公害生猪是指产地生态环境清洁,按照特定的技术操作规程生产,将有害物含量控制在规定标准内,并由授权部门审定批准,允许使用无公害标志的生猪。无公害生猪的生产按照以下规程操作。

一、猪种引进

种猪必须从非疫区具有“种畜种禽生产经营许可证”的种猪场引进。引进种猪时须索要“系谱卡”及相关登录材料和免疫接种情况。种猪引进后远离生产区隔离观察9周以上,以恢复体况,并观察是否健康。在隔离观察期内按程序完成免疫接种,建立免疫能力,驱除体内外寄生虫。

二、猪场环境控制

(一)猪场选址

(1)周围环境内(至少3千米内)无化工厂、矿厂、皮革厂、屠宰厂、垃圾及污水处理场等污染源,距离干线公路、铁路、城镇居民区至少2千米以上。

(2)周围没有其他畜禽饲养场,猪场内不得养狗、猫及其他动物。

(3)有足够的地下水源,水质符合NY/T 5027—2001的规定。

(二)猪场建设

(1)猪场办公生活区、生产区和粪污处理区分区布局,从办公生活区至生产区之间设置缓冲地带。生产区按生产单元(繁殖猪群单元、保育单元、育成育肥单元)集中,相互隔开,形成生态和防疫屏障。粪污处理区处于生产区的下风向或侧风向(按夏季主导风向)。

(2)大量种树、种草,绿化、美化场区,吸纳污浊气体,净化场区环境。

(3)建设多级消毒设施,防止病原从场外带入。进场大门设汽车消毒通道和气雾消毒人行通道及物流紫外线消毒通道。进生产区设洗澡消毒室,更换生产区穿着的衣、鞋。进入生产单元再次消毒。

(4)猪舍设置通风、降温、保温、除臭设施,优化舍内饲养环境。种公猪舍、配种母猪舍、妊娠母猪舍采用敞开式猪舍,常温时敞开自然通风为主;高温时放下卷帘,水帘降温、负压通风;低温时放下卷帘,注意保温与定期排除污浊气体相结合。分娩母猪舍采用封闭式猪舍,常温时打开门窗,以自然通风为主;高温时水帘冷风机送风、正压通风,结合头颈部滴冷水降温;低温和常温时仔猪保温箱内采取措施保温。保育舍采用封闭式猪舍,常温时打开门窗,自然通风;冬季采用保温措施,屋脊安装无动力风机定期换气排浊。育成育肥舍采用敞开式猪舍,以自然通风为主,高温时水帘降温、负压通风,或采用其他降温通风措施;低温放下卷帘保温。

(5)降低饲养密度,配种母猪、妊娠母猪、保育猪、育成育肥猪小群饲养为主,减少应激,保持猪群健康:分娩母猪、种公猪单栏饲养。在保育舍、育成育肥舍放置玩具(如铁链吊轮胎等),供猪玩耍。

(6)分娩母猪舍、保育舍建筑单元式猪舍,实行“全进全出”饲养。一批猪饲养结束后,彻底消毒,空栏1周左右。

三、饲养

(一)人员

(1)饲养员应定期进行健康检查,人畜共患传染病患者不得从事养猪。

(2)兽医人员不准对外诊疗猪及其他动物的疾病,猪场配种人员不准对外开展猪的配种工作。

(二)饲喂

(1)饲料每次添加量要适当,少喂勤添,防止饲料污染腐败。

(2)根据饲养工艺进行转群时,按体重大小强弱分群,分别进行饲养,饲养密度要适宜,保证猪有充足的躺卧空间。

(3)每天打扫猪舍卫生,保持料槽、水槽用具干净,地面清洁。经常检查饮水设备,观察猪群健康状态。

(三)灭鼠、驱虫

(1)定期投放灭鼠药,及时收集死鼠和残余鼠药,并做无害化处理。

(2)选择高效、安全的抗寄生虫药进行寄生虫控制,控制程序符合《无公害食品 生猪饲养兽医防疫准则》(NY 5031—2001)的要求。

(四)饲料的安全性

使用的饲料原料及成品饲料必须符合《饲料卫生标准》(GB 13078—2001)要求

和《饲料标签》(GB 10648—1999)的要求。所采购的原料应预先检测,不符合卫生标准的原料不得用于加工配合饲料。不得购买不符合饲料卫生标准和饲料标签要求的成品饲料。加工生产的配合饲料或购入的配合饲料应当妥善保管,防止霉变,并在一定期限内用完。所用的饲料添加剂必须是《允许使用的饲料添加剂品种目录》(农业部658 号公告)所列的饲料添加剂和允许进口的添加剂品种。加工配制饲料要按猪的不同生理阶段和不同的生长发育阶段制定科学合理的能量、蛋白质水平并注意氨基酸、维生素、微量元素平衡,防止过量或不足。药物饲料添加剂的使用应按农业部发布的《药物饲料添加剂使用规范》(农业部 168 号公告)执行,并严格执行休药期规定,饲料中不应直接添加兽药。严禁在饲料中添加盐酸克伦特罗、莱克多巴胺、沙丁胺醇等 β-兴奋剂和氨苯砷酸、洛克沙砷等砷制剂。

四、疫病防控

(一)免疫接种

按照实际情况制定科学的免疫程序,目前免疫接种的病种包括猪瘟、口蹄疫、伪狂犬病、细小病毒、乙型脑炎、圆环病毒-2 型、猪喘气病、猪繁殖与呼吸综合征等,其他病种根据当时实际情况确定是否需要免疫接种。

(二)免疫接种规范操作

主管兽医要制订全年免疫计划和月度免疫计划(月底制订下 1 个月计划),逐头(或逐群)说明接种的疫(菌)苗品名、剂量、接种日期、接种部位、稀释液等。接种人员要按规程操作,并核对相关事项。接种后及时登记,存档备查。2 种疫(菌)苗不能混在一起使用。除特殊说明,一般 1 次只接种 1 种疫(菌)苗,2 次疫(菌)苗接种间隔时间不低于 7 天。接种疫苗时前后 1 周内不得同时使用抗菌药物。

(三)加强免疫监测

定期监测抗体水平,根据抗体水平调整免疫程序,如发现免疫失败,查清原因,并采取对策。制订方案对猪瘟和伪狂犬病进行病原检测,淘汰猪瘟和伪狂犬病带毒猪,净化猪瘟和伪狂犬病,伪狂犬病净化后不再免疫接种。

(四)规范化驱虫

仔猪在 12~20 千克第 1 次驱虫,50 千克左右第 2 次驱虫。引进种猪在隔离观察期间驱虫 1 次。后备母猪配种前每隔 6 周驱虫 1 次。经产母猪在产前 2 周驱虫。种公猪每年驱虫 2 次。

（五）兽药的安全性

所有猪群，均须按农业部193号公告《食品动物禁用的兽药及其他化合物清单》，严禁兽医临床使用禁用药品，允许使用的药品必须采用兽用药，不得采用人用药品代替兽药。兽药的使用需要符合《无公害食品　畜禽饲养兽药使用准则》（NY 5030—2006）的规定，且必须在兽医的指导下进行，严格执行其休药期及其用法用量。禁止使用农业部公告第176号《禁止在饲料和动物饮用水中使用的兽药品种目录》和农业部公告第193号《食品动物禁用的兽药及其他化合物清单》中确定的兽药。兽药残留的要求符合农业部发布的《动物性食品中兽药最高残留限量》的规定。

五、污物处理

参照《病害动物和病害动物产品生物安全处理规程》（GB 16548—2006）畜禽病害肉尸及其产品无害化处理规程，按照减量化、无害化、资源化的方向，确实有效处理病死猪和粪污，保护环境。治污工程必须与主体工程同时设计、同时施工、同时投产。具体的治污技术方案要因地制宜，科学合理。多数规模养猪场目前最现实的选择是采用干清粪工艺，将干粪集中作高温有氧发酵处理，然后加工成有机肥料，仅对尿液和少量粪污作厌氧发酵及后续处理；具有大片农田（林地、果园、青饲料地、蔬菜地等）"消纳"沼液的养猪场，可采用水泡粪工艺，猪粪尿作厌氧发酵处理后，分别利用沼气、沼渣、沼液；对于保育猪和育成育肥猪也可采用生物发酵床饲养，利用微生物分解处理粪尿。

六、生猪质量安全监控

（一）感官指标

猪肉的感官指标要达到表9－5的要求。

表9－5　猪肉的感官指标要求

项目	要求
色泽	肌肉有光泽，红色均匀，脂肪乳白色
组织状态	纤维清晰，有坚韧性，指压后凹陷立即恢复
黏度	外表湿润，不黏手
气味	具有鲜猪肉固有的气味，无异味
煮沸后肉汤	澄清透明，脂肪团聚于表面

(二)卫生指标

猪肉的卫生指标要达到表 9－6 的要求。

表 9－6 猪肉的卫生指标要求

项目	要求
菌落总数,cfu/克	$\leqslant 1\times 10^6$
大肠菌群,MPN/100 克	$\leqslant 1\times 10^4$
沙门氏菌	不得检出
单核细胞增生李斯特氏菌	不得检出
金黄色葡萄球菌	按三级采样方案操作($n=5,c=1,m=100$cfu/克,$M=1000$cfu/克):从一批产品中采集 5 个样品,若 5 个样品的检验结果均小于或等于 m 值,则合格;若≤1 个样品的结果(X)位于 m 值和 M 值之间,则合格;若有 2 个及以上样品的检验结果位于 m 值和 M 值之间,则不合格;若有任一样品的检验结果大于 M 值,则不合格

(三)理化指标

猪肉的理化指标要达到表 9－7 的要求。

表 9－7 猪肉的理化指标要求

项目	指标
总汞(以 Hg 计),毫克/千克	≤0.05
铅(以 Pb 计),毫克/千克	≤0.2
无机砷(以 As 计),毫克/千克	≤0.05
镉(以 Cd 计),毫克/千克	≤0.1
铬(以 Cr 计),毫克/千克	≤1.0
盐酸克伦特罗	不得检出
莱克多巴胺	不得检出
沙丁胺醇	不得检出
卡巴氧	不得检出
硝基呋喃类代谢物	不得检出
地美硝唑	不得检出
甲硝唑	不得检出
喹乙醇,微克/千克	≤50
地塞米松,微克/千克	≤0.75

续表

项目	指标
磺胺类,微克/千克	≤100
四环素类,微克/千克	≤100
头孢噻呋,微克/千克	≤1000
氟喹诺酮类,微克/千克	≤100
替米考星,微克/千克	≤100

注:其他农药和兽药残留量应符合国家有关规定。

第三节 绿色猪肉生产技术

绿色猪肉分为“A级绿色猪肉”和“AA级绿色猪肉”两种。其主要区别在于生产技术标准不同。A级绿色猪肉在生产过程中,可按规定限量使用限定的化学合成生产资料;而AA级绿色猪肉,则禁止使用化学合成的生产资料。

A级绿色猪肉的定义是:生猪生产地的环境符合《绿色食品产地环境技术条件》(NY/T391—2000)的要求,生产过程严格按照绿色食品生产资料使用准则和生产操作规程要求,限量使用限定的化学合成生产资料,产品质量符合绿色食品产品标准,经专门机构认定,许可使用A级绿色食品标志的产品。

AA级绿色猪肉的定义是:生猪生产地的环境符合《绿色食品产地环境技术条件》(NY/T391—2000)的要求,生产过程不使用化学合成的肥料、农药、兽药、饲料添加剂、食品添加剂和其他有害于环境和身体健康的物质,按有机生产方式生产,产品质量符合绿色食品产品标准,经专门机构认定,许可使用AA级绿色食品标志的产品。

绿色猪肉的特征是:强调猪肉生产最佳生态环境;对猪肉生产实行全程质量控制;对猪肉产品依法实行标志管理。

由此可见,绿色猪肉是从生猪的环境、猪种、饲料、饲养、防疫、屠宰、加工、包装、贮运、销售全过程进行监控,是营养、卫生、无污染的优质猪肉。

绿色生猪生产是一个系统工程,它涉及环境科学、微生物学、生态学、营养学、动物生产学、建筑学等多学科内容。养猪生产者必须掌握一些关键的控制技术,才能使生产绿色生猪的行业标准、操作规程得到有效实施,其产品质量才能得到保证。

一、良好的养殖环境

(一)猪场的选址

猪场选址要求远离居民区、动物养殖场、学校、主干公路、化工厂、矿山、采石场、本地常年主风向、区域空气流通顺畅等因素,对外围环境相对独立和有足够的土地使用年限。

充足的水源,良好的水质对绿色养猪生产非常重要,选址处水样送卫生监督部门检测,应符合《畜禽饮用水标准》。

环境保护也是猪场面临的重要工作,猪场三废、病死动物尸体等综合处理工作,不仅要求有足够的地方去兴建设施,且设计要科学合理,应利于废弃物收集、防疫、舍内空气流通、雨水和污水沟分离、节能等。

(二)场区布局

猪场的布局需依据建设规模、地形、水源、主导风向等自然条件进行合理规划,总体原则是紧凑整齐,便于生产管理和卫生防疫。一般大中型猪场应按主导风向划分四个区:办公生活区、生产区、病猪隔离区、污物处理区,场区净道、污道要分开。

(三)猪舍建设

猪舍建筑以及生产设施等硬件要求规范合理,便于舍内外的消毒。猪舍要保持干燥、清洁、通风,温度、湿度适宜。夏季可采用喷淋降温、湿帘—风机降温、一般机械通风降温等措施;冬季可采用红外线灯、电热板保温箱和热风炉升温等措施,为猪的生长提供舒适卫生的小气候。

二、优质的养殖品种

生产绿色猪肉很大程度上是由猪的品种决定的。因此,必须建立一个标准化的、优质健康的商品猪群,而优质标准化猪群须建立在优良的种群上。优质健康的种猪群是决定猪场生产效益的第一要素,具体操作要求是:要从依法取得"种猪生产许可证"的企业挑选种猪;要根据本场的生产技术和质量要求挑选有明显品种特征的种猪;索取种猪系谱资料;对所挑选的种猪进行主要传染病的病原监测。

三、绿色的养殖饲料

(一)合理选择饲料原料

首先,选择原料要保证原料90%来源于已认定的绿色食品产品及其副产品,其他可以是达到绿色食品标准的产品。其次，要注意选购消化吸收好、营养变异小的原料。禁止使用以哺乳类动物为原料的饲料产品，禁止使用工业合成的油脂，禁止使用畜禽粪便作饲料原料。

（二）选择绿色饲料添加剂

选用绿色饲料添加剂，如微生态制剂、酶制剂、酸化剂、免疫增强剂、寡聚糖、丝兰提取物和中草药添加剂和营养性添加剂等。禁止使用任何药物性饲料添加剂。

（三）合理选择饲料配方

在配制饲料中，首先必须准确测定猪营养需要量和饲料原料的营养价值，利用“理想蛋白质模式”配制氨基酸平衡日粮，使日粮的氨基酸组成与动物的氨基酸需求一致并注意维生素、微量元素平衡。

（四）合理保管饲料以及使用

坚持先进先出原则，饲料入库后，做好防潮、防霉、防鼠等工作，对霉变饲料及时处理，严禁用于喂养。猪舍内自由采食槽不留隔夜料，经常清扫料槽，防止饲料在料槽中霉变。

四、完善的疫病防控措施

（一）建立完善的疫病防控体系

构建完善的生物安全措施，以防为主，认真做好卫生防疫、定期消毒和疫苗接种，建立适合本场的免疫程序，并认真执行。定期监测几种疫病的抗体变化，以预报某种疫病的发生，指导疫苗使用。

（二）兽药的规范使用

绿色猪肉生产过程中允许限量使用限制的兽药进行疾病诊断和治疗，兽药的质量要符合标准，必须在兽医指导下进行，严格执行其休药期和用法用量。

五、严格的检疫检验制度

一是对猪场进行严密监管，检测猪群粪尿，看是否有药物残留；检测排放物，看是否对环境造成污染。二是严格屠宰检疫和肉质检验。

流通环节是生产绿色食品的最后一个环节，因此在运输、储存、销售等物流配送环节同样非常重要，必须严格按照产品本身质量要求，采取相应措施，确保食用安全。

第四节　有机猪肉生产技术

在猪的养殖过程中不使用农药、化肥、生长激素、化学添加剂、化学色素和防腐剂等人工合成的化学物质，不使用基因工程技术及其产品，重视生产环境保护和食品安全，符合国家有机食品技术规范要求，并经国家有机食品认证机构认证，许可使用有机食品标志的猪肉称为有机猪肉。有机猪肉必须同时具备六个条件：有机猪肉的生产基地具备良好的生态环境；原料必须来自于已经建立或正在建立的有机农业生产体系；在生产和流通过程中，必须有完整的质量控制体系和跟踪审查体系，并有完整的生产和销售记录档案；在整个生产过程中，不能对生态环境造成负面影响，而应积极地保护和改善生态环境；在整个生产过程中，必须严格遵循有机食品的生产、加工、包装、贮藏、运输的标准和要求；必须通过合法的有机食品认证机构认证，并允许使用有机食品标志。

一、良好的养殖环境

(一)猪场的选址

有机猪场要建在地势高燥、背风向阳、空气流通、土质坚实、水源充足、水质符合国家规定的生活饮用水标准、环境卫生条件良好、电源稳定、交通便利的地方，且远离交通要道、屠宰场、饲养场、水源保护区、居民区、医院、学校、食品加工厂、有有害物质、烟雾、粉尘等物质的工厂、垃圾场、药厂及仓库等。

(二)猪舍的建设

有机猪舍要求舍内要空气通畅、光照充足、温度、湿度适宜、避免受风雨雪等侵袭、有足够垫料、足够饮水和饲料；舍外要有足够的运动场、自然光照充足并避免过度照射、要有部分遮阴设施、要保持有机猪自然舒适并便于运动。

(三)饲养密度

猪舍内饲养密度要满足猪的生理和行为需要，要有足够的活动空间和休息场地。一只基础母猪占舍内净面积要达到 2 ~ 6 平方米，育肥猪需达到 1.5 ~ 3 平方米，小猪需达到 1.0 ~ 1.5 平方米，种公猪需达到 4 ~ 8 平方米。分娩舍应按基础母猪舍面积的 40% ~ 60% 计算。若密度过大，猪舍内有害气体增多，猪易患病；若密度太小，猪自身产生的热量少，冬季时候棚舍内温度过低，不利于猪的生长。

(四)有机猪运动场

在地势高燥,排水良好的地方设置运动场,非寒冷季节猪能够自由进出舍内外,自由运动、拱土。其面积可视猪的数量而定,以能够保证猪的充分活动为原则,一般为猪舍面积的 2 ~3 倍。

二、猪种的引入

种猪引入须按照几个原则进行。首先,在有机生产条件下,应选择适应性强、生产性能好、品质高的种猪;其次,应引入有机猪,猪种应具有较好的育种和经济价值,血缘关系较远,防止近亲繁殖;再次,当不能引入有机种猪时,也可引入常规仔猪,但每年引入数量不能超过成年有机猪总量的 10%;最后,引入的所有猪种都不能使用基因工程技术,包括有关基因工程的育种材料、兽药、疫苗、饲料等。

三、饲料的选择

有机猪的饲料中至少应有 50% 来自本猪场饲料种植基地或本地区有合作关系的有机农场,必须获得有机认证。当有机饲料供应短缺时,允许购买常规饲料,但在全年消费中所占比例不得超过 15%(以干物质计)。饲料中的添加剂允许使用纯天然物质,禁止使用化学合成的生长促进剂。

四、有机猪的饲养管理

(一)产仔母猪及仔猪管理

对产仔母猪,提倡自然繁殖,不能对母猪做诱导发情、同期发情、超数排卵等处理,可以采取人工授精的方法对母猪进行配种。要保证产房安静、温暖、空气畅通、清洁干燥,给母猪和仔猪充足的活动空间。仔猪出生后,严禁给仔猪打獠牙和断尾,允许在仔猪出生后 24 小时内对乳牙进行钝化处理,以防止伤害母猪乳房。

(二)保育猪及育肥猪管理

保育猪及育肥猪都要接受充足的光照和适当的舍外运动。进人保育舍一周内的仔猪,要防治仔猪暴饮暴食,做到“少量多次”。每天早、中、晚三次观察检查每头猪的健康状况并做好记录。育肥猪怕热,当气温超过 30℃时,应采取加大通风、启用排风扇,或搭凉棚、减小饲养密度等措施。

（三）种猪饲养管理

种猪应该占有足够的圈舍面积，并保证圈舍内空气流通，猪只能够随时进出舍内外，有充足的太阳浴时间，能自由地拱土和运动。饲喂优质、易消化的有机饲料，供给充足、清洁的饮用水。

五、有机猪疾病防治

有机猪疾病防治以预防为主。有机猪场应加强消毒，防止疾病的发生。禁止使用抗生素或化学合成的兽药对猪进行预防性治疗，但允许实行国家法定的预防接种，接种的疫苗不能是转基因疫苗。不允许使用刺激猪生长的抗生素、化学合成的抗寄生虫药或其他生长促进剂。对治疗过的猪必须对疾病诊断结果、所用药物名称、剂量、给药方式、给药时间、疗程、护理方法、停药期进行记录。

六、建立有机猪养殖可追溯系统

有机猪追踪体系需要建立的文件包括：有机猪辨识，包括耳号、火印烙号、打耳缺等；繁殖记录（日期、图、记录）；种猪购买记录（票据、交易证书、运单、运输记录）；购买的种猪有机认证（交易证书、有机证书），购买日期及生产日期；有机饲料、添加剂的购买记录（票据、标签、交易证书、提单、批号、运单、有机证号）；动物健康记录（日期、记录、卡片、疫苗、转栏、兽医、保健、计算机信息）；病死猪无害化处理记录；屠宰设施记录、票据、畜体工 ID 标签、顾客加工报告；猪肉生产、分级及包装记录；批号系统；追溯性样本测试；评估机构的记录；追溯有机猪及有机猪肉产品的能力；企业对有机猪追溯性要求的理解和承诺。

第十章 猪场数据管理

现代化猪场数据管理指的是借助计算机数据管理系统对生产中各类数据进行收集反映猪场实际的生产情况，同时对数据进行统计分析用于辅助和指导生产管理，概括起来说，数据管理分为三个阶段，即数据的收集、整理和分析。它的目的和作用主要体现为：①通过数据的收集反映当前的生产经营状况，以指导或计划将来某一时间段内的生产工作；②通过数据的分析，及时发现生产经营过程中存在的问题和漏洞，同时借助数据的可追溯性，快速找到原因，有效减少不必要的损失；③完善的数据管理是猪场高效运转的基础，是增加猪场经济效益的重要手段。

一、数据收集和整理

猪场的数据来源于生产管理的每一个环节，如配种、分娩、保育、育肥（成）和转群等。数据收集是数据管理中最基础最重要的一个部分。要求做到以下几点：①数据的真实性；②数据的及时性；③数据的准确性；④数据的完整性；⑤数据的连续性（可追溯）。

生产实践中往往使用各种报表对数据进行记录和收集，主要的生产记录有采精记录、精液品质检查记录、配种记录、产仔记录、断奶记录、种猪测定选留记录、猪只死亡淘汰记录、转群记录等等。猪场的报表并没有统一的格式，各个猪场可结合自身情况设计适用于本场的报表。报表的设计应当及简洁又实用,便于记录、统计、保存和携带等。

报表系统一般可分为生产报表、统计报表和文表记录三个部分。生产报表包括猪群报表、生产报表和饲料报表;统计报表则包括生产性能报表、和药物饲料报表两部分。报表系统结构图如图 10 - 1 所示。

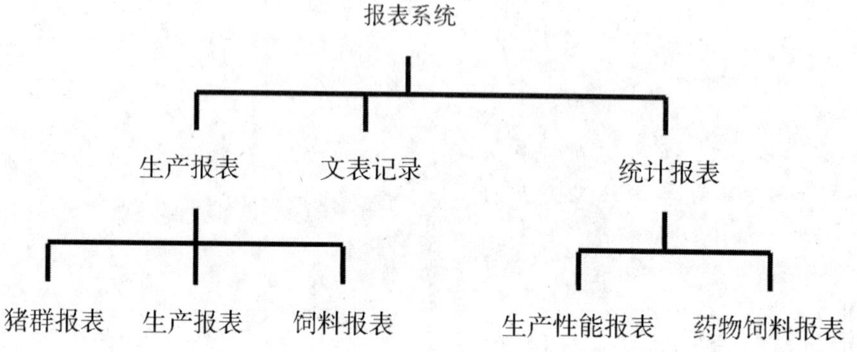

图 10 - 1　报表系统结构图

生产报表为猪场提供生产数量的数据,而统计报表则提供生产性能(如增重等)的数据,统计报表通过评估生产性能可以为改善管理措施提供参考依据。文表记录则是记录一些日常的工作内容,如防疫消毒记录、药物使用记录等。

在进行数字化的管理和相关分析前,我们有必要对收集到的表格进行整理。

数据的整理包含数据的录入、检验、归类等过程。它是数据统计分析的基础。正确和定期将数据录入数据管理系统显得尤为重要,同时对数据进行反复检查以排除人为因素导致的错误。

下面介绍几种猪场常用的表格,详细的格式及填写要求参见附录。

(1)公猪精液质量检查表。

(2)后备母猪发情登记表。

(3)母猪配种记录表。

(4)母猪产仔哺育记录表。

(5)种猪死亡淘汰登记表。

(6)种猪生长发育测定表。

(7)后备留种登记表。

二、数据分析

(一)数据分析的重要性

猪场每天会产生大量的数据,通过报表进行记录和整理,这些呈现在报表上的数字应当成为猪场判断其优势和弊端的重要途径。然而，很多时候，并没有对报表进行统计分析，更没有加以总结，使得报表仅仅是报表，并没有起到相应的作用。

整理后得到的数据或许与平均水平相同，或许不同，又或者超出计划很多。无论是哪种情况，我们都能看到其中的问题。比如，更换新的公猪，精液质量得到提升后，配种分娩率还是上不去是什么原因；产房死胎和木乃伊的比例突然上升是什么原因等等。仔细分析后都可从数据中发现答案。

坚持有效、精细的计算，不仅能够辅助获得更大的利益，也能为相关问题提供数据支持，从数量的差异上找出问题出现的关键点，从而对其进行解决。

举个简单的例子：某养殖场共有2000头生产母猪，分别饲养在两个相同的猪舍中，每个1000头，由A和B两名配种员独自管理，假设两人在2014年都配种2200窝。表10－1是两名配种员2014年的平均成绩。

表10－1　2014年A、B配种员全年平均成绩

配种员	配种数	受胎率	分娩率	窝均总仔(头)	窝均健仔(头)
A	2200	92.12%	90.43%	11.5	10.8
B	2200	84.32%	80.11%	10.2	9.4

由表10－1可知：

A配种员年提供健仔数＝2200×90.43%×10.8＝21486.17(头)

B配种员年提供健仔数＝2200×80.11%×9.4＝16566.75(头)

21486.17－16566.75＝4919.42(头)

我们惊讶地发现，B配种员2014年全年比A配种员少提供了将近5000头小猪，这对养殖场来说是重大损失。经过一系列的排查和分析后，发现B配种员的精液制作过程和发情鉴定技术与A配种员存在差距。养殖场随即对症下药，一方面对B配种员进行专业的培训，一方面采用一对一帮扶的方法。半年后，B配种员的成绩得到了显著的提升。

(二)常用的数据分析方法

数据分析是指用适当的统计分析方法对收集来的数据资料进行分析，提取有用信息和形成结论而对数据加以详细研究和概括总结的过程。在生产实践中，数据分析可帮助人们做出判断，以便采取适当行动。

猪场常用的数据分析方法有比较分析法和因素分析法。

1. 比较分析法

指通过技术指标的对比，分析产生差异的原因，进而挖掘内部潜力的方法。一般有以下几种形式：

(1)与本场的生产指标/目标进行对比,见表 10-2。

(2)将本期实际指标与上期实际指标进行对比,即环比,见表 10-2。

(3)将相邻两年同一月份的实际指标进行对比及同比。见表 10-2。

表 10-2　某猪场 8 月部分生产成绩及对比结果

时间	分娩率%	总仔	健仔	断奶活仔	产房死亡率%
2013 年 8 月	91.48	11.48 头	9.60 头	9.69 头	3.14
指标	90	11.2 头	9.8 头	9.6 头	3
与指标比	1.48	0.28	-0.2	0.09	0.14
2013 年 7 月	92.71	11.98 头	9.97 头	9.97 头	2.41
环比	-1.23	-0.50	-0.37	-0.28	0.73
2012 年 7 月	92.24	11.32 头	9.36 头	9.35 头	4.63
同比	-0.76	0.16	0.24	0.34	-1.49

(4)数据变化趋势分析,如某猪场 2014 年 1 到 12 月份的分娩率走势图,一般以趋势图的形式呈现结果,如图 10-2 所示。这种方法可以对多个时间段的数据进行比较,分析不同时间段产生差异的原因。

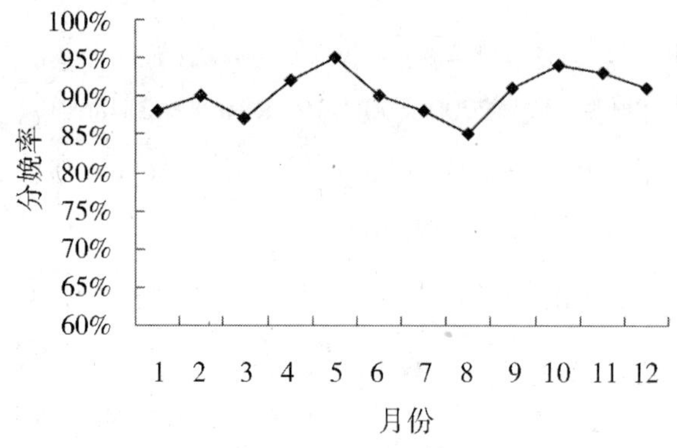

图 10-2　2014 年 1～12 月分娩率走势图

(5)将实际指标与计划指标对比,以检查计划的完成情况,分析完成计划的积极因素和影响计划完成的原因,以便及时采取措施。

(6)与同行业的平均水平和先进水平对比,通过这种对比可以反映技术管理等水平与行业平均水平或先进水平的差距,进而采取措施赶超先进。

2. 因素分析法

因素分析法是利用统计指数体系分析现象总变动中各个因素影响程度的一种统计分析方法,包括连环替代法、差额分析法、指标分解法、定基替代法。使用这种方法能够使研究者把一组反映事物性质、状态、特点等的变量简化为少数几个能够反映出事物内在联系的、固有的、决定事物本质特征的因素。

因素分析法的最大功用，就是运用数学方法对可观测的事物在发展中所表现出的外部特征和联系进行由表及里、由此及彼、去粗取精、去伪存真的处理，从而得出客观事物普遍本质的概括。其次，使用因素分析法可以使复杂的研究课题大为简化，并保持其基本的信息量。

简言之，一个指标可能与几个主要因素相关，对相关系数大的几个因素进行逐个分析，进而查出主要原因，并重点解决。

比如，分析母猪的非生产天数（NPD），它是指一个猪场场所有生产母猪和超过适配年龄的后备猪（一般设定在230日龄），没有怀孕、没有哺乳的天数的总和。

NPD＝365－每年每头母猪的分娩胎次×（妊娠期＋泌乳期）。

研究表明，优秀的猪场非生产天数只有30～35天；较好的猪场为40～45天；平均水平为70天左右。

影响母猪非生产天数的因素主要有断奶时间、断奶到配种间隔、返情、流产、空怀、死亡和淘汰等。以上每一项都会对非生产天数产生或多或少的影响。如果其他六项都没有问题，只有断奶到配种间隔这一项出现偏差，那么基本可以判定是由于断奶到配种的间隔出现了问题。

总之，因素分析就是在总结了所有可以导致问题出现的因素后，利用排除法逐个进行分析，找出导致问题出现的主要因素，并解决之。

（三）常用指标的使用和分析

在生产时间中，为了能够有效地监测、检查和指导生产，提高生产效率，各养猪场应该根据自己的实际情况制定相应的生产指标，如受胎率、分娩率、窝均总仔数、窝均活仔数、产房成活率、保育成活率、育肥成活率、全群料肉比、种猪更新率、上市猪头数/母/年等等。表10－3按优、良、差三个等级详细列举除了各项指标的具体数值，仅供参考。

表10－3　猪场常用指标

指标	差	良	优
上市猪头数/母/年（头）	14	18	22
断奶至配种间隔	7	5	3
受胎率%	80	85	90
分娩率%	85	90	95
窝均总产仔数（头）	10	11.5	13.5
窝均活仔数（头）	9	10.5	12.5
断奶数（头）	8.5	10	11
产房成活率%	85	90	95

续表

指标	差	良	优
保育成活率%	93	95	98
育肥成活率%	98	98.5	99
70日龄体重(千克)	22	26	30
达上市体重105千克日龄(日)	180	165	160
全群料肉比	3.4	3.2	2.8
种猪更新率%	30	35	40

上市猪头数/母/年是反映猪场生产水平的一个关键指标,它受到窝均活仔数、出生至上市成活率、母猪年产胎次等因素影响。窝均活仔越多、成活率越高、年产胎次越多,每年每头母猪提供上市猪头数也越多。

受胎率是指母畜配种后实际怀孕的百分比。通常为本年度实际受胎的母畜总和与本年度实际参加配种的母畜总和之比,反映配种效果。受胎率偏低时,应从精液质量、环境温度、母猪体况、配种方式和方法、发情鉴定、饲养管理和疾病等方面寻找原因。

分娩率和成活率主要受疾病、饲养管理和环境应激的影响。给母猪、仔猪、保育猪及育肥猪提供舒适的环境,定期进行疫苗免疫,同时加强饲养管理,是提高分娩率和成活率的有效措施。

另外,为了保证母猪群的生产效率,猪场应制定种猪的更新与淘汰计划,淘汰种用价值低下的母猪,补充优秀的后备种猪,使猪群始终保持一个较高的生产水平。一般来说,种猪的年更新率不应低于30%。

三、目标管理

目标管理是以目标为导向,以人为中心,以成果为标准,而使组织和个人取得最佳业绩的现代管理方法。目标管理亦称"成果管理",俗称"责任制"。现有目标才能确定工作。

对猪场而言,在综合分析本场的生产经营水平之后,才能设定相应的目标且设定的目标要高于当前的水平。目标的设定应结合本场的情况(如猪舍条件、人工、客户需求、成本、财政实力、猪群健康状况等),不可偏离实际而设定易于达到或难以达到的目标,也不可以照搬其他猪场的目标。有条件的猪场可以在咨询财务顾问和技术顾问等顾问后设定适合本场的目标。

设定合适的目标,有助于我们发现现有水平与目标之间的差距,从而制定相应措施和决策,促进并激励员工,提高生产经营水平,不断靠近目标甚至超越。

目标设定后,数据管理就显得尤为重要,它时刻提醒你:进步了多少,离目标还有多远,起到督促的作用。通过数据管理,还可以帮助你发现哪些目标在一开始设定的时候是不合理的,从而及时地进行调整。

猪场发展取决于目标是否明确。只有对目标做出精心选择后,猪场才能生存、发展和繁荣。

四、猪场数据管理软件

当前,我国养猪业正逐步向工厂化、规模化、集约化转变,猪场生产经营过程中产生的数据依靠单纯的人工记录和分析已不能满足需要,与之相适应的现代化计算机数据管理系统也应运而生。借助计算机及相关的专业软件对数据进行管理和分析,可以大幅节约劳动力,提高数据分析的效率和准确性,在统计数字的基础上进行综合分析比较,从中发现变化规律,并指导生产。下面对一些常用的猪场数据管理软件进行介绍。

(一)GPS

GPS 猪场生产管理信息系统是由北京京绿源信息科技有限公司联合中国农业大学及国内众多知名种猪生产企业联合开发的生产管理与育种数据处理软件,主要开发人员为王希斌博士、张勤教授等。在 1998 年发行了第一版,从那时起版本不断更新。主要包含数据登记、生产统计、育种分析系统管理与维护四个部分。该系统仅在中文 WINDOWS 95/98/2000/NT/XP 环境下运行。

该系统的主要功能和特点是:

(1)采集生产过程中种猪配种、配种受胎情况检查、种猪分娩、断奶数据;生长猪转群、销售、购买、死亡淘汰和生产饲料使用数据;种猪、肉猪的免疫情况;种猪育种测定数据等等实际猪场在生产和育种过程中发生的数据信息。

(2)根据生产数据统计并分析猪场生产情况,提供任意时间段统计分析和生产指导信息。

(3)根据猪群生产性能制定短期和长期的生产、销售、消耗计划,并进行实际生产的监督分析。

(4)按实际生产的消耗、销售、存栏、产出情况,系统提供猪只分群核算的基本成本分析数据,并帮助用户如何降低成本获得最大效益。

(5)根据实际育种测定数据和生产数据,系统提供了方差组分剖分、多性状 BLUP 育种值的计算和复合育种值(选择指数)等经典的和现代的育种数据分析方法。满足了目前国内外的种猪育种工作的需要。

(6)系统提供了数据自压缩保存与恢复功能,保证生产与育种数据的安全。

该系统为农业部畜牧兽医总站推荐产品,并已在全国种猪联合育种协作组(大白、长白、杜洛克)和六百多家猪场内全面使用。

(二)银合 ERP—养猪行业版

银合 ERP—养猪行业版是银合 ERP 系列的主要产品之一,该软件是在整合国内外现有专业软件之优势的基础之上,在中国农业大学教授、留学博士及专业软件开发人员的共同努力下,结合集团化、现代化养猪模式的特点开发出的一套适合于养猪企业的信息化管理系统,涉及种猪管理、采购管理、仓库管理、商品猪管理、销售管理、成本核算、指标分析、工作预警、防疫管理、工作计划等多个管理领域,在加强生产管理模块功能的同时,通过对采购、销售、财务等环节的管理,不仅实现了企业的流程化与规范化管理,保障了各种生产数据的可追溯性与食品的安全,提高各个管理环节的透明度,同时也可通过对各种数据的分析大大降低企业成本,有利于企业决策者准确做出决策。

银合 ERP 采用目前最先进的 B/S 架构模式,用户只要在有互联网的地方就能随时随地了解企业的各种数据。目前,银合 ERP—养猪行业版已与金蝶、用友、浪潮多款专业财务软件开发出接口,可进行数据的实时对接传输。银合 ERP 还实现了与 RFID 等物联网技术的对接,大大降低了人工工作量,提高了工作效率,保障了数据的准确性。银合 ERP 还实现了移动互联网的数据查看与交互,用户可通过智能手机等终端设备,实时了解企业各项数据。

(三)KFNets

“KFNets 畜牧企业综合管理信息系统”是根据畜牧养殖行业特点,结合 ERP 基本原理设计的一套适用于家禽、家畜生产、畜禽育种、购销存、公司加农户管理和农业财务核算的计算机软件。该软件在养殖生产、育种等专业化设计、购销存及成本核算的使用简洁、方便性上有自己突出的特点。适用于 Windows XP(SP3)及更高版本的 Windows 操作系统。

(1)生产模块:包括家禽养殖生产管理、家禽孵化生产管理、猪生产管理、饲料厂生产管理、常规产品加工生产管理。

(2)公司加农户模块:包括养户生产管理、领用料、补贴及税金、养户产品的核算与结算、公司核算管理等。

(3)育种模块:包括 BLUP、REML、选择指数计算,血统、血缘、近交系数的自动分析,特有的模型化选种、选配指导功能,图形化血缘分析图制作功能。同时,系统还支持现场实时测定、实时选留计算的功能。系统还包括全基因组分析的数据管理、DNA 片段资料整理、提供国际上常用分析软件接口等功能。

(4)购销存管理:是一套适应于养殖场管理特点的购销存管理系统,支持畜禽牧双单位剂量特点。

(5)财务管理:集应收、应付、票据管理、产品核算于一身,突出体现了养殖业的畜禽产品分段核算的特点。并可提供与用友金蝶等财务软件数据接口程序。

(四)Herdsman

Herdsman 软件由美国 S&S 公司开发,适用于 Windows 2000 及更高版本的 Windows 操作系统。它既是一个猪场数据记录系统,也是一个遗传评估工具。它已经成为美国猪场进行遗传评估和选育优良品种的最常用程序。它用简单的表格收集猪场的数据,统计数据,并在标准的报表里体现出哪些措施可以让猪场的管理达到更好。

近年来,Herdsman 软件逐渐被国内许多顶级的纯种猪场使用。Herdsman 软件最大的用处是对纯种猪和杂交品种均能跟踪并进行遗传评估。它的独特之处是在对纯种和杂交品种评估时,能将核心猪群,扩繁猪群和商品猪群,通过种群间的遗传评估,将其数据信息联系在一起。当这些信息与国家遗传评估体系结合起来,育种生产者可以决定从何处引进外来品种,不断进行遗传改良。

在比较高的版本里,Herdsman 可以创建个体动物的分娩记录,把仔猪和它的父母联系起来。因此你可以追踪几代的血统,控制近亲交配。在这个系谱的分析里,对每个猪都可以追踪繁殖性能和生产性能,还可以追踪某只猪和与它同代的猪之间的关联(多种性能的 EBV 或 EPD 分析)。这些功能就能够满足 EBV 或者 EPD 体系的建立(估计遗传育种值或估计后代偏差),还可以组合 EBV 值到不同的指数里。我们现在还集成了一个系统,可以从加拿大猪改良中心(CCSI)和美国国家系统“Stages 系统”里下载数据。在场内的计算可以使用已经加入模块的迭代、Pest 或者 BLUP 分析方法。

Herdsman 养猪生产记录系统是目前最完善的记录系统。程序的主要部分包括:配种、分娩、猪只个体信息、生产性能、淘汰、种群内遗传评估、生长育肥、图表和种群间遗传评估,以及完善的报表输出,包括 100 多个报表及 20 多种图表。没有一个软件中包含了像 Herdsman 软件中如此之多的信息。这可以使每位养猪生产者按自己的意愿收集需要的信息,然后对收集的数据进行分析。

Herdsman 不仅仅是猪场的记录和追踪系统,它的真正价值在于用数字来管理猪场一线生产和育种的观念,帮助猪场高效运转。

(五)PigWIN®

PigWIN®猪场管理软件由 Massey 大学、国家间咨询专家、Farm PRO Systems 公司、新西兰养猪行业协会、新西兰技术开发公司联合制作,是目前中国市场上理想的猪场管理软件。农业部饲料工业中心与中加瘦肉型猪项目联手将其汉化,并会同农业部、农业大学的有关专家在国内推广这套十分优秀的猪场管理软件,旨在使猪场现有的管理水平得到更好地提高,创造更好地的经济效益和社会效益,促进我国养猪业的发展。

PigWIN®是养猪生产者、畜牧兽医、猪群健康和管理专家顾问的一个新颖的、用户界面友好和功能强大的管理工具。它被设计成模块形式,允许用户根据自己的需要把各模块组成一个体系。PigWIN®操作简单,具有整个程序、数据输入和报表等操作的综合菜单系统。它的报表菜单有诊断手段的功能。PigWIN®另一个特色是能够自动把数据转化为图形形式表示,此功能使数据的转化非常容易,同时也有助于一眼就可以确定问题在哪里。数据输入更加简单化和PigWIN®最具吸引力的是它可以根据良好的猪场数据系列诊断存在的问题,提供参考建议如何提高养猪生产效率和养猪生产水平,从而通过更好的管理提高经济效益。

(六)GBS

丰顿种猪场管理与育种分析系统(GBS V5.0)凭借中国农业大学专业技术支撑,充分结合国际先进的种猪科学管理经验,遵循我国种猪饲养标准规范,总结我国权威种猪饲养专家的育种养殖和经营管理经验,运用现代计算机技术实现种猪生长繁育全生命周期及种猪企业日常经营管理的规范化、科学化、透明化。适用于Windows 2000及更高版本的Windows操作系统。

系统的核心业务功能包括:智能预警、种猪管理、生产性能、育种分析、商品猪管理、销售管理、兽医保健、物资管理等。

该系统的特点是:

(1)支持种猪全生命周期的规范化管理和种猪场日常运作透明化。

(2)实现智能化任务排程与导航。

(3)严谨的测定业务和数据规范。

(4)科学选配、优化育种。

(5)动态猪群结构管理。

(6)以客户为中心的区域销售管理。

(7)专家知识支撑下的疫病防治管理。

(8)基于存货管理和仓储控制规则的物资进出存管理。

五、数据管理常见问题

(一)记录内容繁杂,产生厌烦心理

一些猪场的记录表格繁多且设计过于复杂,许多记录项目成了累赘,增加了记录员的工作量,甚至没有足够的时间去完成,久而久之会使记录员产生厌烦心理。不能很好利用记录表格,也就不能很好收集想要的数据,付出了很多努力,却得到很少的信息量,事倍功半。

因此,管理者在决定记录内容和设计记录表格前,应反复思考哪些是有用的、重要的、必须记录的内容,在保证实用性的基础上尽可能的简化记录表。

(二)数据录入工作量大,容易出错

目前,使用软件管理猪场数据的企业或猪场中,少数配置了 2 名甚至 2 名以上的数据员,大多数企业或猪场只配置了 1 名数据员,每天要将全场发生的数据录入到计算机中,长时间的工作势必导致视觉疲劳。相比较而言,后者在数据录入的过程中出错的概率要高得多。

为了减少录入错误,可采用以下两种方法:

(1)配置了多名数据员,一般为两名,实行轮班制。

(2)在生产的各部门中指定一名责任心强的技术员,负责录入本部门产生的数据。这样做有两个好处:一是不需要专门的数据员,节约了劳动力成本;二是技术员对本部门的生产情况比较了解,能及时发现记录错误并在录入前改正,提高了数据的准确性。

(三)有数据,没分析

数据分析是数据管理中非常重要的一个环节,它为管理者做出判断和决策提供了必要的理论依据。在生产实践中,重录入,轻分析的现象非常普遍,以为数据录入完成就完成了所有的工作。

应当及时纠正这种错误的观念,正确运用软件中的报表系统对生产数据进行分析,并用不同的标记标示出需要改进和应该保持下去的地方,供相关部门参考。

(四)偏重生产成绩的分析,忽视财务分析

许多时候,管理者认为生产成绩好就能取得好的经济效益,故而偏重于生产成绩的分析。事实上并非如此,生产成绩好只能说明预期的销售收入比较理想。经济效益还受到各种成本的影响,如水电、人工、饲料、兽药、耗材、折旧等。一味地偏重生产成绩的分析,忽视财务分析会使管理者的决策出现偏差,甚至做出错误的决策。一名合格的管理者必须学会要全面、综合地分析各项数据,找出规律和相互之间的关系，做出正确的判断和决策。

（五）统计分析的结果没有图形化

统计分析结果的呈现可以采用表格的形式，也可以采用图形的形式。大多数情况下我们采用的是表格的形式，因为表格的制作相对比较简单。然而表格并不直观，也不能引起管理者的兴趣，传递信息的效率低，一些重要的信息容易被忽略。相比较而言，图形更加简单直观，更加具有吸引力，更能打动决策者，且能快速地获取到信息。在对统计结果进行汇报时，应少用表格，多用图形。

参考文献

[1]A splice mutation in the *PhKG*1 gene causes high glycogen content and low meat quality in pig skeletal muscle. Ma J, Yang J, Zhou L, Ren J, Liu X, Zhang h, Yang B, Zhang Z, Ma h, Xie X, Xing Y, Guo Y, huang L. PLoS Genet. 2014 Oct 23; 10 (10):e1004710.

[2]A 6 – bp deletion in the *TYRP*1 gene causes the brown colouration phenotype in Chinese indigenous pigs. Ren J1, Mao h, Zhang Z, Xiao S, Ding N, huang L. heredity, 2011,106(5):862 – 868.

[3]A further look at porcine chromosome 7 reveals *VRTN* variants associated with vertebral number in Chinese and Western pigs. Fan Y, Xing Y, Zhang Z, Ai h, Ouyang Z, Ouyang J, Yang M, Li P, Chen Y, Gao J, Li L, huang L, Ren J. PLoS One. 2013 Apr 24;8 (4):e62534.

[4]A regulatory mutation in IGF2 causes a major QTL effect on muscle growth in the pig. Van Laere AS, Nguyen M, Braunschweig M, Nezer C, Collette C, Moreau L, Archibald AL, haley CS, Buys N, Tally M, Andersson G, Georges M, Andersson L. Nature. 2003 Oct 23;425(6960):832 – 836.

[5]An exonic insertion within Tex14 gene causes spermatogenic arrest in pigs. Sironen A1, Uimari P, Venhoranta h, Andersson M, Vilkki J. BMC Genomics. 2011 Dec 2; 12:591. doi: 10.1186/1471 – 2164 – 12 – 591.

[6]Tao Peng, Wanchun Yang, Weihua Lai, et.. Improvement of the stability of immunochromatographic assay for the quantitative detection of clenbuterol in swine urine. Analytical Methods, 2014, 6: 7394 – 7398

[7]Shengliang Deng, Shan Shan, Chaolian Xu, Daofeng Liu, YongHua Xiong, Hua Wei, Weihua Lai. Sample pre – incubation strategy for sensitive and quantitative fluorescent microsphere – based immunochromatographic assay. Journal of Food Protection, 2014, 77(11): 1998 – 2003

[8]Weihua Lai, DANIEL Y. C. Fung, Yang Xu, et.. Screening Procedures for Clenbuterol Residue Determination in Raw Swine Livers Using Lateral – Flow Assay and Enzyme – linked Immunosorbent Assay. Journal of Food Protection, 2008, 71(4): 865 – 869

[9]Joe D. Hancock,Keith C. Behnke. 饲料原料及加工技术对猪饲料质量的影响[J]. 武书庚译. 中国畜牧杂志,2007,(12):19 - 26.

[10]农业部. 全国生猪遗传改良计划实施方案(2009—2020). 2010.

[11]农业部. 全国生猪遗传改良计划实施细则(2009—2020). 2010.

[12]刘国信. 后备猪的培育和管理[J]. 科学种养. 2009,(10).

[13]王景梅,李枫. 后备猪的选留及饲养管理[J]. 畜牧兽医科技信息. 2007,(12).

[14]随祥恩,各修俊,王学增. 农村规模化猪场种公猪的饲养与管理[J]. 畜牧与饲料科学. 2010,(02).

[15]徐光明. 种公猪的饲养管理及合理利用[J]. 中国猪业. 2009,(04).

[16]刘生明,宋淑振. 如何饲养好种母猪[J]. 河南畜牧兽医. 2001,(06).

[17]苏光华,左应鸿,张全生,等. 新英系大约克猪的饲养管理[J]. 畜牧市场. 2008,(02).

[18]沈康能. 浅谈提高母猪生产力的经验和方法[J]. 民营科技. 2014,(01).

[19]杜丽杰. 提高母猪生产力的措施[J]. 今日畜牧兽医. 2014,(07).

[20]杨利国,动物繁殖学[M]. 第 2 版. 北京:中国农业出版社,2010.

[21]廖波,姚德标,谢丕雄,等. 后备母猪发情观察与配种情况分析[J]. 养猪,2013,5:9 - 10.

[22]仇志军,范建伟. 大约克新品系经产母猪和青年母猪发情观察[J]. 浙江畜牧兽医,1999,1:25.

[23]房国锋,曾勇庆. 猪人工授精中深部输精技术的研究与应用[J]. 养猪,2012,6:34 - 37.

[24]张莺莺. 猪深部输精技术应用研究进展[J]. 中国畜牧兽医,2014,41(3):207 - 211.

[25]杨凤. 动物营养学[M]. 北京:中国农业出版社,1993.

[26]宋育. 猪的营养[M]. 北京:中国农业出版社,1992.

[27]美国国家科学院科学研究委员会. 猪的营养需要[M]. 印遇龙,阳成波,敖志刚主译. 北京:科技出版社,2014.

[28]周东盛,吴德,等. 优化后备母猪营养和饲养管理系统[J]. 猪业科学,2010,(9):24 - 31.

[29]肖俊峰,等. 后备母猪能量、钙、磷和维生素 E 的研究进展[J]. 动物营养学报,2013,25(5): 912 - 916.

[30]沈欢悦译. 猪的生理和生产性能[J]. 国外畜牧学——猪与禽,2012,(1):

15 -24.

[31]廖国周. 猪的生长发育规律与肉品质[J],河南畜牧兽医,2003,(5):9 -10.

[32]吴德,林燕,等. 种猪系统营养理论与应用. 2009 年学术年会,109 -117.

[33]蒋宗勇. 母猪的营养管理[J]. 今日畜牧兽医,2010,(12).

[34]陈翠莲. 初产母猪和经产母猪营养需要[J]. 广东饲料,2013,(6):33 -35.

[35]代兵陈,陈安国. 种公猪的营养需要量研究[J]. 饲料博览,2004,(10):32 -35.

[36]胡成波. 种公猪的营养需要与配料技术[J]. 中国畜牧业,2013,(13):88 - -89.

[37]汪善锋,丁威,等. 种公猪营养与繁殖性能[J]. 饲料工业,2008,(13):49 -51.

[38]刘惠芳,周安国,等. 中国饲料. 2004,(3):30 -34.

[39]印遇龙,等. 猪氨基酸营养与代谢[M]. 北京:科技出版社,2008,159 -167.

[40]唐伯荣,庄根平,等. 母猪的泌乳量与营养需要量[J]. 猪业科学,2008,(7):60 -622.

[41]周明. 母猪的营养研究进展[J]. 养猪,2007,(6):75 -78.

[42]王恬. 猪营养研究与饲料科技创新进展[J]. 饲料工业:《猪的营养与饲料》增刊,2012,01 -03.

[43]刘惠芳,周安国,等. 妊娠母猪的阶段饲喂[J]. 中国饲料,2005,(12):8 -10.

[44]王连纯. 猪的营养与饲料配制[J]. 当代畜牧,2000,(4):47 -48.

[45]唐茂妍,陈旭东,等. 生长猪低蛋白质日粮可消化赖氨酸、蛋氨酸 + 胱氨酸、苏氨酸、色氨酸平衡模式的研究[J]. 动物营养学报,2008,20(4):397 -403.

[46]王克健,滚双宝. 猪饲料科学配制与应用[M]. 北京:金盾出版社,2010.

[47]陈宁宁,杨芹芹. 猪饲料科学配制与应用[M]. 石家庄:河北科学技术出版社,2014.

[48]赵克斌. 猪饲料和营养研究最新进展与动态[J]. 猪业科学,2007,(1):58 -63.

[49]刘晓辉,刘刚,等. 小麦替代玉米在猪饲粮中的应用[J]. 养猪,2012,(2):9 -11.

[50]猪病学[M]. 第 10 版. 赵德明主译. 北京:中国农业出版社,2014.8.

[51]宣长和,马春全,陈志宝. 猪病学[M]. 第 3 版. 中国农业大学出版社,

2010.3.

[52]罗满林. 动物传染病学[M]. 北京:中国林业出版社,2013.8.

[53]陈溥言. 兽医传染病学[M]. 北京:中国农业出版社,2010.2.

[54]秦建华,张龙现. 动物寄生虫病[M]. 北京:中国农业大学出版社,2013.6.

[55]张西臣,李建华. 动物寄生虫病学[M]. 第3版,北京:科学出版社,2010.1.

[56]娄佑武,吴志勇,徐晓云. 生猪清洁生产技术[M]. 南昌:江西科学技术出版社.

[57]掌子凯,刘长春. 生猪养殖主推技术[M]. 北京:中国农业科学技术出版社.

[58]郑久坤,杨军香. 粪污处理主推技术[M]. 北京:中国农业科学技术出版社.

[59]李志,杨军香. 病死畜禽污无害化处理主推技术[M]. 北京:中国农业科学技术出版社.

[60]肖元安,唐安来. 绿色食品产业实用指南[M]. 北京:中国农业出版社. 2008.

[61]张国华,赖卫华,熊勇华,等. 量子点标记免疫层析试纸条快速检测莱克多巴胺的研究[J]. 食品科学,2009,30(12):254-257.

[62]林晓丽,饶辉,熊勇华,等. 胶体金试纸条快速检测食品中磺胺二甲基嘧啶残留[J]. 食品科学,2010,31(24):366-369.

附 录

附表 1 公猪精液质量检查表

场别：______　　　　年份：______

日期		公猪号	品种	精液量(ml)	PH值	精子活率	精子密度	畸形率(%)	稀释液配方	稀释倍数	保存效果		输精头数	备注
月	日										天数	活率		

检测员：______　　　　审核：______

说明：

●精液量：为过滤后的精液量；

●精子活率：采用十级评分，即 0 ~ 1；

●异常情况：精液的色泽、气味异常和公猪采精过程中的异常。

附表 2 后备母猪发情登记表

舍别：______　　　　年份：______

序号	栏号	耳号	品种	出生日期	情期 1				情期 2				记录员	备注
					日期	日龄	估计体重	发情表现	日期	日龄	估计体重	发情表现		
1														
2														
3														
4														
5														
6														
7														
8									0					

审核：______

说明：

●后备母猪最适配种日龄一般为 220 ~ 230 天左右，最适配种体重为 130 ~ 140 千克左右；

●发情表现：稳定、不稳定。

附表 3　母猪配种记录表

舍别：__________　　　　　　　　　　　　　　　　　　年份：__________

序号	栏号	母猪		断奶		与配公猪		首次配种	第二次	第三次	配种方式	返情	预产期		输精员
		耳号	品种	胎次	日期	耳号	品种	月/日/时	月/日/时	月/日/时			月	日	
1															
2															
3															
4															
5															
6															
7															
8									0						

审核：__________

说明：

●第一次测孕如属可疑，必须间隔 10 天左右进行第二次复测；

●配种方式：人工或本交。

附表 4　母猪分娩登记表

舍别：__________　　　　　　　　　　　　　　　　　　分娩日期：__________

序号	栏号	母猪号	窝号	状态	合格	弱仔	畸形	死胎	木乃伊	总仔	窝重
1											
2											
3											
4											
5											
6											
7											
8											

记录员：__________　　　　　　　　　　　　　　　　　　审核：__________

说明：

●状态：顺产、难产；

●弱仔：出生时体重小于 0.8 千克；

●总仔：包括合格仔、弱仔、畸形、死胎和木乃伊。

附表5 种猪死亡淘汰登记表

场别：____________　　　　　　　　　　　　　　　　　　　　年份：____________

序号	舍号	日 期	耳 号	品种	胎次	死亡/淘汰	生理阶段	原因	技术员
1									
2									
3									
4									
5									
6									
7									
8									

审核：____________

说明：

●死亡/淘汰：死亡的填写"死亡"，淘汰的填写"淘汰"；

●生理阶段：空怀、妊娠、哺乳、断奶。

附表6 种猪生长发育测定表

舍别：____________　　　　　　　　　　　　　　　　　　　　年份：____________

序号	栏号	耳号	耳牌	性别	测定日期	体重千克	背膘毫米	眼肌面积（平方毫米）	体长厘米	乳头数		备注
										左	右	
1												
2												
3												
4												
5												
6												
7												
8												

测定员：____________　　　　　　　　　　　　　　　　　　　审核：____________

说明：

●测定体重应控制在85～130千克范围内；

●耳号、测定日期、体重、背膘必填。

附表7 后备留种登记表

舍别：__________　　　　　　　　　　　　　　　　　　选留日期：__________

序号	栏号	耳号	品种	性别	父亲	母亲	遗传评估				体型外貌					是否留种	备注
							产仔数EBV	背膘厚EBV	日龄EBV	指数	头部	肢蹄	腹线	外生殖器	整体		

选育员：__________　　　　　　　　　　　　　　　　　　审核：__________

说明：

●遗传评估的结果由计算机软件提供；

●除备注以外，其他项目必填。

现代养猪关键技术

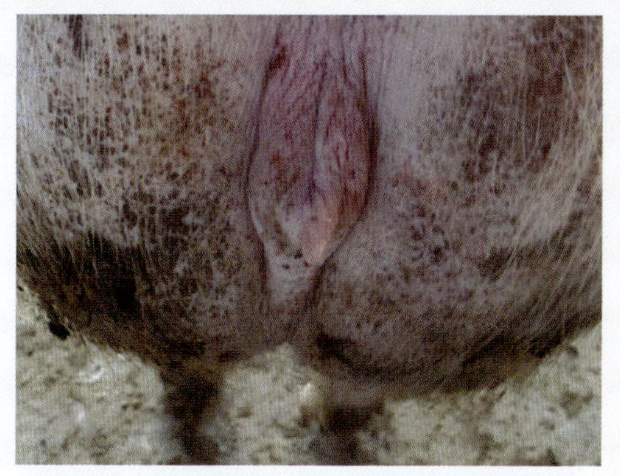

彩图1　发情期母猪阴户（红肿、流黏液）

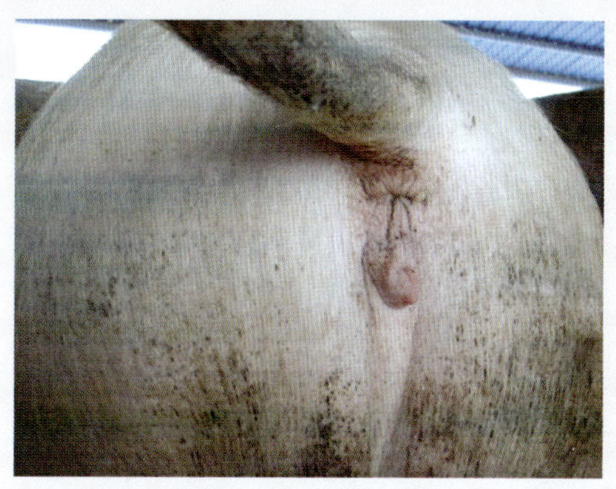

彩图2　间情期母猪阴户

彩图3　母猪压背反应

彩图4　真台猪

彩图5　假台猪

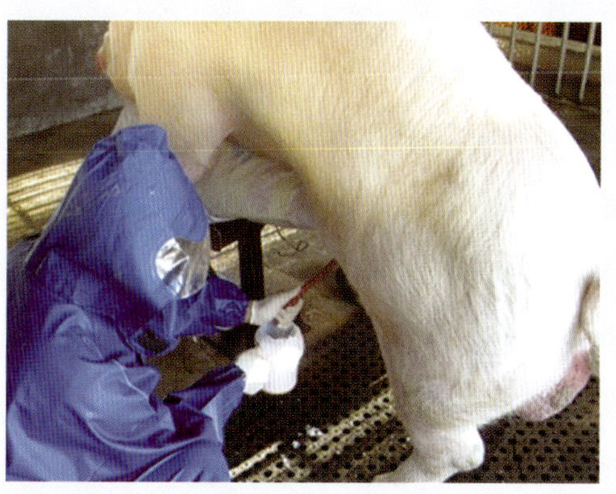

彩图6　公猪手握法采精（左手采精）

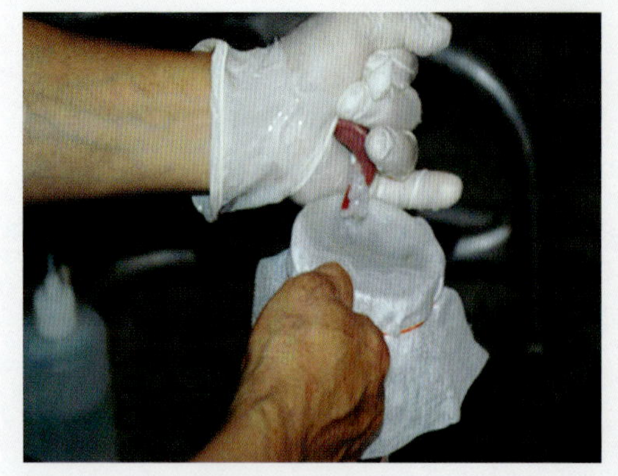

彩图7　采精的手法

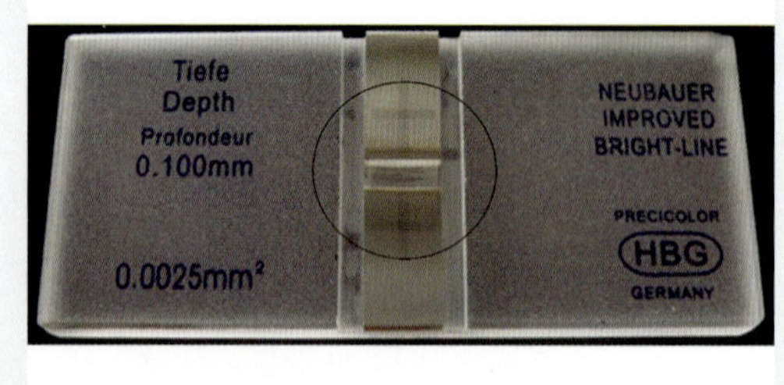

彩图8　血细胞计数板

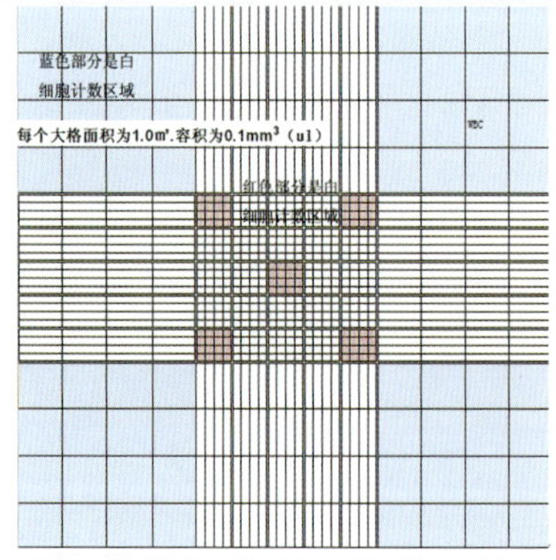

彩图9　精子密度计数区（红色区域）

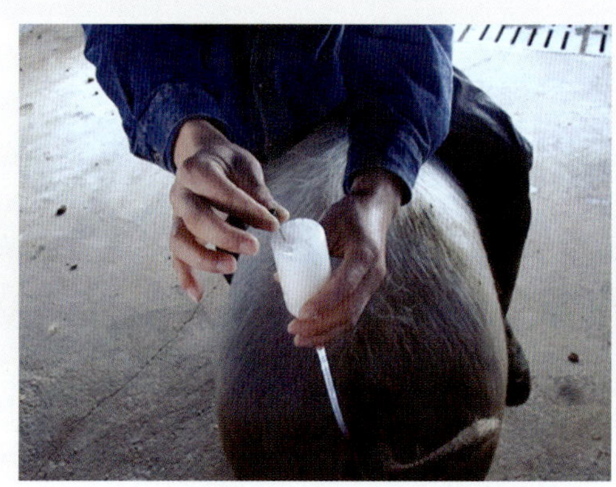

彩图10　母猪人工输精

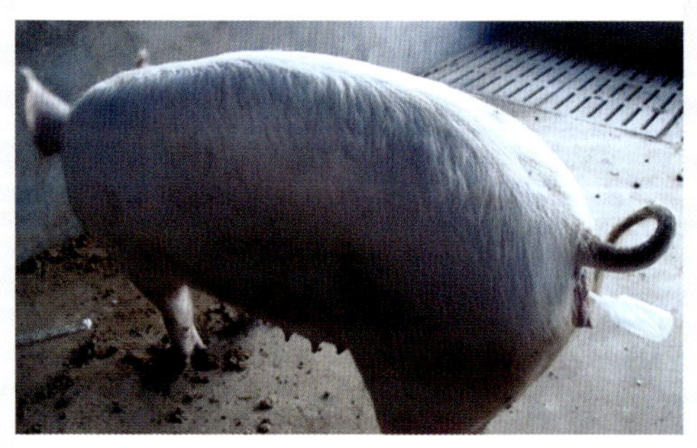

彩图11　输精后防止倒流

彩图12　子宫体输精法的输精管

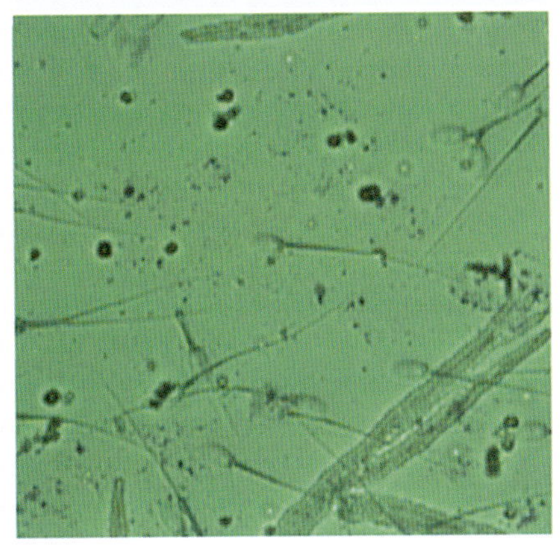

双头和双尾精子

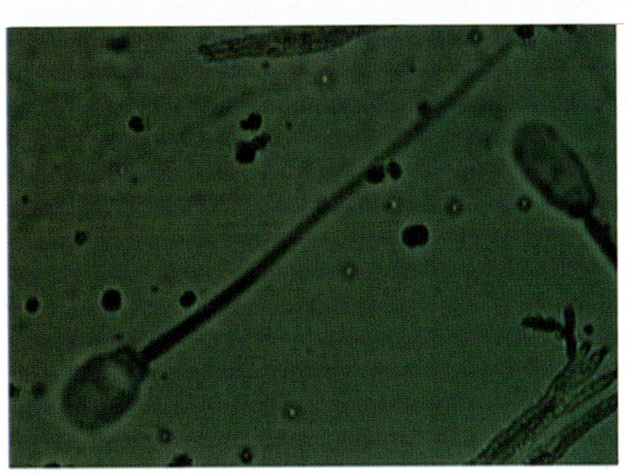

膨大精子

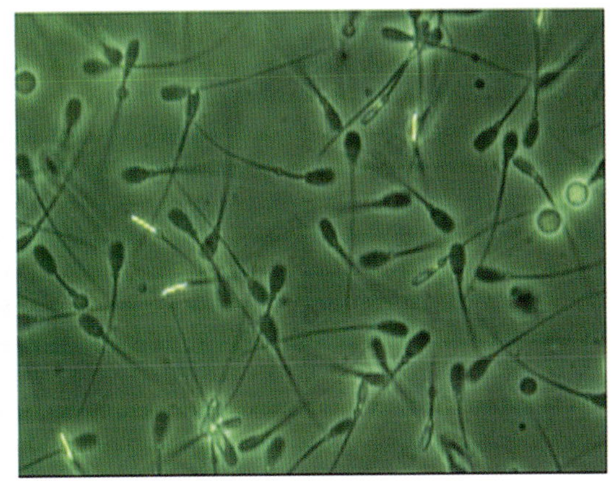

带有原生质滴的精子

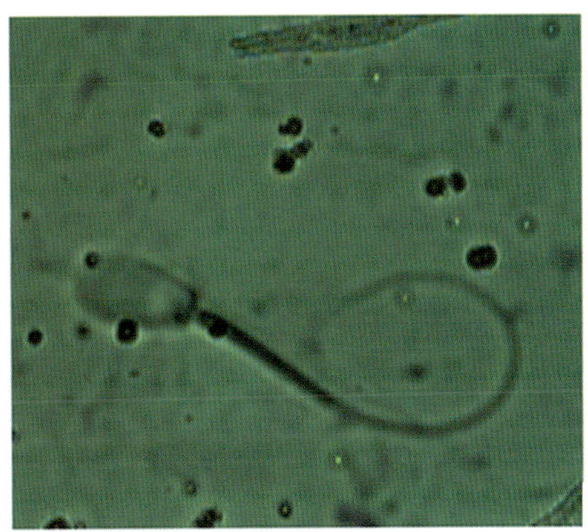

尾部中度卷曲的精子

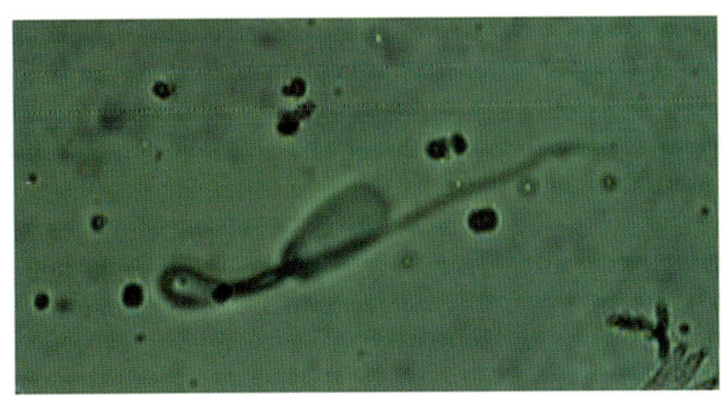

高度卷曲的精子

彩图13　精子畸形分类

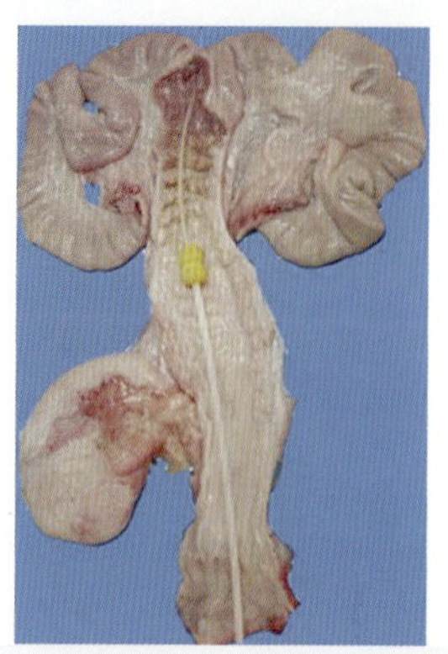

彩图14　子宫体输精法的切面图

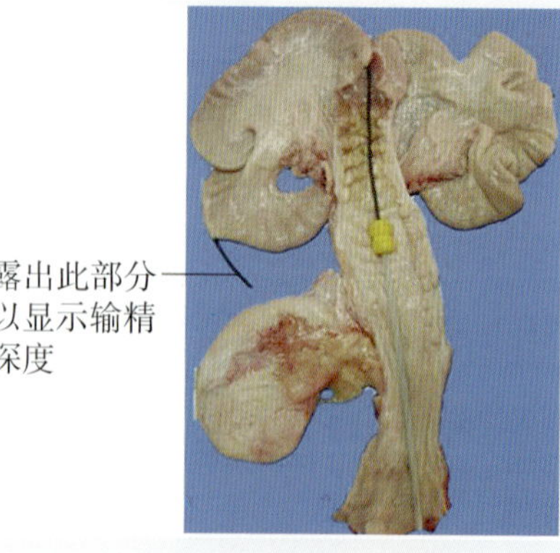

彩图15　子宫角输精法

彩图16　产房电保温示意图

彩图17　高标准保育舍

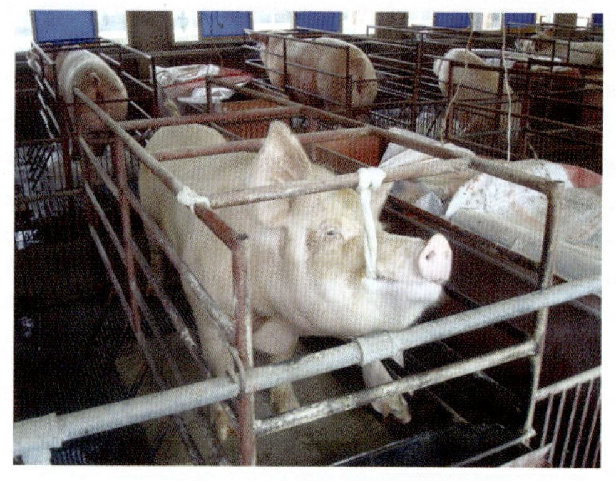

彩图18　猪唾液的采集

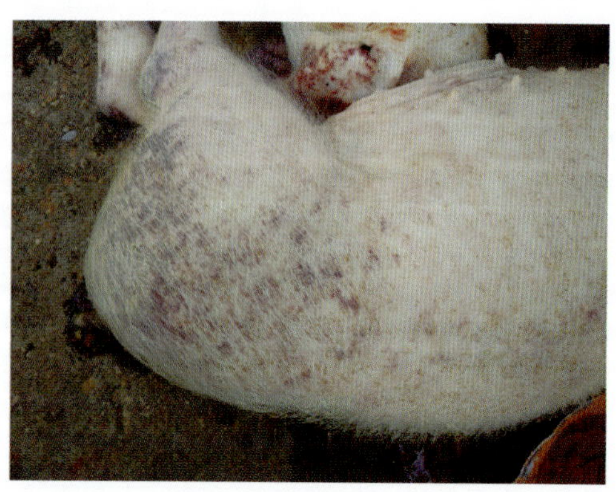

彩图19　皮肤发绀、出血

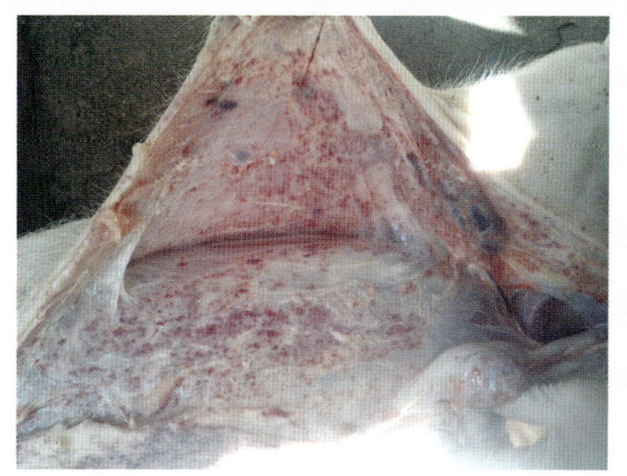
彩图20　皮下出血

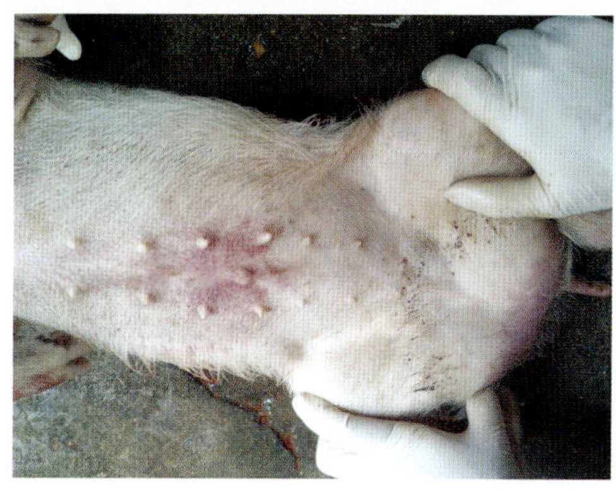
彩图21　腹部皮下出现紫红色出血点

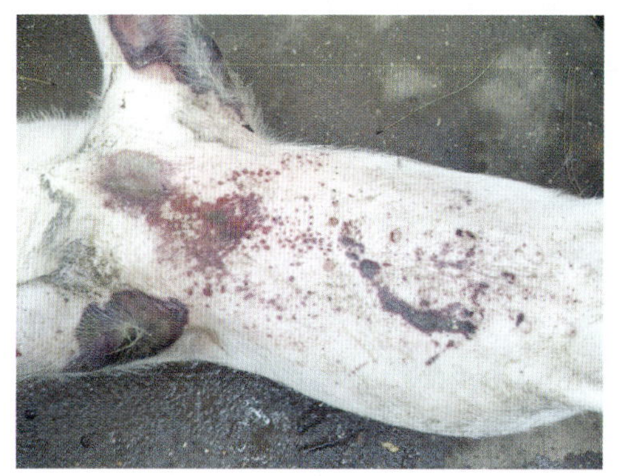
彩图22　皮肤坏死

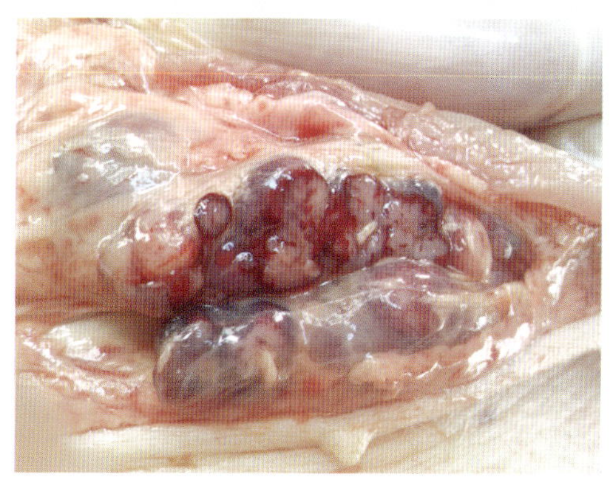
彩图23　淋巴结大理石状出血

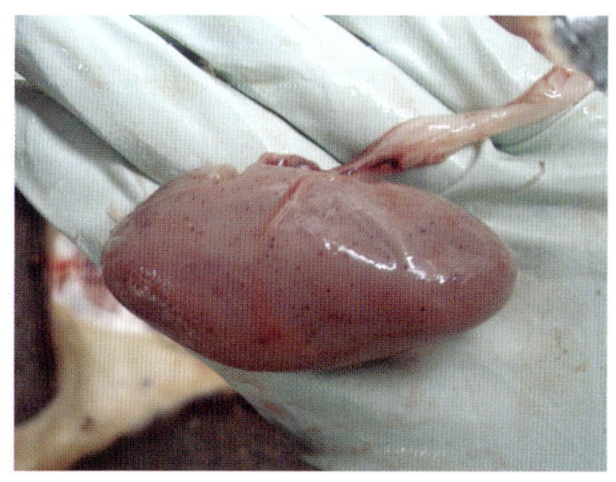
彩图24　肾脏点状出血

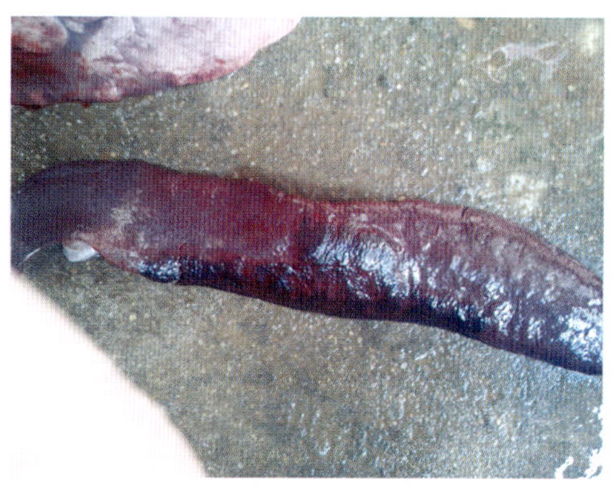
彩图25　脾脏梗死

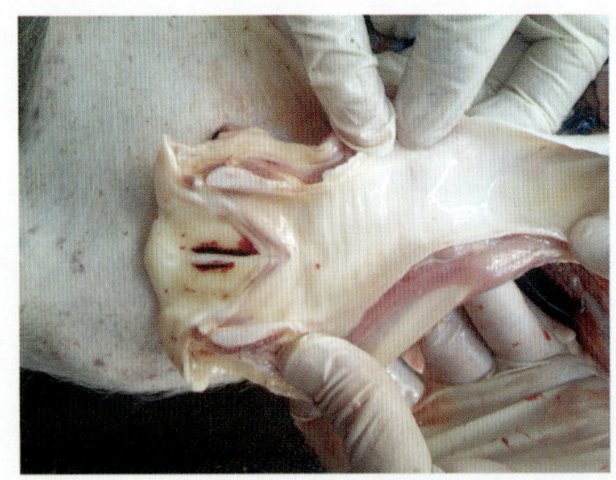

彩图26　喉头出血

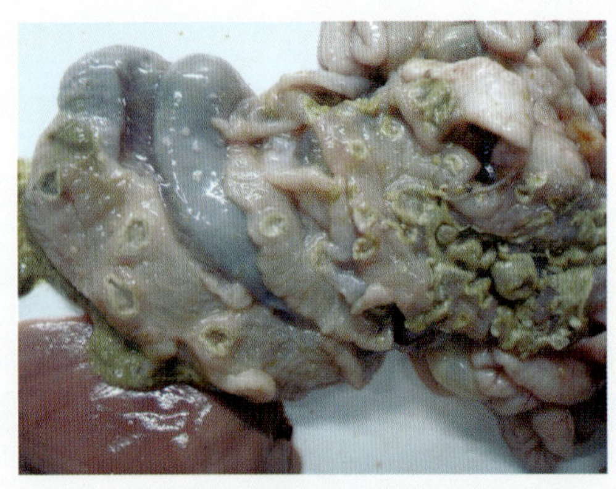

彩图27　肠黏膜钮扣状溃疡

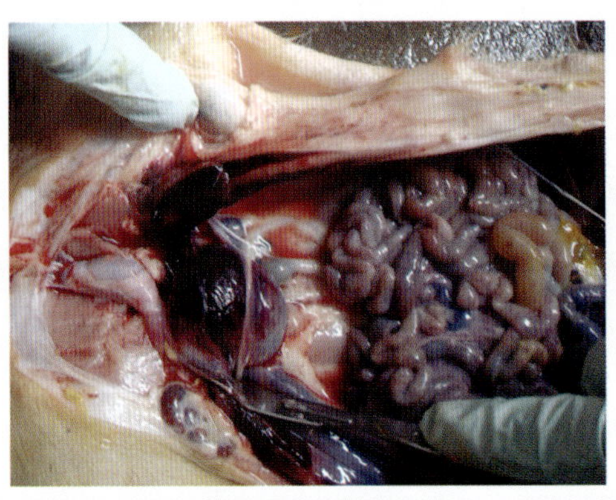

彩图28　膀胱出血

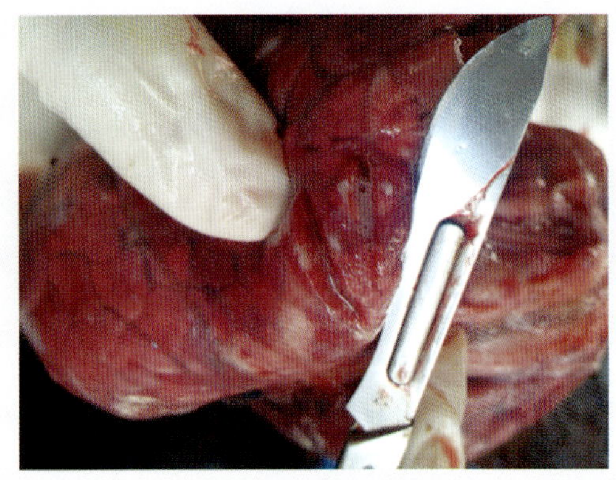

彩图29　坏死性肺炎

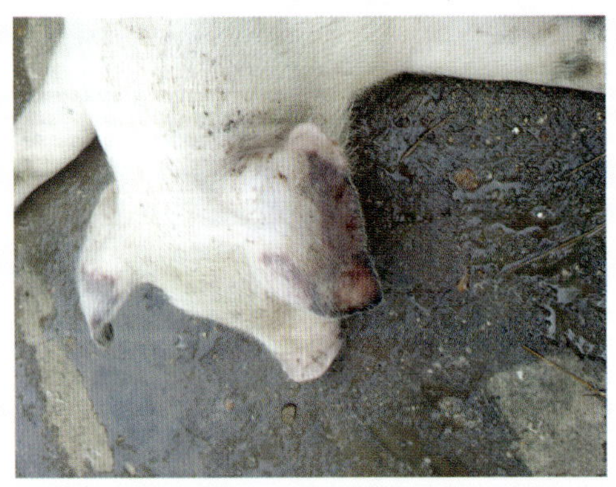

彩图30　耳部皮肤坏死

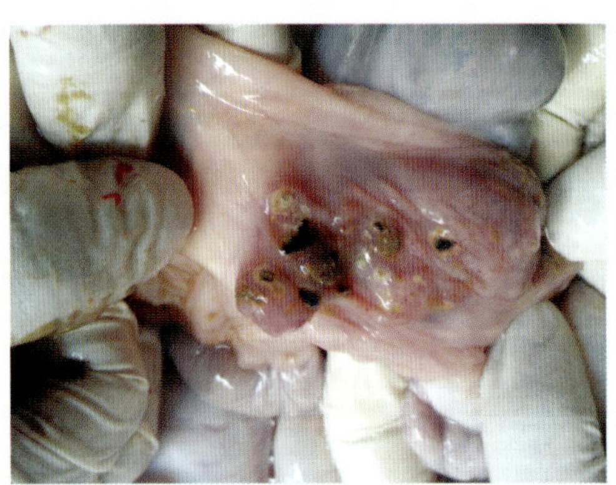

彩图31　回盲口溃疡

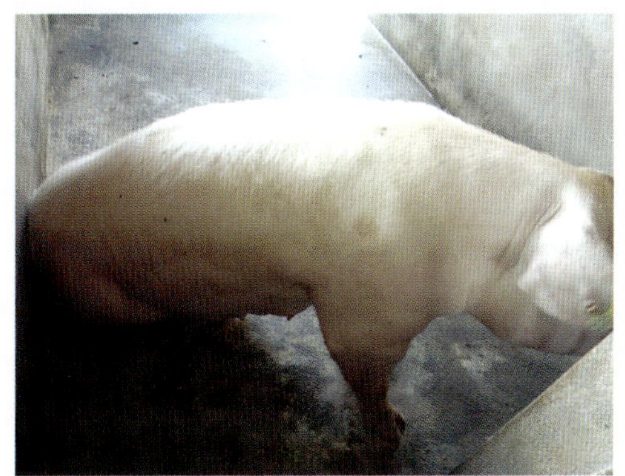

彩图32　怀孕母猪后肢瘫痪

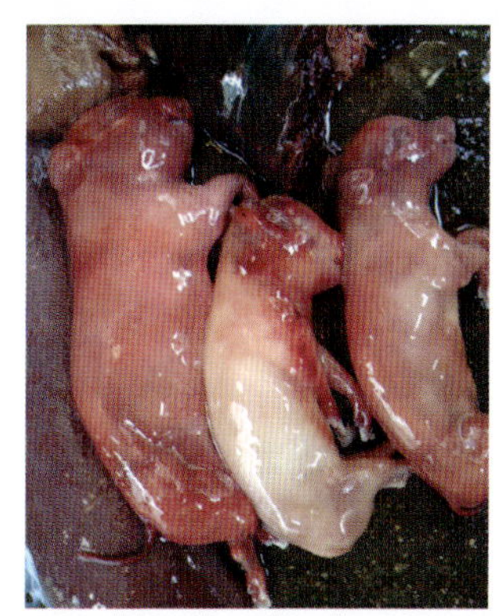

彩图33　流产胎儿

彩图34　肺水肿

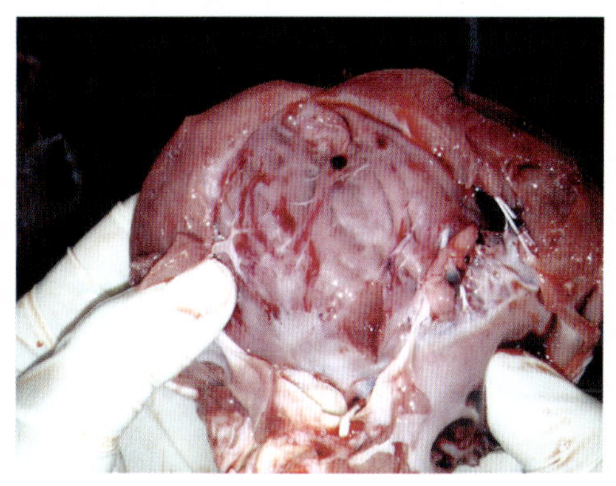

彩图35　心内膜出血

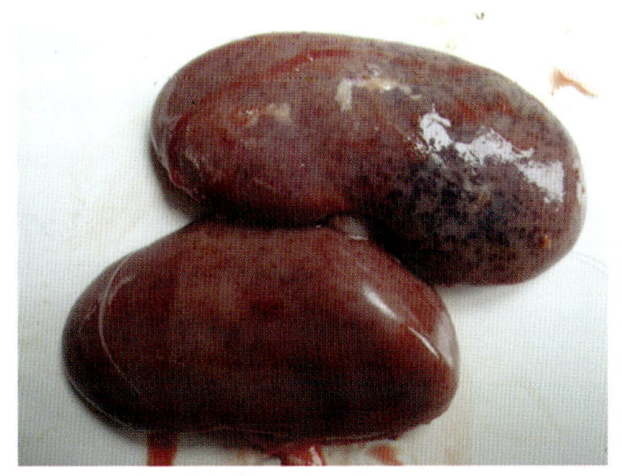

彩图36　肾脏出血

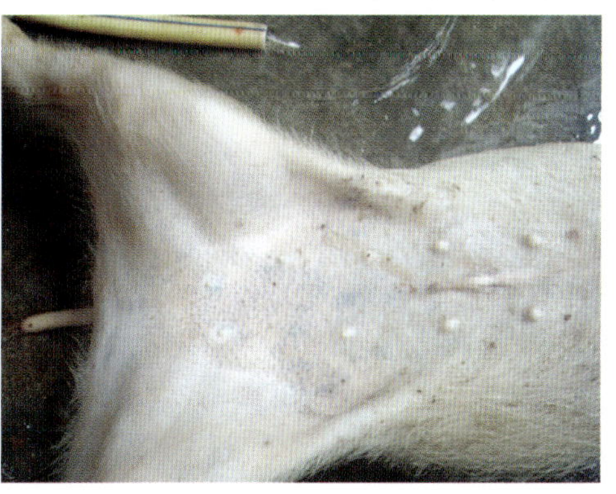

彩图37　皮下出血

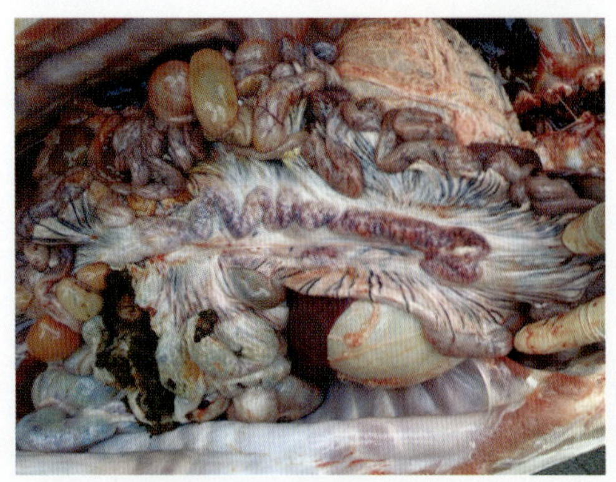

彩图38　肠系膜淋巴结出血

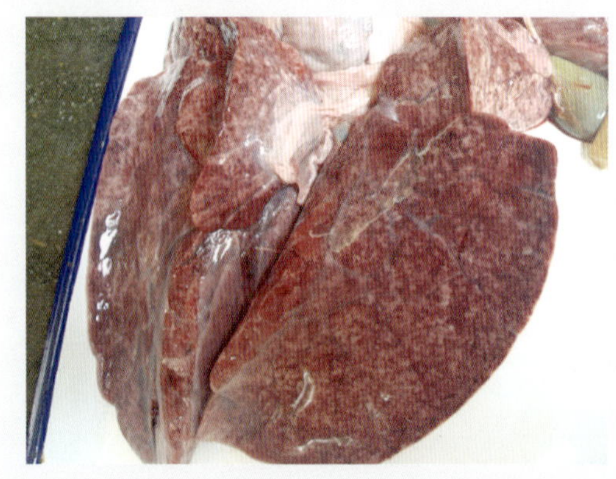

彩图39　肺出血

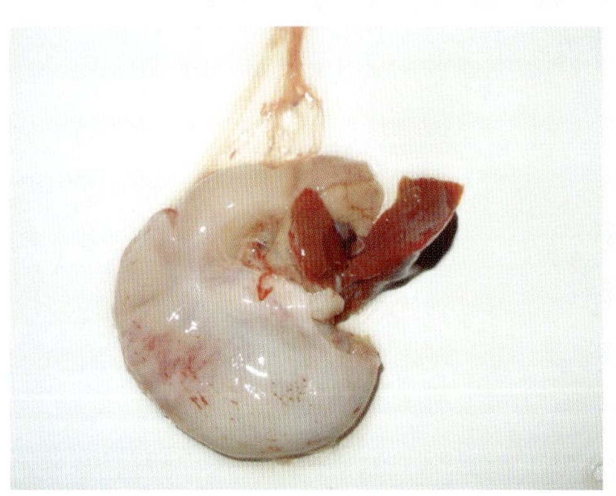

彩图40　胃浆膜出血

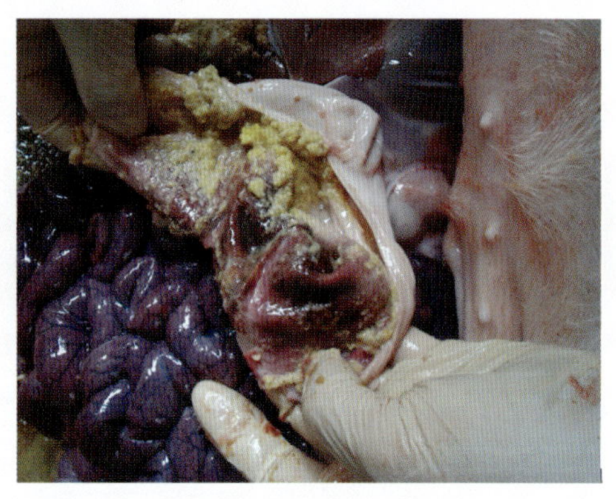

彩图41　胃黏膜出血

彩图42　仔猪神经症状

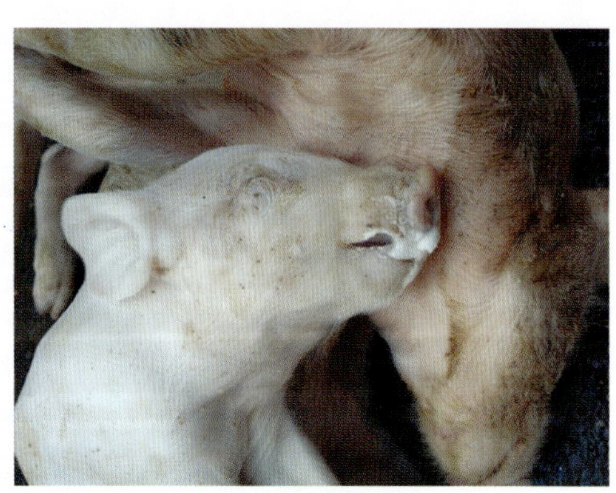

彩图43　仔猪口吐白沫

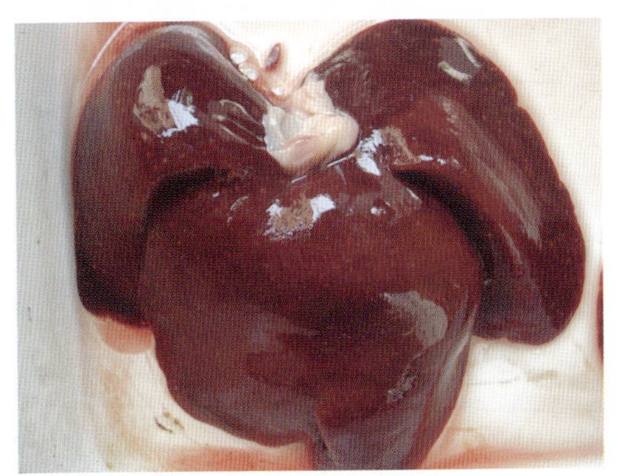

彩图44　肝脏灰白色坏死灶

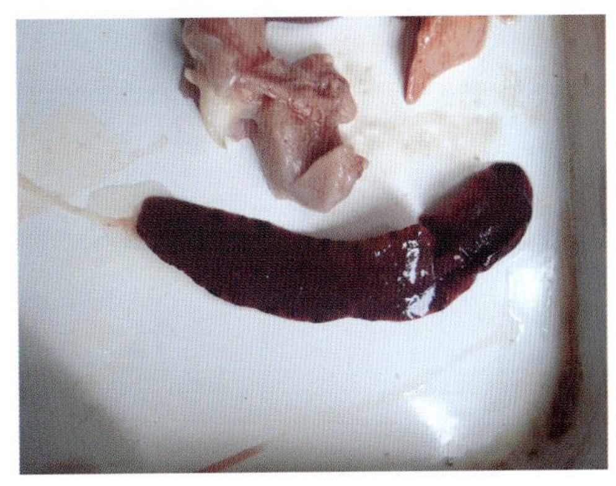

彩图45　脾脏梗死、灰白色坏死灶

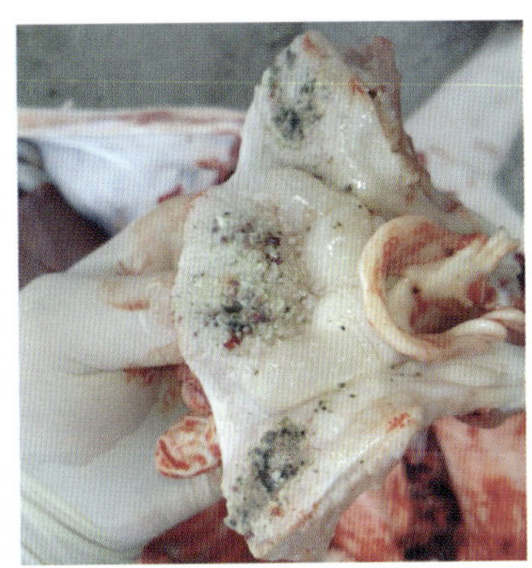

彩图46　扁桃体坏死

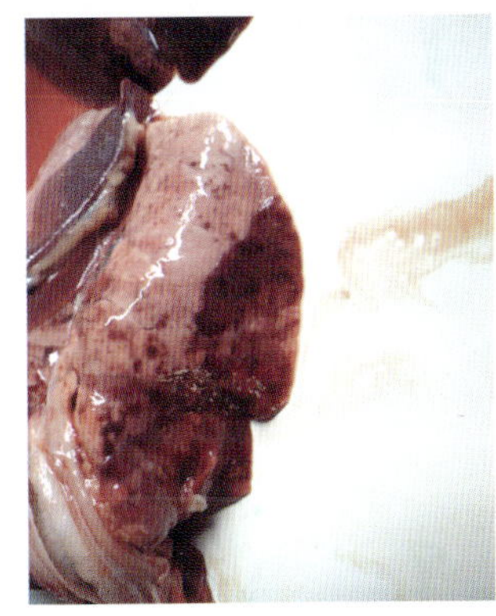

彩图47　肺脏出血

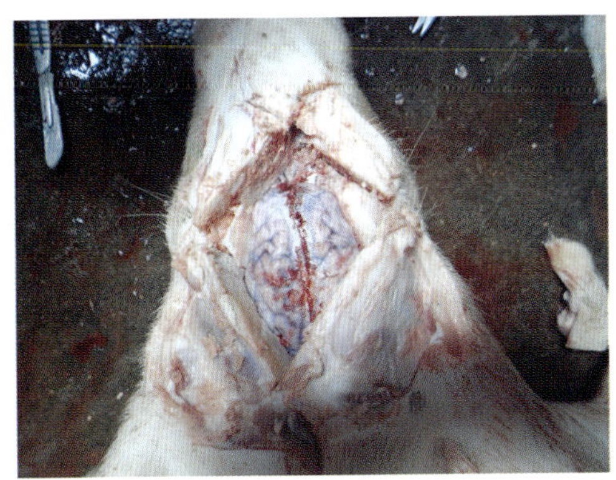

彩图48　脑膜增厚

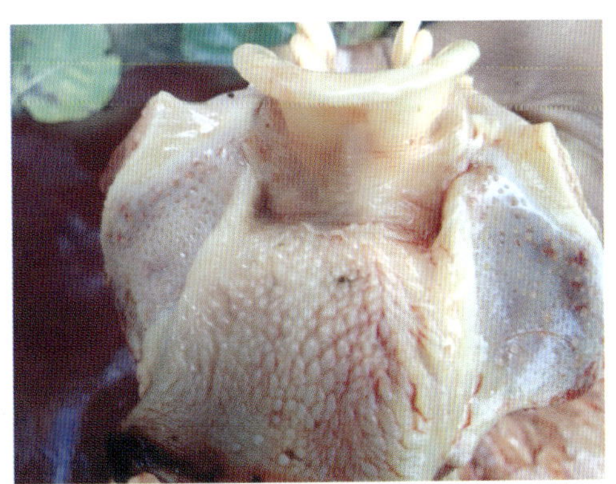

彩图49　扁桃体坏死、化脓

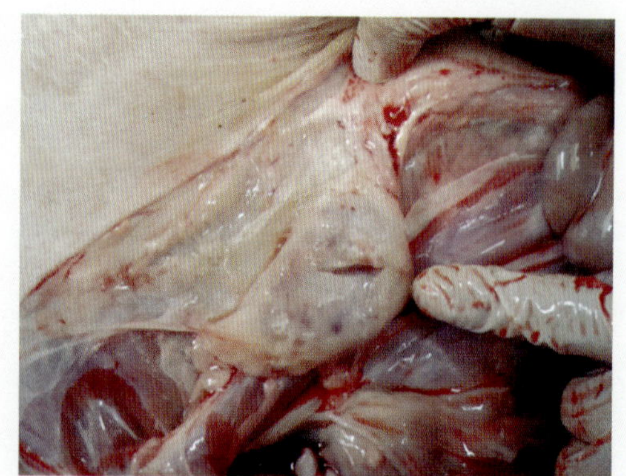
彩图50　淋巴结肿大

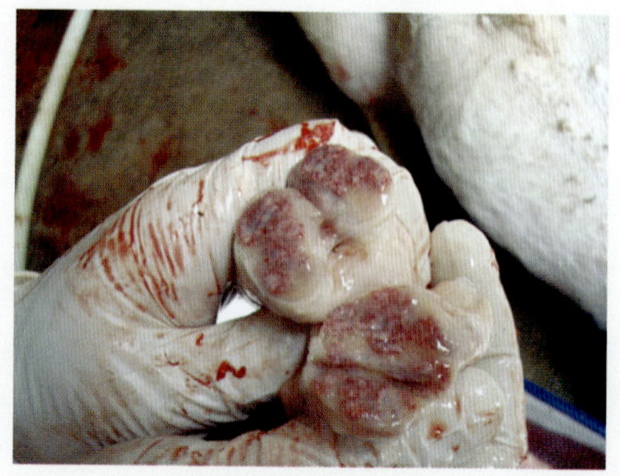
彩图51　淋巴结坏死

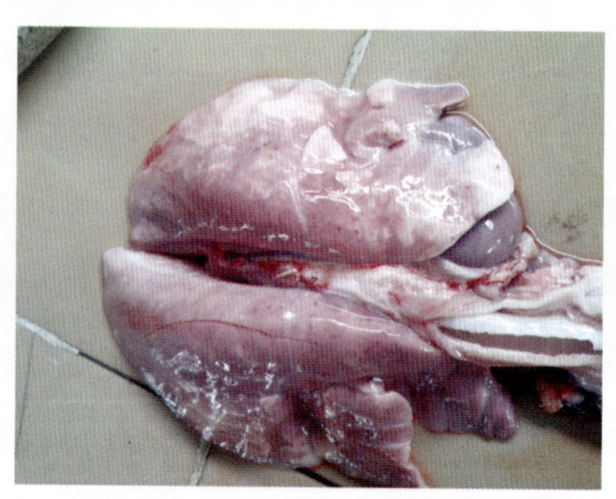
彩图52　肺脏肉样变

彩图53　皮炎

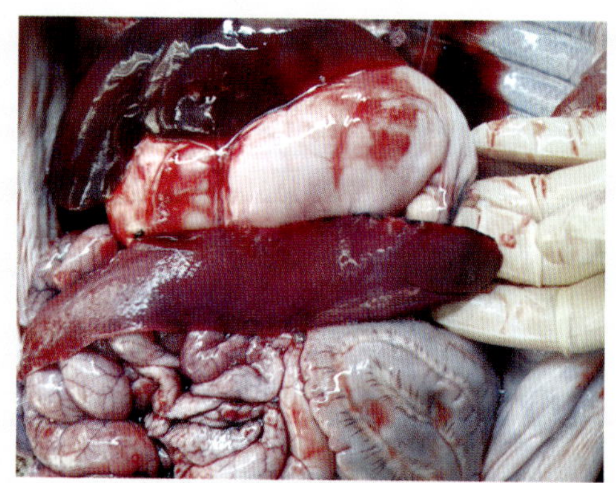
彩图54　脾脏边缘梗死

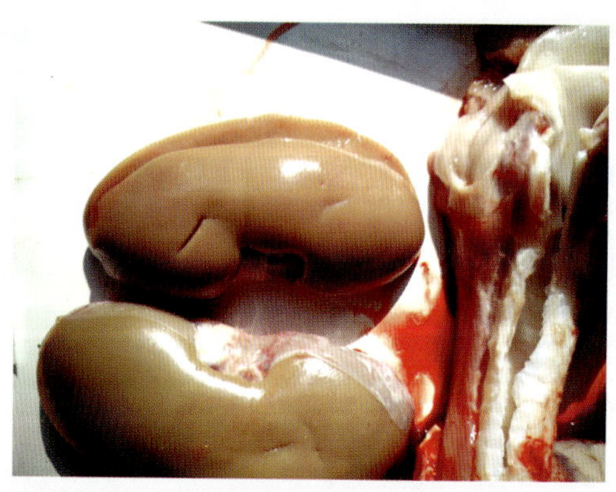
彩图55　肾脏苍白

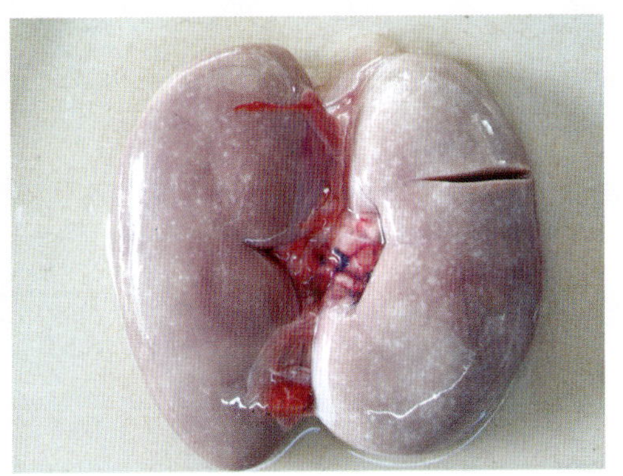

彩图56　肾脏白色坏死灶和出血点

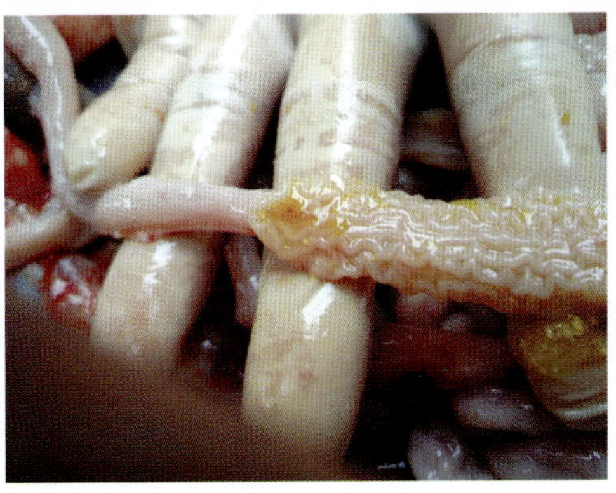

彩图57　肠壁增厚

彩图58　渗出性皮炎

彩图59　哺乳仔猪呕吐

彩图60　哺乳仔猪拉水样粪便

彩图61　哺乳仔猪消瘦

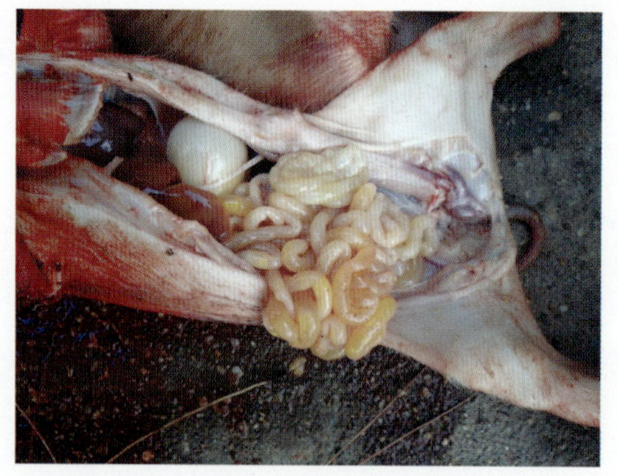

彩图62 肠壁变薄，肠内充满水样粪便

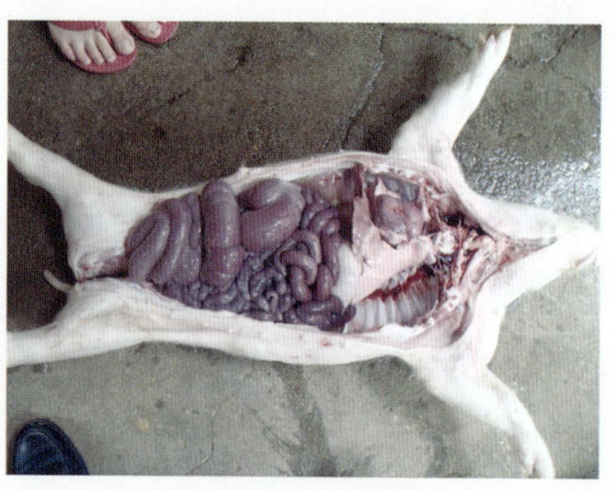

彩图63 肠壁充血

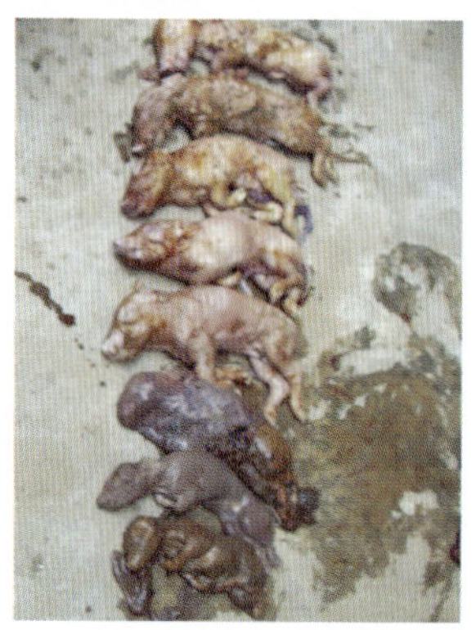

彩图64 流产胎儿

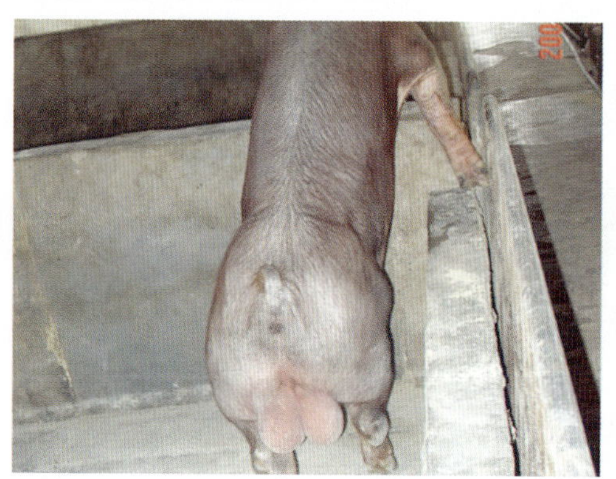

彩图65 睾丸肿大、发红

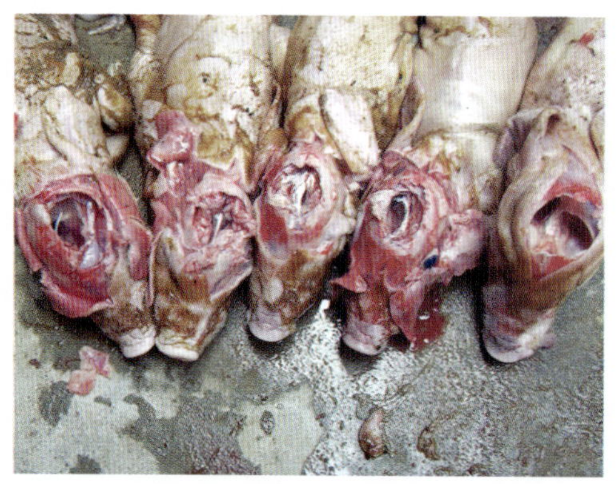

彩图66 脑组织液化

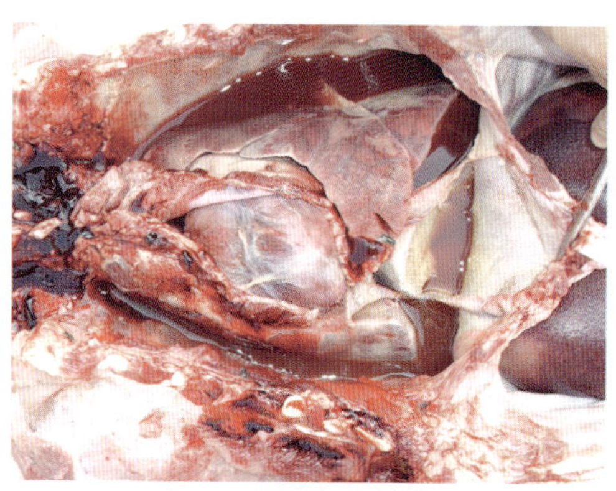

彩图67 胸腔内可见大量液体

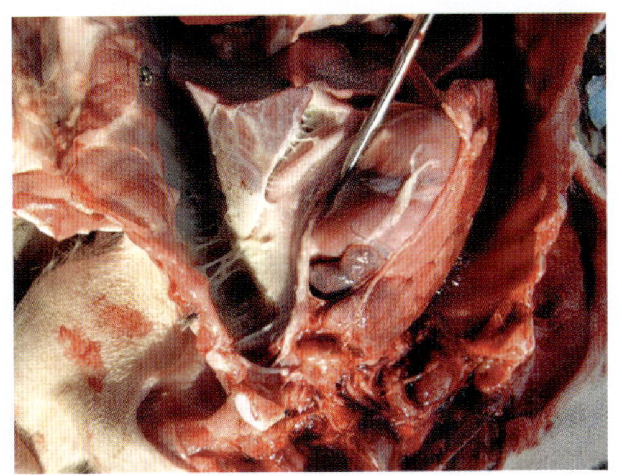
彩图68　肺粘连

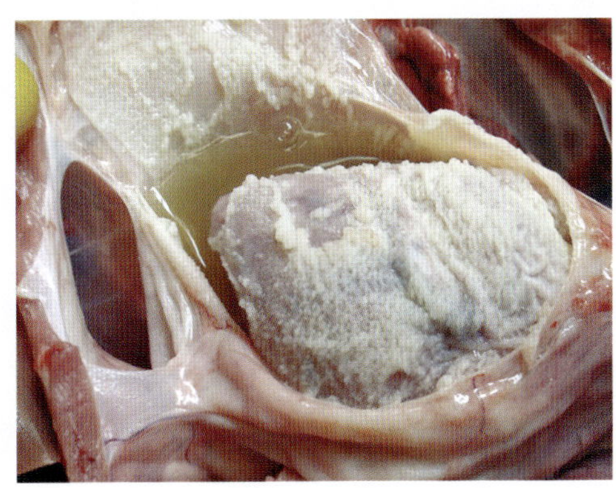
彩图69　心包炎

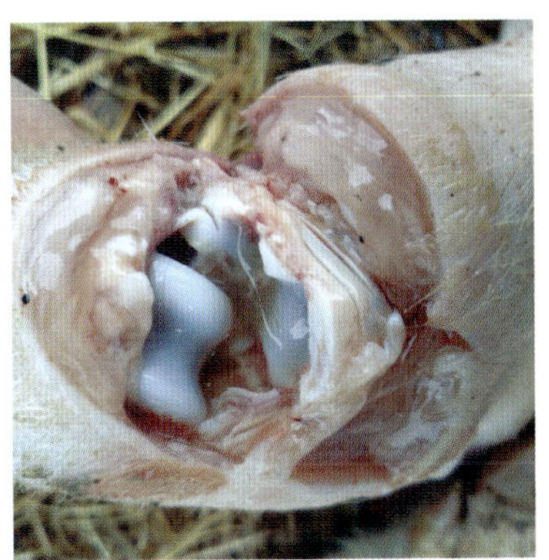
彩图70　关节渗出

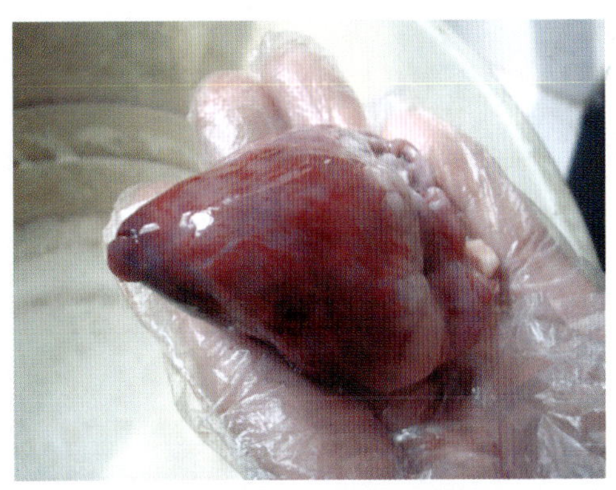
彩图71　仔猪心肌出血

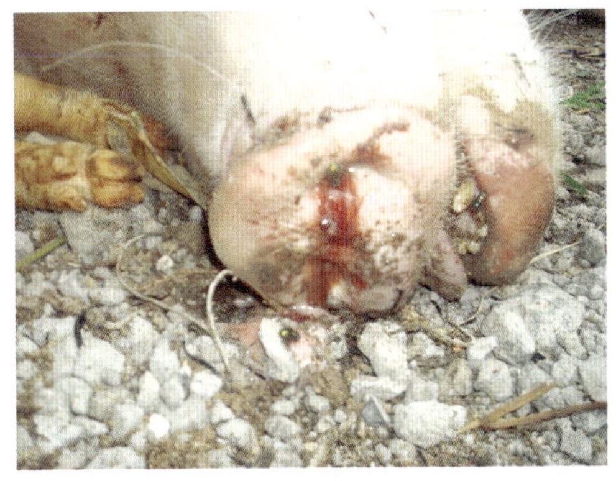
彩图72　发病猪鼻内流出带血泡沫

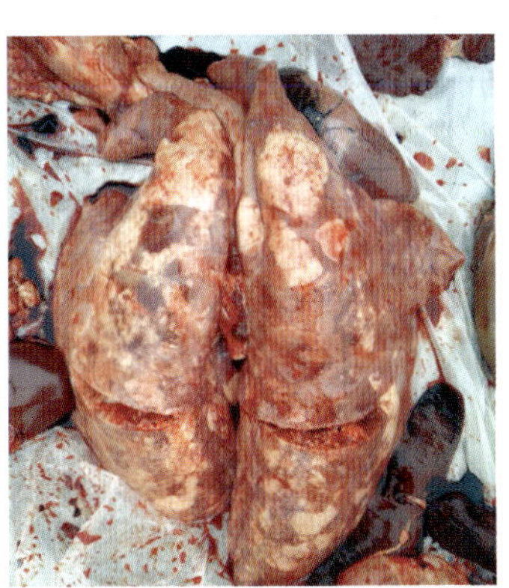
彩图73　急性胸膜性肺炎

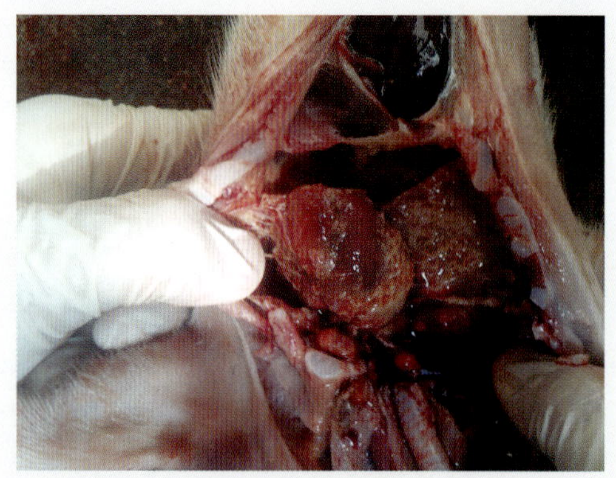
彩图74 胸膜性肺炎导致的化脓性肺炎

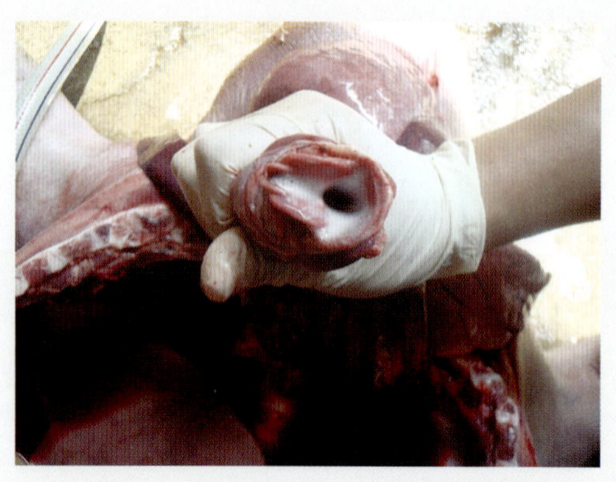
彩图75 巴氏杆菌引起的咽喉部病变

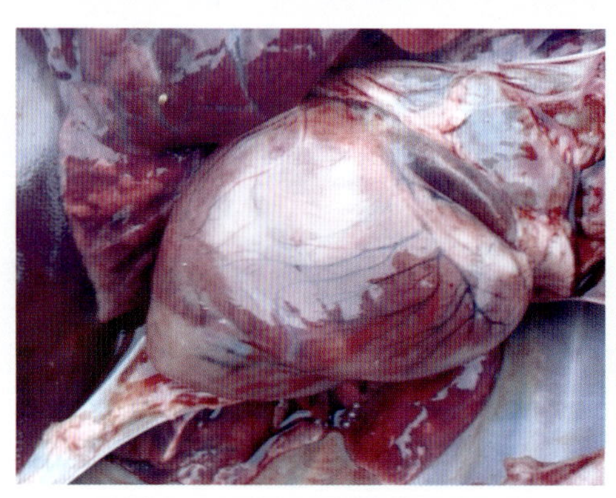
彩图76 感染巴氏杆菌猪的心肺病变

彩图77 仔猪的黄痢

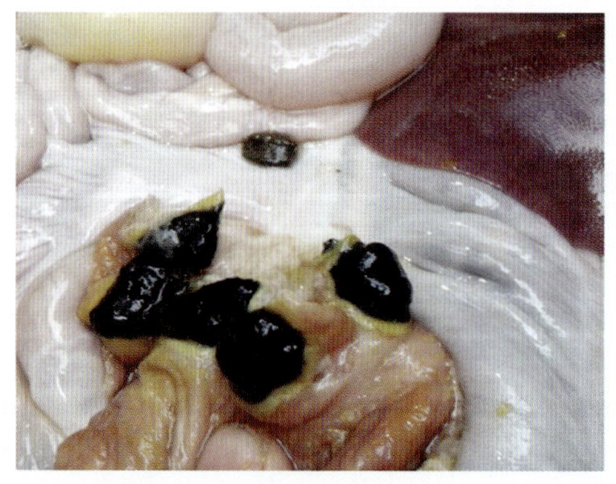
彩图78 猪沙门氏菌感染猪肠内坏死结节

彩图79 发病猪体表可见方形疹块

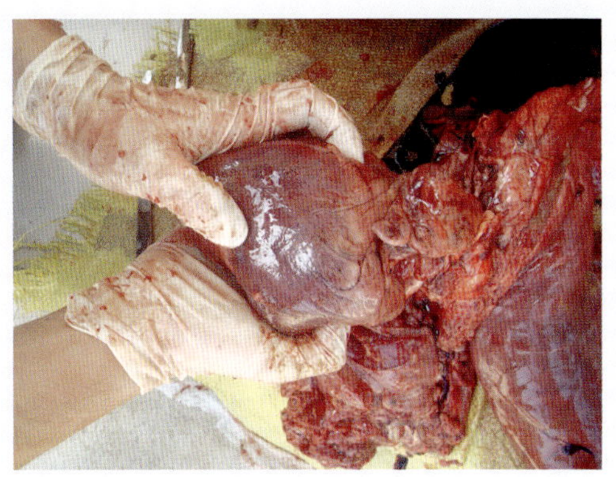

彩图80　心肌出血

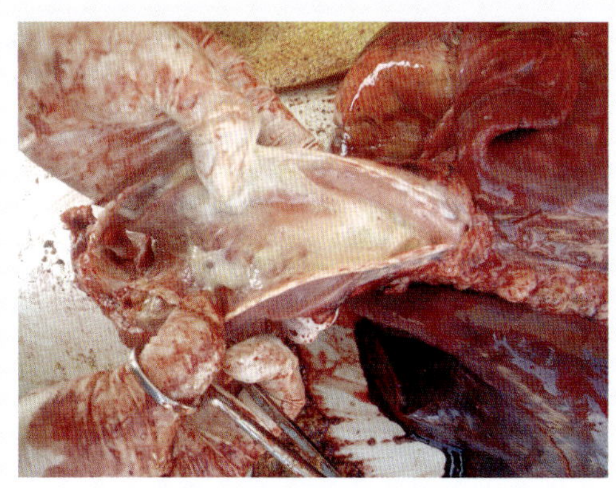

彩图81　气管内有大量泡沫

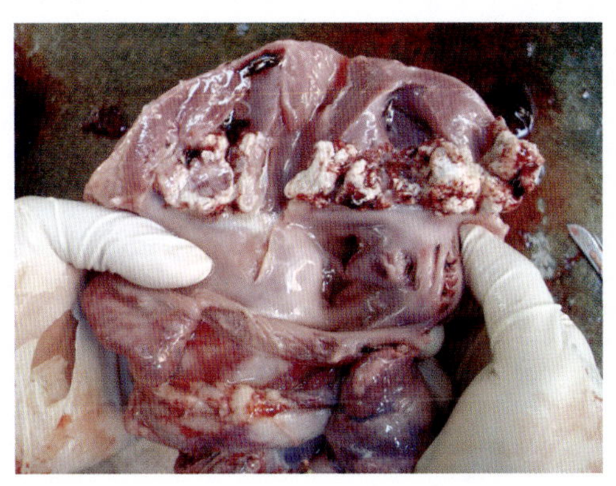

彩图82　慢性猪丹毒心瓣膜上的疣状增生物

彩图83　粪便稀薄、有血丝

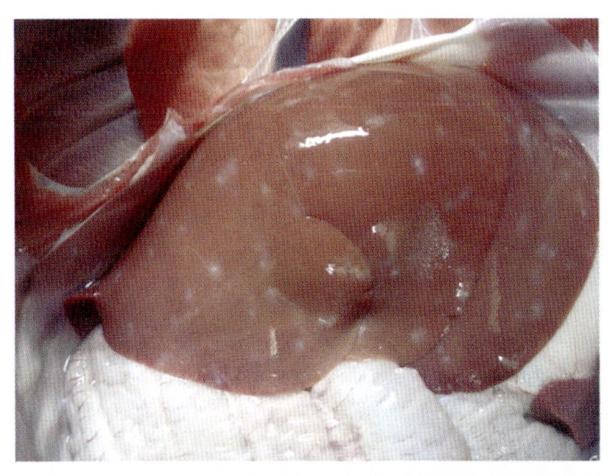

彩图84　肝脏白色虫斑

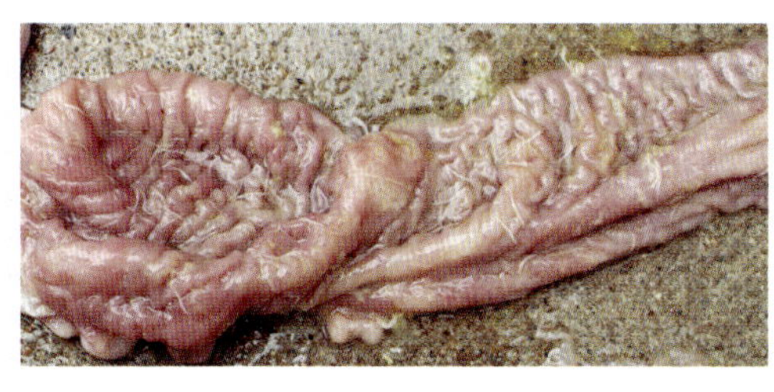

彩图85　盲肠上有多个虫体

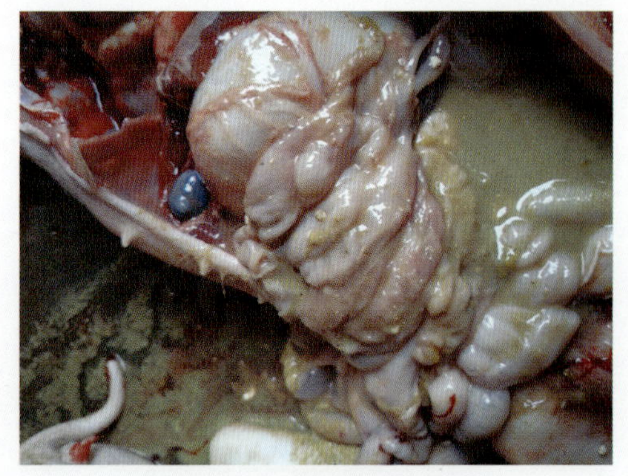

彩图86　肠内充满水样粪便

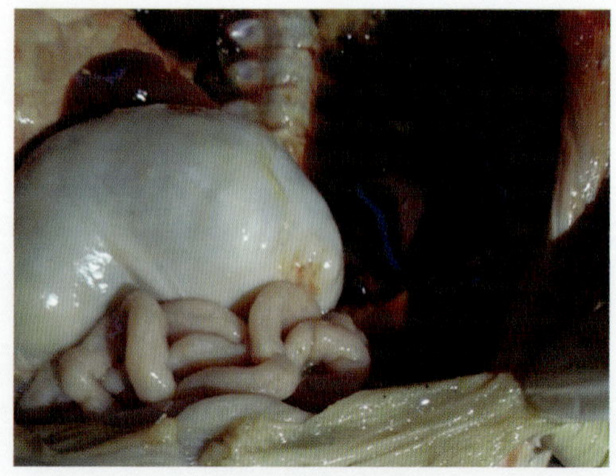

彩图87　肠壁变薄

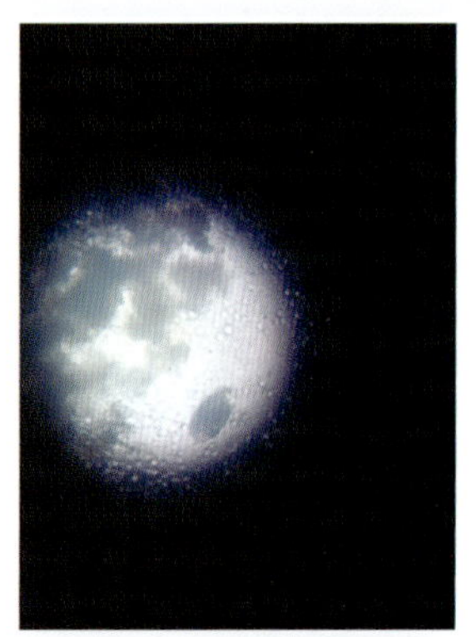

彩图88　小袋纤毛虫虫体

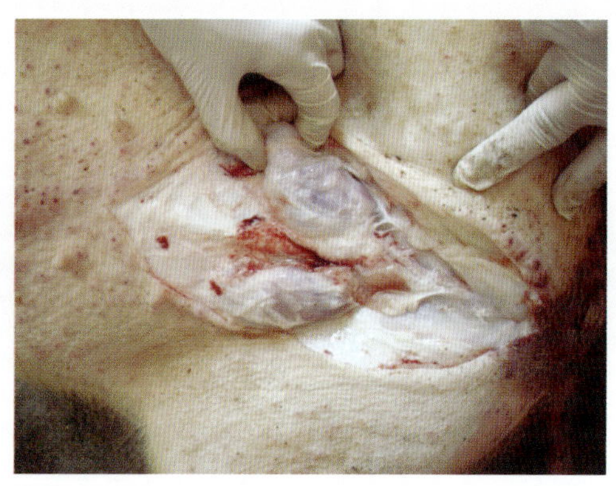

彩图89　淋巴结肿大

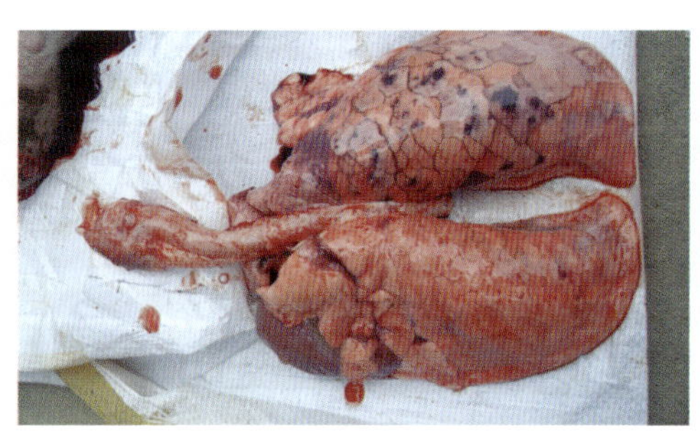

彩图90　肺水肿

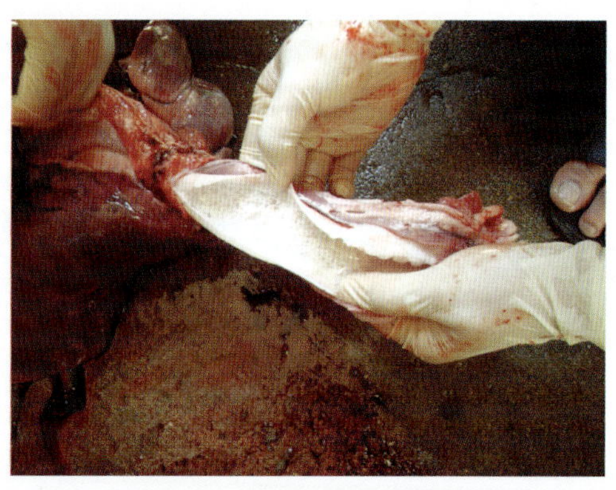

彩图91　气管内的白色泡沫

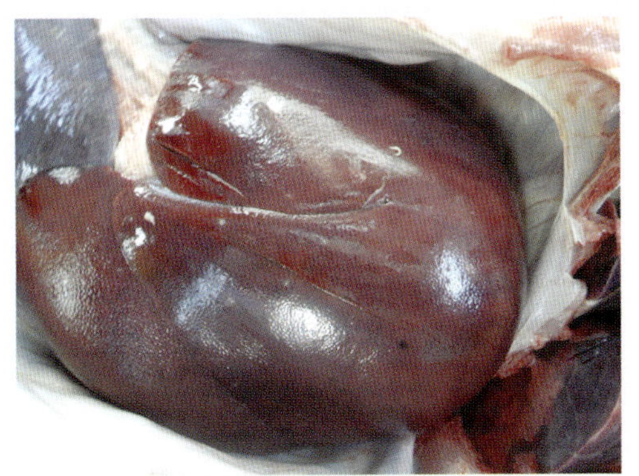

彩图92　肝脏肿大

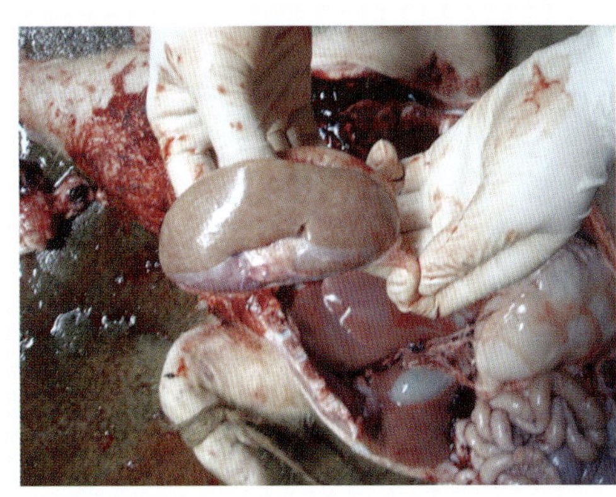

彩图93　肾脏有多个大小不一的灰白色坏死灶

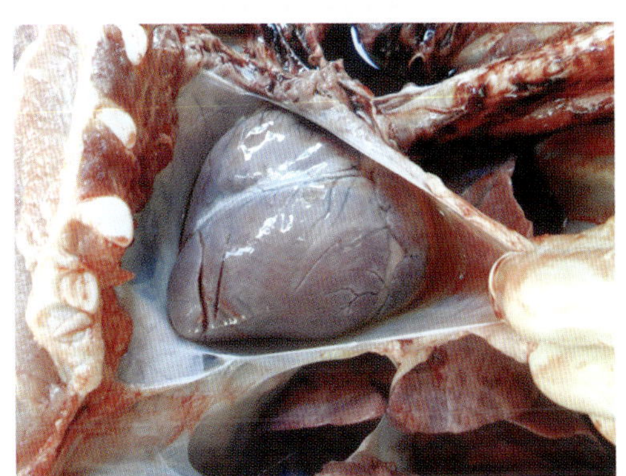

彩图94　心包积液

彩图95　全封闭联体式猪舍

彩图96　母猪分娩限位栏

彩图97　仔猪保育栏

BMC漏缝地板

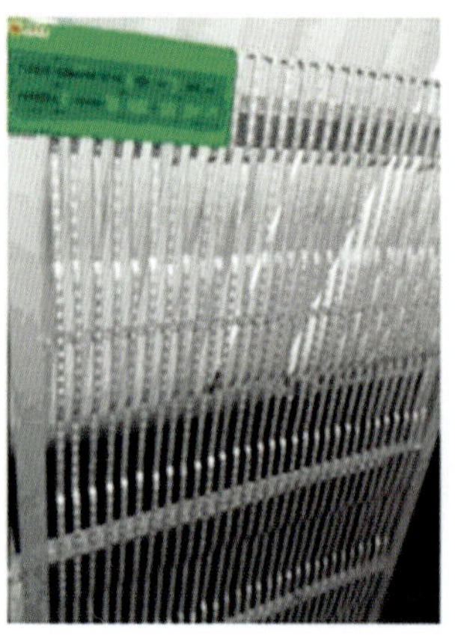
三角钢漏缝地板

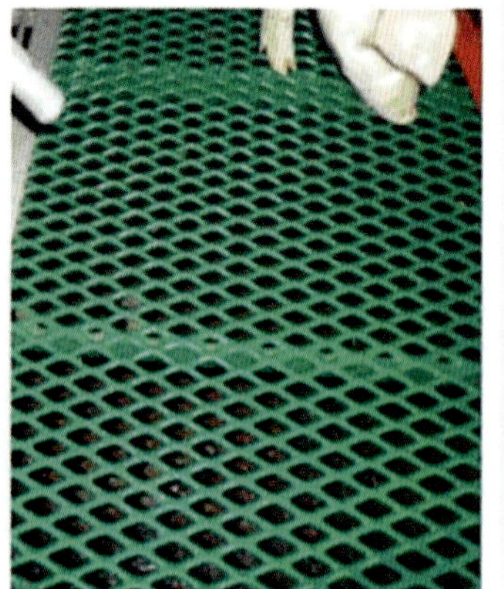
塑包钢漏缝地板

水泥漏缝地板

塑料漏缝地板

彩图98　常见漏粪板

彩图99　公猪食槽

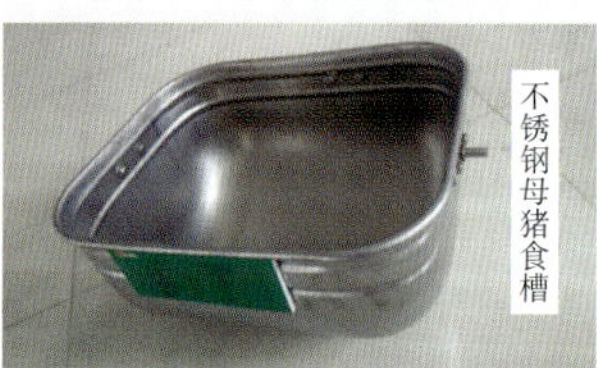
不锈钢母猪食槽

铸铁母猪食槽

彩图100　母猪食槽

彩图101　子猪食槽

彩图102　生长、育肥双面干湿食箱

彩图103　自动喂料系统

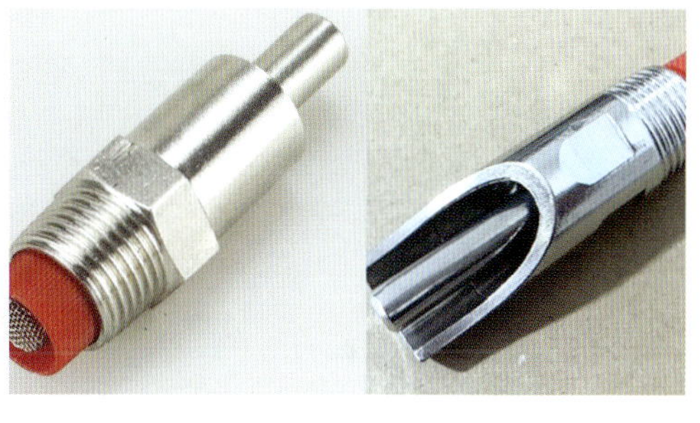

彩图104　鸭嘴和乳头式饮水器

水压阀式饮水碗

杯式饮水碗

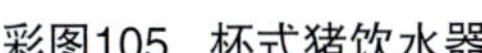

彩图105　杯式猪饮水器

彩图106　通风风扇

彩图107　水帘

彩图108　环保空调

彩图109　刮粪机

彩图110　猪粪脱水机工作

彩图111　病死猪无害化处理设备

彩图112　高效高温粪污处理设备

现代养猪关键技术

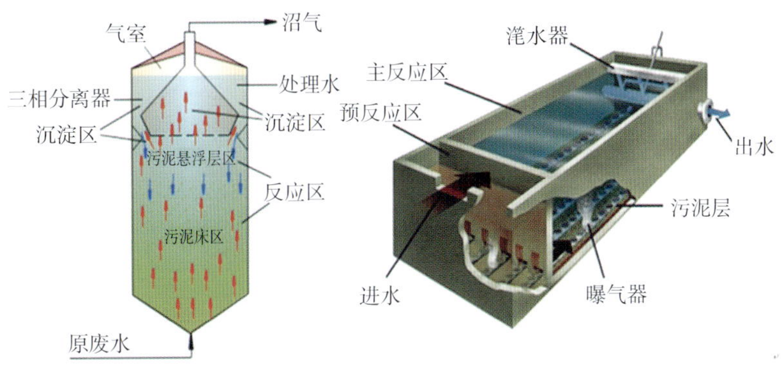

彩图113 厌氧和好氧处理设备

彩图114 原原种采集示意图

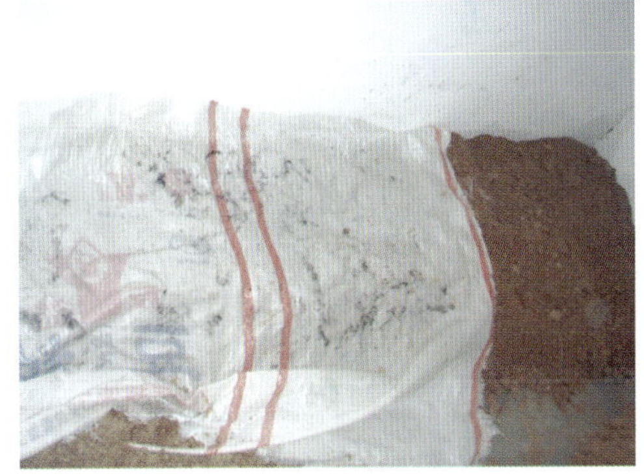

彩图115 菌种扩繁

彩图116 条垛翻堆和堆肥

彩图117　侧式翻堆机、翻堆作业

彩图118　槽式堆肥

彩图119　包装机

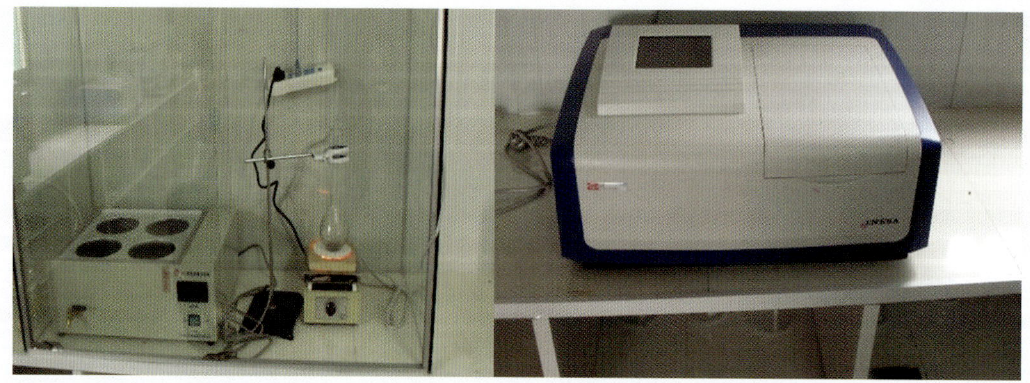

彩图120　实验室检测

彩图121　贮存池

彩图122　废水处理设施

彩图123　沼液灌溉水芹菜

彩图124　粪污收集沉淀池

彩图125　升流式厌氧反应器

彩图126　贮液池

彩图127　沼气干燥脱硫装置

彩图128　沼气发电机组

彩图129　沼渣储存池

彩图130　沼液用于新余蜜橘果园施肥

彩图131　污水预处理栏栅池

彩图132　水解酸化池

彩图133　沼液一级沉淀池

彩图134　厌氧发酵池（右为建成后）

彩图135　沼液二级沉淀池

彩图136　油茶林喷灌沼液

彩图137　固液分离系统

彩图138　升流式发酵池与贮气柜

彩图139　山顶储液池

彩图140　苗木基地

彩图141　沼液管线和沼液施肥

彩图142　机械挖坑

彩图143　化尸窖

彩图144　堆肥间

彩图145　堆肥间地面

彩图146　高温生物降解